新手学

Adobe Premiere Pro

快速通

邵 俊 编著

人民邮电出版社

北 京

图书在版编目（CIP）数据

新手学 Adobe Premiere Pro 快速通 / 邵俊编著.
北京 ： 人民邮电出版社，2025. -- ISBN 978-7-115
-65898-2

Ⅰ. TP317.53

中国国家版本馆 CIP 数据核字第 2025NR7642 号

内 容 提 要

这是一本全面介绍 Premiere Pro 2025 视频剪辑软件操作与技巧的实用教程。本书以通俗易懂的语言，从基础理论入手，逐步深入到软件的各项功能及应用，涵盖剪辑流程、特效制作、音频处理、字幕设计等多个方面。

书中详细讲解了 Premiere 的工作界面、素材管理、剪辑操作、常用工具等基础知识，通过大量实例，如夏日露营 Vlog、汽水广告视频、趣味口播视频等的制作，展示了如何运用软件进行创意剪辑、调色、添加特效和转场等操作，帮助读者快速掌握视频剪辑技能，提升剪辑水平，制作出高质量的视频作品。

本书适合想要学习视频剪辑的初学者，也可作为相关培训课程的教材。无论是零基础的读者，还是有一定基础想进一步提升的读者，都能从本书中获得实用的知识和技巧，开启视频剪辑创作之旅。

本书配有数字资源包，包括素材文件、工程文件和长达 415 分钟的视频讲解，请读者详细阅读本书封底的说明（如何获取和使用）。

◆ 编　著　邵　俊
　责任编辑　黄汉兵
　责任印制　马振武

◆ 人民邮电出版社出版发行　　北京市丰台区成寿寺路 11 号
　邮编　100164　电子邮件　315@ptpress.com.cn
　网址　https://www.ptpress.com.cn
　临西县阅读时光印刷有限公司印刷

◆ 开本：787×1092　1/16
　印张：15.25　　　　　　　　　　2025 年 6 月第 1 版
　字数：491 千字　　　　　　　　2025 年 6 月河北第 1 次印刷

定价：79.80 元

读者服务热线：(010) 53913866　印装质量热线：(010) 81055316
反盗版热线：(010) 81055315

PREFACE | 前言

　　尽管快节奏时代催生了众多简单而高效的视频剪辑软件，但在处理复杂和精细的视频效果时，仍然需要借助专业的剪辑软件，比如 Premiere Pro。作为一款专业的视频编辑工具，Premiere Pro 2025 提供了多样化的功能和强大的创作潜力，成为视频制作领域的关键工具。它不仅能够满足专业剪辑师的高级需求，同时也为初学者提供了友好的操作界面和便捷的学习途径。

　　本书旨在为 Premiere Pro 2025 的初学者提供全面、系统的学习指南，帮助读者快速掌握软件的基本操作和常用技巧，从而能够独立完成各种视频制作任务。通过详细的讲解和丰富的案例实践，本书将引导读者逐步深入了解视频剪辑的原理和方法，培养读者的创意和审美能力，让读者能够在视频制作的世界中展现自己的才华。

本书特色

　　4 大模块讲解，打牢剪辑基础：本书对 Premiere Pro 2025 各项功能，包括基本操作、剪辑技巧、调色特效、音频处理等方面进行深入讲解，使读者全面掌握软件功能和使用方法。

　　60 个案例带练，技巧全面覆盖：本书包含大量实际案例，涵盖 Premiere Pro 2025 各种功能及操作技巧讲解，从基础操作到高级特效应用，全方位覆盖视频编辑各环节，帮助读者在实际操作中融会贯通。

　　6 个综合实操，提升制作能力：本书注重实践，通过实际案例操作，帮助读者在实践中巩固知识技能，提高视频制作能力和水平。

　　415 分钟视频教学，轻松上手快速精通：本书附赠 415 分钟教学视频，详细演示了 Premiere Pro 2025 操作的每个步骤，确保读者能够轻松入门，快速精通。

内容框架

　　本书基于 Premiere Pro 2025 编写而成，鉴于官方软件每年会进行不同频次的更新，建议读者根据自身所使用的版本灵活地进行适应性学习。

　　本书对视频素材剪辑、音频处理、视频特效应用等内容进行了详细讲解。全书共分为 8 章，具体内容框架如下。

第 1 章：新手入门，学习剪辑的基础理论，包括"蒙太奇"的概念、镜头组接的技巧和原则，以及剪辑的基本流程，为后续的学习和实践打下坚实的基础。

第 2 章：掌握 Premiere Pro 2025 的基本操作，熟悉软件的工作界面和功能布局，学会如何管理素材、编辑素材和剪辑视频，掌握基本的剪辑技巧和常用工具的使用方法。

第 3 章：深入学习视频剪辑的技巧，包括调色魔法、视频叠加与抠像、神奇关键帧的运用等，通过实际案例的操作，让读者能够熟练掌握这些技巧，制作出更加精彩的视频作品。

第 4 章：学会流行剪辑技法，掌握爆款短视频的秘诀，学习如何运用速度变化、创意转场和高级卡点等技巧，制作出具有吸引力和感染力的短视频作品。

第 5 章：掌握视频特效的制作方法，学习如何添加视频效果、制作字幕特效和影视同款特效，为视频作品增添丰富的视觉效果和艺术感染力。

第 6 章：学习电影感短视频剪辑实操，通过夏日露营 Vlog 和氛围感情绪短片等案例，学习如何运用镜头语言、色彩、音效等元素，制作出具有电影感的短视频作品。

第 7 章：掌握广告视频剪辑实操，通过汽水广告视频和美食探店视频等案例，学习如何根据广告主题定位视频风格，运用剪辑技巧和特效制作出具有吸引力和影响力的广告视频作品。

第 8 章：学会综艺感短片剪辑实操，通过趣味口播视频和综艺预告片等案例，学习如何运用素材筛选、结构搭建、高光片段提取等技巧，制作出具有综艺感的短片作品。

读者群体

本书是一本适用于广大视频创作者及爱好者的指导用书，适合短视频爱好者、自媒体运营人员，以及寻求突破的新媒体平台工作人员、短视频电商营销与运营的个体及企业。

编　者
2025 年 2 月

CONTENTS |目录

01

第1章
新手入门，剪辑理论
和剪辑软件两手抓

本章导读

　　如果剪映是剪辑圈中冉冉升起的"新贵"，那Premiere Pro就是剪辑圈里地位无可撼动的"老将"。Premiere Pro是Adobe公司的产品，作为视频剪辑软件中的"龙头老大"，是每个剪辑师都必须知晓且能熟练运用的软件。虽然如今各类以剪映为代表的软件不断涌现，并迅速占据了一定市场份额，但Premiere Pro凭借其悠久"历史"和全面功能，在专业视频剪辑领域仍占据不可替代的地位。Premiere Pro之所以能在众多剪辑软件中独树一帜，成为专业从业者的首选，不仅因为它是"历史悠久"的老牌软件，还因为它在不断发展和完善。它拥有从基础剪辑到高级特效、色彩校正、音频编辑等一系列强大功能，几乎能满足任何视频制作需求。此外，Premiere Pro与Adobe旗下的其他软件，如After Effects和Photoshop能无缝集成，为用户打造了一个统一且强大的创作平台。

　　本书从基础剪辑理论入手，向读者介绍如何使用、用好Premiere Pro。我们的目标是让你理解剪辑本质，掌握软件操作，最终能自由表达创意。

1.1 学习剪辑，从基础理论开始

1.1.1 蒙太奇的概念

你或许并不确切知晓什么是"蒙太奇"，但一定听说过这个词。蒙太奇（法语：Montage）是个音译外来词，原本它在建筑领域意为构成与装配，后来被应用于影视创作。在影视创作中，它是指依据影片主题、情节以及观众的关注点，把内容拆分成不同的段落、场面和镜头来拍摄。拍摄完毕后，创作者按照预先构思，运用艺术技巧把这些元素按照逻辑且有节奏地重新整合，使其成为一个连贯、有机的艺术整体，也就是一部完整、生动，且能引发思想共鸣和情感触动的影片，这种方法就是蒙太奇。

蒙太奇完整概念包含3层含义。其一，从影视艺术创作方法角度而言，蒙太奇是塑造完整艺术形象的艺术方法。其二，从影视思维基本结构层面来看，蒙太奇是影视艺术运用镜头开展形象创作的思维方法，即蒙太奇思维。其三，从剪辑技巧方面来讲，蒙太奇就是把分割开的镜头组接起来的手段。

我们对影视中的"蒙太奇"手法已经习以为常，然而早期的影视作品多采用静态单镜头拍摄。尽管摄像机的发明推动了影视艺术的诞生，是一项划时代的成就，它赋予了我们记录动态画面的能力，具有深远的历史意义，但仅限于记录的影视作品对于观众来说过于基础，容易引起视觉疲劳。因此，"蒙太奇"手法应运而生，它从诞生之初便逐渐走向成熟，并发展成为一套完整的美学理论体系，至今仍在不断发展。根据其表现形式，大致可以分为以下3类。

1. 叙事蒙太奇

叙事蒙太奇通过对一系列事件或动作的展示来推动故事向前发展，其着重强调因果关系与时间连续性，有助于观众理解故事逻辑及情节发展脉络。它能够呈现时间的推移、不同地点的事件，亦能通过快速切换镜头来增强叙事节奏和张力。叙事蒙太奇作为电影叙事结构的基石，可使观众依循线索，逐步揭开情节的神秘面纱。叙事蒙太奇主要可细分为以下5类：连续蒙太奇、平行蒙太奇、交叉蒙太奇、颠倒蒙太奇以及重复蒙太奇。

2. 理性蒙太奇

理性蒙太奇更侧重于借助对比与并列的方式，展现不同概念或思想间的关联。这种蒙太奇类型常被用于对某一主题或概念展开深入剖析，通过呈现不同视角或论据来推动讨论。理性蒙太奇通过将不同画面或场景并置，着重凸显它们之间的对比，以此突出主题或观点。它可用于揭示社会问题、批判现实，或者展现不同人物的观点和态度。理性蒙太奇旨在通过视觉上的对比激发观众的思考，推动他们对所展示内容进行深入分析与反思。理性蒙太奇主要分为以下3类：杂耍蒙太奇、反射蒙太奇和思想蒙太奇。

3. 表现蒙太奇

表现蒙太奇着重于对角色内心世界与情感的呈现，通过与情感相契合的画面来增进观众的理解。它能够描绘梦境、回忆或幻想等内容，展现角色心理变化的过程，并且利用剪辑节奏对观众的情感施加影响。其目的在于借助视听的组合来传达角色情感，使观众能够深入地体验角色的内心世界。表现蒙太奇主要可分为以下4类：对比蒙太奇、隐喻蒙太奇、抒情蒙太奇和心理蒙太奇。

以上即为蒙太奇的3大主要表现形式，若对其各个分支逐一进行详细介绍，则内容会过于繁杂，故在此不作过多阐述。

1.1.2 镜头组接的技巧

在前文的讨论中，我们已经了解了"蒙太奇"的含义。在影视制作领域，存在两个核心要素，其一是蒙太奇，其二则是本节将要探讨的镜头组接。蒙太奇通过创造性地剪辑不同的画面和声音，增强了故事的表达力；而镜头组接的功能则在于确保这些画面和声音能够顺畅且自然地连接，使得观众在观赏过程中能够无障碍地跟随故事的进展。

在实际运用环节，镜头组接技巧丰富多样，然而重点在于怎样依据叙事需求和情感表达来选取恰当的组接方式。以下是部分常见的镜头组接技巧及其实际应用情况。

1. 匹配剪辑

此为一种基础性的镜头组接技巧，其通过对动作或位置的匹配达成平滑过渡。例如，当角色从站立状态转变为坐下姿态时，借助匹配剪辑可让该动作显得连贯自然，毫无突兀之感。

2. 跳跃剪辑

跳跃剪辑与匹配剪辑恰恰相反，它是通过突然切换至完全不同的场景或角度，以此营造出戏剧性效果，或者用于强调时间的流逝，给观众带来强烈的视觉冲击和新奇感。

3. L 形剪辑

这种技巧是在两个镜头之间塑造视觉或音频上的对比，进而增强叙事的冲击力。比如，从一个安静的室内场景骤然切换至一个嘈杂的户外场景，通过这种鲜明对比，观众更深刻地感受到情境变化。

4. 交叉剪辑

交叉剪辑是通过交替呈现两个或多个并行发展的事件来实现的，它能够提升叙事的复杂性和紧张氛围。尤其在展现同时发生的事件或者对比不同角色的行动时，这种剪辑方式效果显著，能让观众同时关注多个线索，增强故事的吸引力。

5. 深度剪辑

深度剪辑这一技巧是通过在镜头之间营造深度感，以此引导观众的视线与注意力。例如，运用逐渐拉近的镜头来凸显某个角色或物体的重要性，使观众的注意力自然聚焦于关键元素上。

6. 节奏剪辑

节奏剪辑是通过把控镜头的持续时长和切换速度，来影响观众的情感反应和叙事节奏。快节奏的剪辑能够增强紧张感，使观众的情绪随之紧绷；而慢节奏的剪辑则给予观众充足的时间来消化内容、感受情感，让情感表达更加细腻。

7. 视觉连贯性

在对镜头进行组接时，保持视觉连贯性至关重要。这可通过对场景中的元素进行匹配来达成，诸如颜色、光线或动作等方面的匹配，以此确保观众在观看过程中视觉体验的流畅性。

8. 情感连贯性

除视觉连贯性外，情感连贯性亦同等关键。镜头组接需考量如何借助视觉与听觉元素来传达角色情感和故事情绪，使观众能够与角色同频共振，更深入地沉浸于故事之中。

1.1.3　镜头组接的原则

在实际的制作过程中，镜头组接技巧需依据具体的叙事需求与创意目标灵活运用，其原则如下。

1. 合乎接受逻辑

在维持镜头连贯性时，首要遵循的是时序连贯性原则，即要保证动作或事件的演变严格按照时间顺序精准地进行镜头组接。此外，确保镜头间内容在逻辑上的连贯也是核心要点之一，以此构建起严密且统一的叙事架构，让观众能够清晰、顺畅地理解影片内容。

2. 镜头长度恰当

镜头长度的确定应以镜头内部信息内容的丰富程度为依据，确保每个镜头所传达的信息量与时长相匹配，既不过长导致观众注意力分散，也不过短使信息传达不充分。

3. 注意轴线规律

在拍摄同一场景中同一主体的一组镜头时，为保障画面连贯性和空间统一感，必须严格遵守轴线规律。这要求拍摄的总方向始终保持在被拍摄物体前方延伸轴线的同一侧。若违反这一规律，在镜头组接时出现跳轴现象，画面的空间统一感将会遭到破坏，从而使观众产生理解上的困惑。

4. 使镜头衔接流畅

为确保镜头转换自然流畅，需精准选择镜头的编辑点。其中，"动接动"和"静接静"是常见的编辑手法，通过这种方式可以有效实现画面过渡的平滑性，减少观众在观看过程中的视觉突兀感。

5. 转场的技巧

转场是指在两个不同空间或场景的镜头之间所运用的衔接技术，具体包括特技转场、声音转场、特写转场等多种形式。合理运用转场技巧能够使场景切换更加自然、流畅，增强影片的节奏感。

6. 注意影调和光线组接

影调是画面影像所呈现的明暗阶调，它与景物的亮度以及光线的照明状态密切相关。在镜头组接过程中，要注意影调和光线的协调统一，避免因影调或光线的突然变化而破坏画面的整体视觉效果。

7. 景别转换恰当

景别在影像创作中有着至关重要的地位，它能够暗示和描绘影像空间的层次与布局，构建影片与观众、人物之间的情感距离，进而塑造整体的视觉风格和体现导演独特的艺术风格。因此，在处理镜头间的相互关系时，画面景别的选择与应用是需要谨慎斟酌的重要环节，确保景别转换符合叙事和艺术表达的要求。

1.1.4 剪辑的基本流程

在完成蒙太奇与镜头组接相关内容的介绍之后，我们即将开启对剪辑"有什么"的学习。剪辑并非一种高深莫测、令人望而却步的技艺，它更近似于一种手艺，需要从业者具备耐心与细致的品质。剪辑师面对一堆杂乱无章的素材时，需要从中进行挑选、组合以及调整，最终塑造出一个富有节奏且饱含情感的故事。这一过程就如同在拼一幅复杂的拼图，其中的每一块碎片都有着自身独特的位置与意义。

1. 素材收集，熟悉素材

首先，要将所有视频、音频以及图片素材准备齐全，这些素材构成了剪辑工作的基础，这就好比写文章之前要先收集资料一样。在素材收集完成后，务必将所有素材完整地浏览一到两遍，以此熟悉素材内容，对每一条素材都形成大致的印象，从而为后续梳理剪辑思路提供便利。

2. 整理思路

在充分完成素材的收集和熟悉工作之后，我们应当依据这些素材以及脚本，梳理出剪辑工作的整体思路，也就是确定整部作品的剪辑结构，以此保障剪辑工作能够顺利推进。

3. 镜头分类筛选

在完成上述步骤后，接下来的关键环节是对素材进行筛选和分类。为保证工作效率和准确性，建议对不同场景下的系列镜头进行精细分类，并将其整理至相应的文件夹中，这样有助于后续对素材的管理和使用。

4. 初剪（框架、情节完整）

在完成素材的整理之后，应将素材有序地导入到既定的项目当中。随后，在专业的剪辑软件中，依据事先分类好的镜头场景开展剪辑工作，保证每个场景中的镜头都能够流畅衔接，进而将各个场景有序串联起来，使其就像在讲述一个完整的故事一样，最终形成一部完整的影片。

5. 精剪（节奏、氛围）

在初步剪辑完成之后，我们需要进一步对视频进行精细化处理，包括对镜头时长和顺序的调整，以确保节奏流畅。同时，适时添加特效和字幕，以此增强观众对内容的理解和感受。这一过程要确保叙事连贯，情感表达准确，使视频内容更具严谨性、完整性和说服力。

6. 添加音乐和音效

在影视制作中，视听效果至关重要，画面和声音是其中的核心要素。合适的音乐和音效能够增强影片的魅力和观众的观看体验，因此音乐和音效的选择是视频制作过程中的关键环节。在制作过程中，制作者应当根据视频的情感和节奏来挑选与之匹配的音乐和音效，以此保障良好的视听效果。

7. 色彩校正和分级（色彩协调统一）

视频的色彩对观众的感知有着显著影响，不同的色彩能够营造出不同的情绪氛围。色彩校正和分级是视频后期处理的重要环节，其目的在于通过对视频色彩的调整，使视频色彩更加真实或者呈现出特定的艺术效果，从而满足观众对视频质量的高标准要求。

8. 渲染和导出

渲染是剪辑过程中的关键步骤，它涉及将编辑操作应用于视频素材，进而生成最终的输出内容。渲染过程确保了视频的视觉效果、格式转换和压缩。在渲染完成后，通过点击"导出"功能将内容保存至计算机。

1.2　专业剪辑软件更好用，Premiere Pro快速入门

学习完剪辑基础后，我们将开始学习 Premiere Pro。该版本引入了 AI 功能，包括智能语音处理和 AI 驱动的音频优化技术，有效提升录音清晰度。它还具备智能剪辑模式，自动识别剪辑点，减少编辑时间，保证视频质量。Premiere Pro 还与短视频平台深度整合，扩展了应用场景和用户体验，并提供了更多优化功能，为用户提供全面、高效、专业的视频编辑体验。

本节旨在详细解读 Premiere Pro 的工作界面，进而循序渐进地指导读者如何高效运用 Premiere Pro 进行视频剪辑。我们将从界面的基本布局和功能介绍入手，逐步深入到剪辑操作的各个环节，包括素材导入、剪辑技巧、效果添加等。通过系统、全面的阐述，我们将确保读者能够全面理解并熟练掌握 Premiere Pro 的各项功能，进而提升视频剪辑的专业技能和效率。

1.2.1　Premiere Pro的工作界面

学习使用 Premiere Pro 的首要步骤是认识其工作界面。接下来我们来了解 Premiere Pro 的工作界面，这有助于后续剪辑时熟悉各项功能。

1. 启动界面

启动 Premiere Pro 后，首先打开的是"主页"界面，读者可以在对话框中单击相关的功能按钮进行操作，如图 1-1 所示。

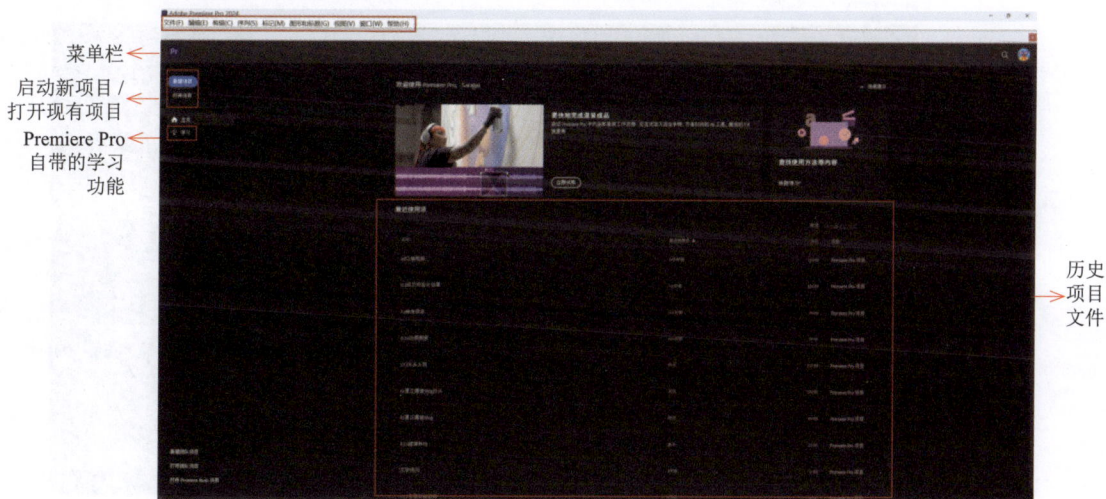

图 1-1

单击"新建项目"按钮 新建项目 ，打开"新建项目"对话框，如图 1-2 所示。与之前版本不同的是，Premiere Pro 版本新增"新建项目"对话框，在创建项目的过程中，面板变得更加简洁明了，同时保留了之前的所有功能，使得项目创建过程更为便捷。在"新建项目"对话框中，可在"项目名"中设置项目名称，在"位置"中设置项目保存位置，在"模板"中根据需求选择项目模板。如果希望跳过导入模式并直接从项目面板添加媒体，请选择"跳过导入模式"。除非取消选中，否则它将保持选中状态，以便用于未来的项目。

单击"设置"按钮 ⚙ ，可访问项目设置，包括常规、颜色、暂存盘和收录设置，如图 1-3 所示。

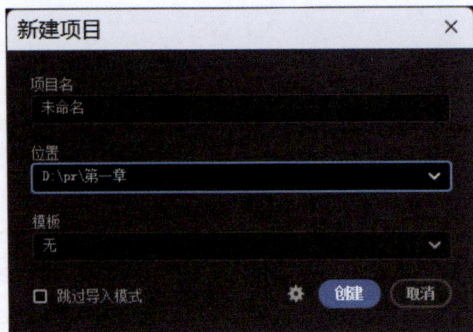

图 1-2

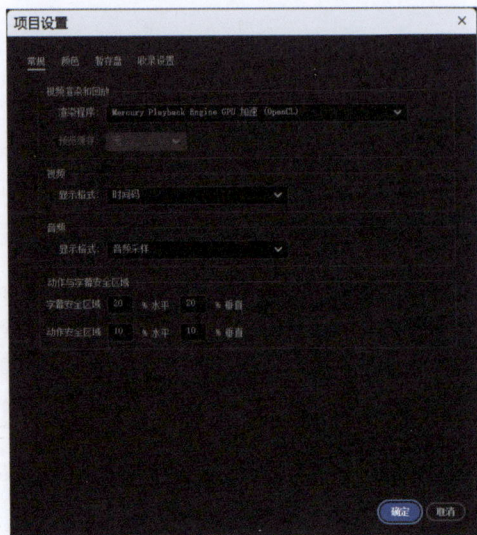

图 1-3

> 提示：Premiere Pro 2025中自带项目模板，使用项目模板可以简化视频制作过程，还能将制作流程标准化并帮助避免错误。当然我们还可以创建自己的项目模板，根据自己的偏好定制，并逐步形成自己的风格。

取消"跳过导入模式"选项，单击创建按钮，进入"导入"界面，在该界面可以提前选择并导入所需素材，还可以在右侧进行导入设置，如图 1-4 所示。

导入所需素材
的地址

图 1-4

> 提示：（1）组织媒体：用于在开始编辑之前组织项目媒体。
> （2）复制媒体：如果要从临时位置（例如相机存储卡或可移动驱动器）复制媒体文件，则将其切换为打开状态。通过 MD5 校验和验证确保复制过程没有出现文件损坏。
> （3）创建序列：在Premiere Pro 2025中，序列相当于一个迷你项目。它不仅允许您编辑视频，还能对视频和音频素材进行组织、剪辑以及添加效果。此外，序列还可以作为素材被导入到另一个序列中。

创建项目完成后，进入 Premiere Pro 的视频编辑工作界面，如图 1-5 所示。

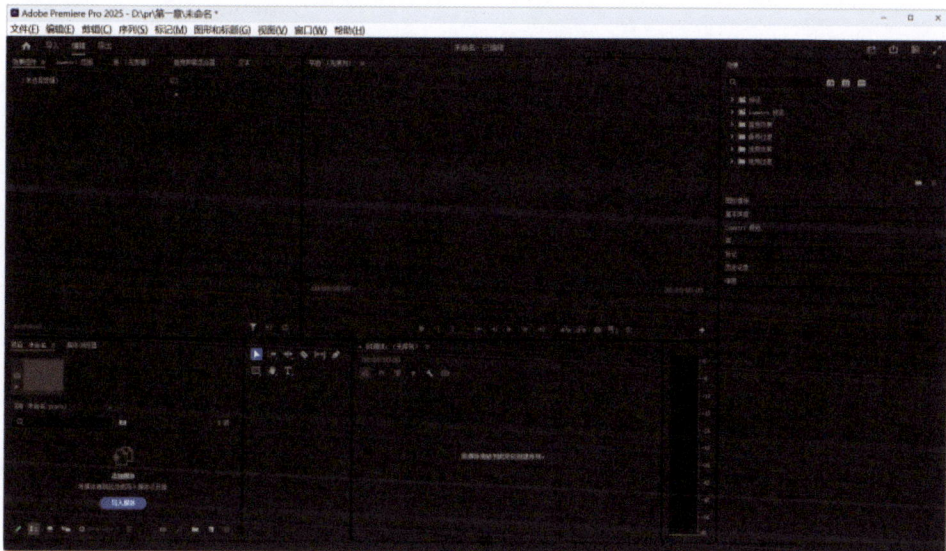

图 1-5

提示：读者的初始界面可能因各种原因与图 1-5 不符，不必担心，接下来将介绍如何科学地配置 Premiere Pro 的工作界面。

2. 工作区

之所以读者打开的初始界面与图 1-5 不一致，很可能是因为工作区不一致。单击工作界面右上角"工作区"按钮█，即可显示工作区列表，如图 1-6 所示，用户可以根据自己的需求选择由系统提供的 15 个不同的工作区界面。

提示：在了解了工作区之后，相信读者们应该能够理解，若要调整效果，我们需要切换到"效果"工作区；若需调整颜色，则应切换到"颜色"工作区。为了便于剪辑，笔者更倾向于使用"效果"工作区，因为该区域的面板较为全面，且符合笔者的剪辑习惯。在接下来的剪辑教学中，我们将频繁使用该工作区。当然，读者可以根据自己的习惯进行相应的调整，比如"所有面板"工作区。

1.2.2　管理素材的面板

所谓视频剪辑，就是对已有的视频素材进行编辑处理，管理素材就是进行视频剪辑前所做的准备工作。在 Premiere Pro 工作界面中，导入素材的面板主要分为"项目"面板和"媒体浏览器"面板。

1."项目"面板

"项目"面板位于 Premiere Pro 工作界面的左下角，将鼠标移动至"项目"面板的名称处，如图 1-7 所示，可以设置"项目"面板外观，素材显示样式一般选择"图标"，如图 1-8 所示。"项目"面板主要用于导入素材和管理素材，另外读者也可以在"项目"面板中创建序列。

2."媒体浏览器"面板

单击"媒体浏览器"选项，可以切换到"媒体浏览器"面板，该面板直接链接到计算机硬盘，可在该面板选择计算机硬盘的位置，从而导入素材，如图 1-9 所示。

图 1-6

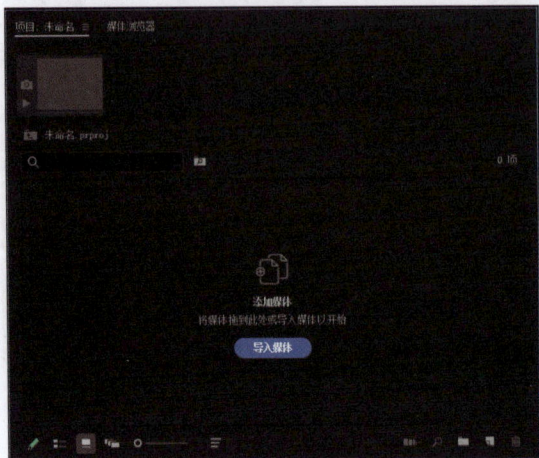

图 1-7

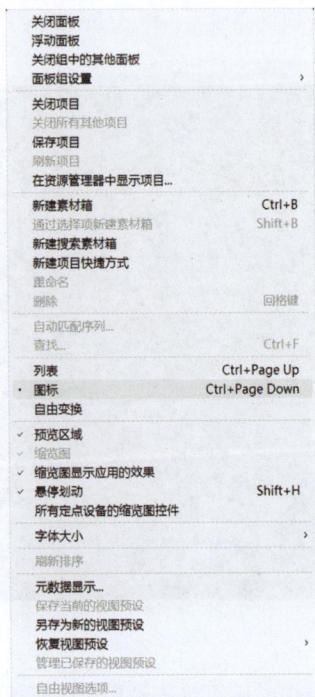

图 1-8

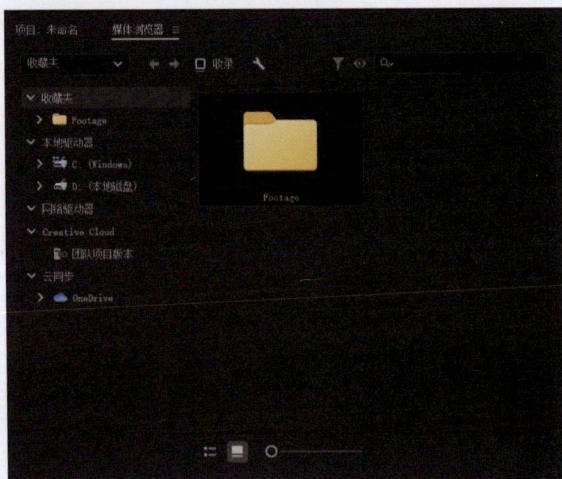

图 1-9

1.2.3 编辑素材的面板

将素材导入 Premiere Pro 中后可以直接使用，也可以对素材的视频部分和音频部分进行简单的处理，主要操作面板为"源"监视器面板和"音频剪辑混合器"面板。

1. "源"监视器面板

在"项目"面板左上方，单击"源"选项，即可打开"源"监视器面板，如图 1-10 所示。在"源"面板中，读者可以查看素材的内容，并对素材进行帧标记、设置出入点、创建子剪辑等操作。

在素材编辑面板下方工具栏中可以看到多个按钮，点击右下角添加按钮"➕"，即可打开"按钮编辑器"，如图 1-11 所示，在"按钮编辑器"中，选中还需要添加的按钮功能，再点击"确定"选项，即可自动添加至工具栏中。

图 1-10

图 1-11

按钮功能介绍如下。

➢ "添加标记"按钮 ▦：设置影片片段标记。

➢ "标记入点"按钮 ▮：设置当前影片的起始点。

➢ "标记出点"按钮 ▮：设置当前影片的结束点。

➢ "转到入点"按钮 ◀▮：单击此按钮，可将时间标记移动至起始点。

➢ "后退一帧（左侧）"按钮 ◀▮：此按钮是对素材进行逐帧倒播的控制按钮，每单击一次该按钮，播放就会后退 1 帧，按住 Shift 键的同时单击此按钮，每次后退 5 帧。

➢ "播放–停止切换（空格键）"切换按钮 ▶/■：控制监视器中的素材时，单击此按钮，会从监视器中时间标记 的当前位置开始播放；在"节目"监视器中，在播放时按 J 键可以进行倒播。

➢ "前进一帧（右侧）"按钮 ▮▶：此按钮是对素材进行逐帧播放的控制按钮。每单击一次该按钮，播放就会前进 1 帧，按住 Shift 键的同时单击此按钮，每次前进 5 帧。

➢ "转到出点"按钮 ▮▶：单击此按钮，可将时间标记移动到结束点的位置。

➢ "插入"按钮 ▦：单击此按钮，当插入一段影片时，重叠的片段将后移。

➢ "覆盖"按钮 ▦：单击此按钮，当插入一段影片时，重叠的片段将被覆盖。

➢ "导出帧"按钮 ▣：可导出一帧的影视画面。

➢ "比较视图"按钮 ▦：可以进入比较视图模式观看。

➢ "清除入点"按钮 ▮：清除设置的标记入点。

➢ "清除出点"按钮 ▮：清除设置的标记出点。

➢ "从入点到出点播放视频"按钮 ▮▶▮：单击此按钮，可以只播放入点到出点范围内的素材片段。

➢ "转到下一标记"按钮 ▶▮：单击此按钮，可以快速切换到下一个标记点。

➢ "转到上一标记"按钮 ◀▮：单击此按钮，可以快速切换到上一个标记点。

➢ "播放邻近区域"按钮 ▮▶▮：单击此按钮，将播放时间标记，当前位置前后邻近范围内的素材。

➢ "循环播放"按钮 ▦：控制循环播放的按钮。单击此按钮，监视器就会不断循环播放素材，直至单击停止按钮。

➢ "安全边距"按钮 ▦：单击该按钮，可以为影片设置安全边界线，以防影片画面太大而使播放不完整；再次单击可隐藏安全边界线。

➢ "切换代理"按钮 ▦：单击此按钮，可以在本机格式和代理格式之间进行切换

➢ "切换 VR 视频显示"按钮 ▦：单击此按钮，可以快速切换到 VR 视频显示。

➢ "切换多机位视图"按钮 ▦：打开或关闭多机位视图。

在了解清楚监视器中各个按钮的作用后，就可尝试应用在素材编辑中，当素材编辑完成后，长按"源"监视器中的素材画面，拖动至时间轴板块序列中即可，素材即应用至序列剪辑中。

2. "音频剪辑混合器"面板

在"项目"面板左上方，单击"音频剪辑混合器"选项，即可打开"音频剪辑混合器"面板，如

图 1-12 所示，可在该面板对音频素材进行处理。

1.2.4 剪辑视频的面板

上一小节简单介绍了各种素材在操作方面的面板，本小节将主要介绍对素材进行剪辑操作时需要用到的剪辑面板。

1. "时间轴"面板

"时间轴"面板一般位于工作界面的下方，如图 1-13 所示，主要负责完成大部分的剪辑工作，同时也适用于查看和处理序列。在我们的剪辑工作中，最关键的面板为"时间轴"面板，它是剪辑工作的"基石"。将素材移动至"时间轴"面板后，将会自动生成视频和音频轨道，该部分将在后文详细讲解。

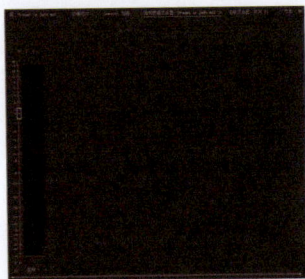

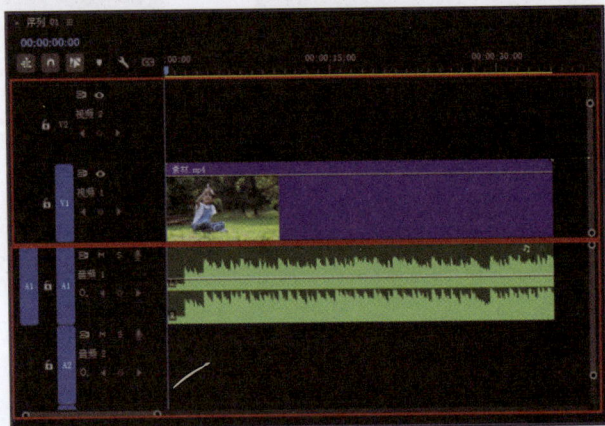

视频轨道

音频轨道

图 1-12 图 1-13

2. "节目"面板

"节目"面板可以预览剪辑过程中的效果变化，也可以预览成片效果，如图 1-14 所示。

剪辑面板中同样有许多按钮，且功能大多数与"源"监视器面板重合，如图 1-15 所示，"节目"监视器面板中的其他按钮功能如下。

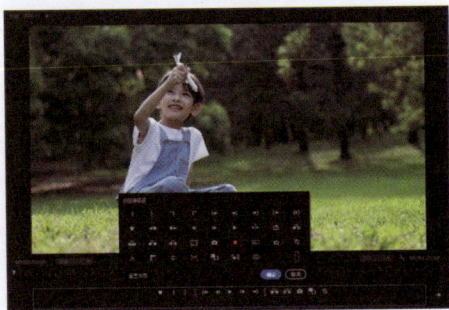

图 1-14 图 1-15

➤ "提升（;）"按钮🔲：用于将轨道上入点与出点之间的内容删除，删除之后仍然留有空间。

➤ "提取（'）"按钮🔲：用于将轨道上入点与出点之间的内容删除，删除之后不留空间，后面的素材会自动与前面的素材连接。

➤ "多机位录制开 / 关（0）"按钮🔴：可以控制多机位录制的开 / 关。

➤ "还原裁剪会话"按钮◻：可以还原裁剪的对话。

➤ "全局 FX 静音"按钮 fx：单击此按钮，可以打开或关闭所有视频效果。

➤ "显示标尺 Ctrl+R"按钮▦：单击此按钮，可以显示或隐藏标尺。

➤ "显示参考线 Ctrl+;"按钮#：单击此按钮，可以显示或隐藏参考线。

3."效果控件"面板

一般位于左上方区域，用于控制对象的运动、不透明度、过渡及效果等，如图 1-16 所示。

4."音频混合器"面板

"音频混合器"面板可以更加有效地调节项目的音频，实时混合各轨道的音频对象，如图 1-17 所示。

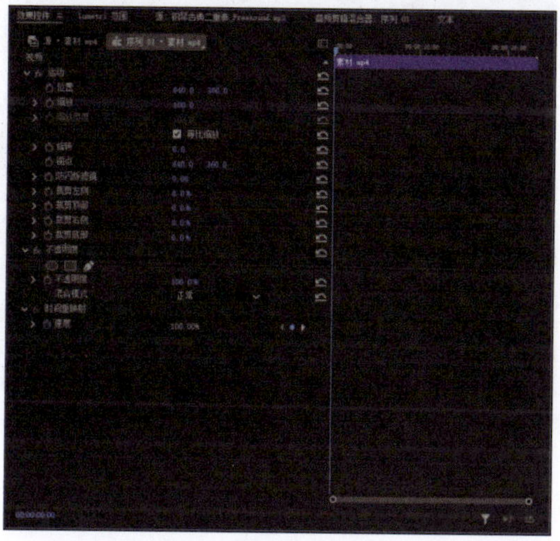

图 1-16

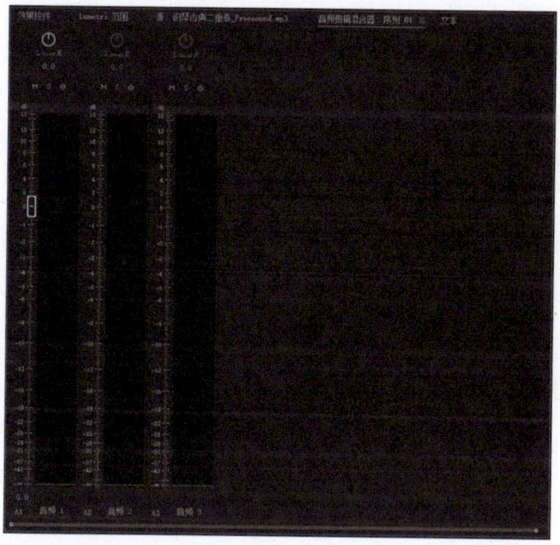

图 1-17

5.Lumetri 范围面板

该面板分析素材的色彩构成，以便于对素材进行调色，如图 1-18 所示。

6."文本"面板

进入"文本"面板，即可添加字幕轨道，添加需要的字幕，如图 1-19 所示。

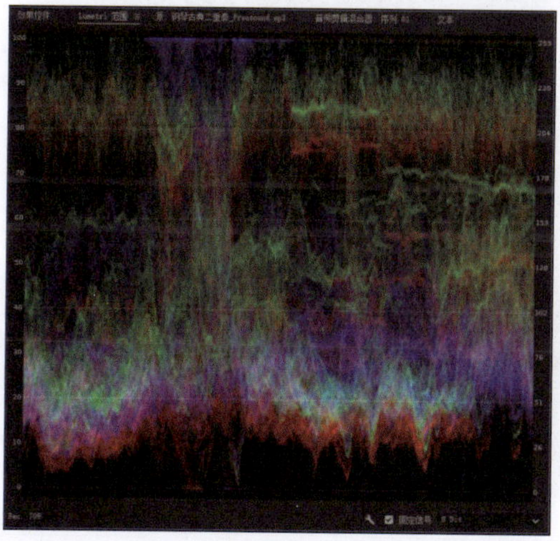

图 1-18

图 1-19

7. 工具面板

工具面板位于"时间轴"面板的左侧，每一个图标都表示一个具有特定功能的工具，主要用于编辑视频内容，如图 1-20 所示。在使用工具时，鼠标的指针会自动变换为与工具功能相对应的外观，具体功能介绍将在后文详细介绍。

8."历史记录"面板

"历史记录"面板可以记录用户从建立项目以来进行的所有操作。执行了错误操作后，可以单击该面板中相应的命令，撤销错误操作并重新返回到错误操作之前的步骤，如图 1-21 所示。

图 1-20

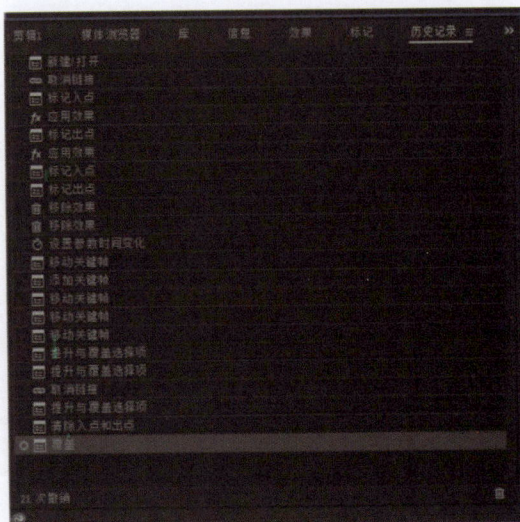

图 1-21

1.2.5 辅助工作区

除了以上面板，Premiere Pro 还提供了其他一些方便剪辑操作的功能面板。在 Premiere Pro 工作界面最右侧，有一列面板卷展栏，在整个剪辑过程中特定的时候会使用到，单击即可调出相应面板，如图 1-22 所示。

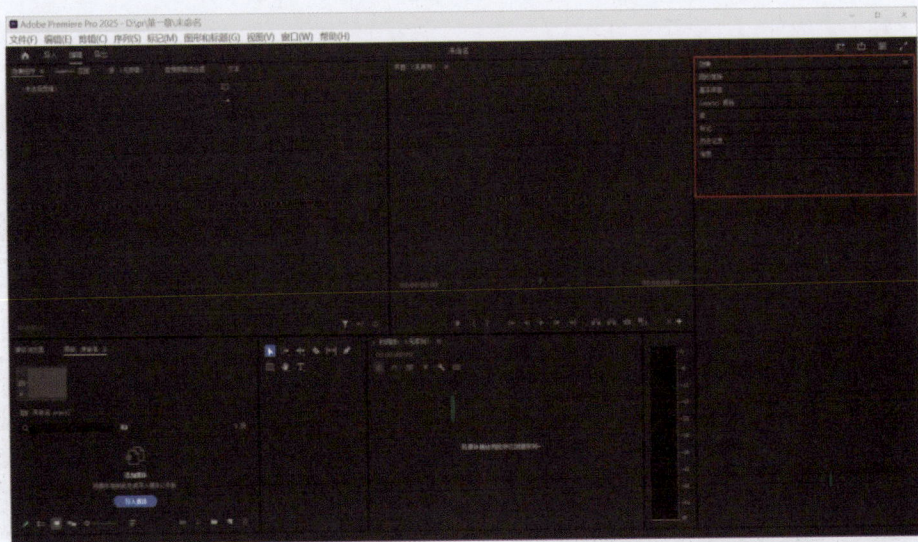

图 1-22

1.3 Premiere Pro快速上手，掌握软件的基本操作

熟悉 Premiere Pro 中基本的功能区域后，本节将开始详细介绍软件的基本操作，如学习素材、序列、项目之间的关系，如何新建剪辑项目等。这些操作都是为后续剪辑制作打下基础。

1.3.1 素材/序列/项目的关系

在 Premiere Pro 中，素材、序列和项目构成了一个不可分割的整体。素材、序列、项目的层次关系：

序列包含素材，项目包含序列和素材。可以简单地理解为将多个素材编排成一个序列，如图 1-23 所示。在项目中，可以包含多个序列，而序列可以被视为一个故事视频，其中素材指的是需要插入到这个剪辑视频中的各个片段。

图 1-23

1. 素材存在的形式

素材在不同面板中的呈现方式是不一样的。在"项目"面板中，素材以缩略图或列表的形式展现，而在"时间轴"面板中，则以进度条的形式呈现，如图 1-24 所示。

图 1-24

如果在"项目"面板中双击素材，例如双击素材"氛围感风景.mp4"，即可在"源"监视器面板中查看素材的情况，如图 1-25 所示。如果在"时间轴"面板中双击素材，如双击素材"氛围感风景.mp4"，即可在"节目"监视器面板中查看素材的情况，如图 1-26 所示。

图 1-25

图 1-26

2. 序列存在的形式

序列是存在于"项目"面板中，通常在所有素材后面。而在"时间轴"面板中，序列是处于打开状态的，且"时间轴"面板展示了序列中的所有素材和编辑情况，如图 1-27 所示。

图 1-27

3. 项目

项目指整个项目文件，一个项目文件的所有文件都存在于"项目"面板中，包括素材、序列等。

> 提示：项目不等于序列，一个项目可能包含一个序列也可能包含多个序列。

1.3.2 新建、打开、保存剪辑项目

在上文中，我们打开过项目，也通过新建项目进入 Premiere Pro 的工作界面，但是在新建项目的过程中，可能还需要设置一系列参数，例如视频"显示格式"、音频"显示格式"、文件保存位置等。

1. 新建项目文件

新建项目，除了可以在"主页"对话框中单击"新建项目"按钮 新建项目 之外，还可以在"主页"上方工具栏中执行"文件"|"新建"|"项目"命令（快捷键 Ctrl+Alt+N）。

2. 打开项目文件

同理，打开项目除了单击"主页"对话框中的"打开项目"按钮 打开项目 ，还可以执行"文件"|"打开项目"命令（快捷键 Ctrl+O），然后在弹出来的对话框中选择对应的项目源文件（扩展名为".prproj"），如图 1-28 所示。

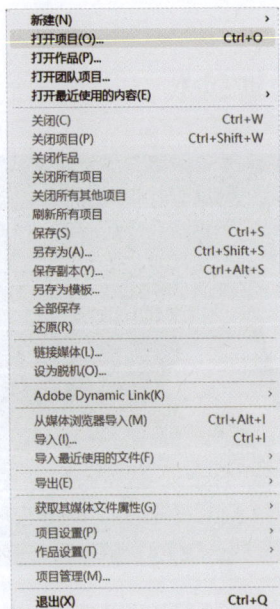

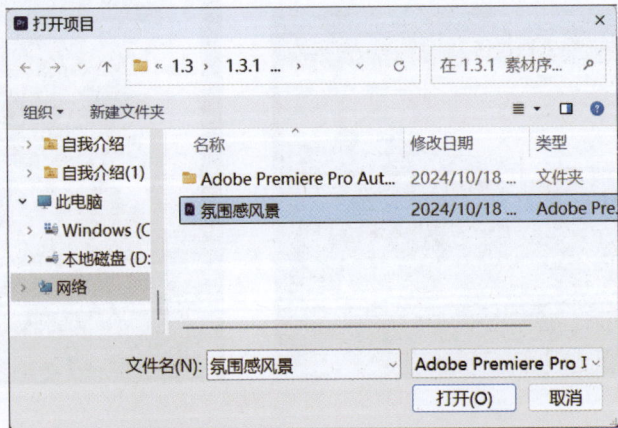

图 1-28

3. 设置视频显示格式

新建项目时，单击"新建项目"对话框中的设置按钮 ⚙，即可在打开的"项目设置"窗口中设置视频显示格式，其中"视频"的"显示格式"中包含 4 种格式选项，默认为"时间码"，如图 1-29 所示。

> 提示：（1）时间码是计算视频文件或磁带文件的小时、分钟、秒和帧的通用标准。在 Premiere Pro 中用来度量视频的长度，如图 1-30 所示。
> （2）英尺+帧 16mm/英尺+帧 35mm 是两种比较老的胶片计算方式，用于计算英尺数和帧数（类似于英尺和英寸），后面的"16mm"和"35mm"为胶片规格。在这两种技术方式下，每英寸为 40 帧，也就是说，如果时刻是 A+B，那么帧数为 A×40+B。
> （3）画框仅统计视频的帧数。

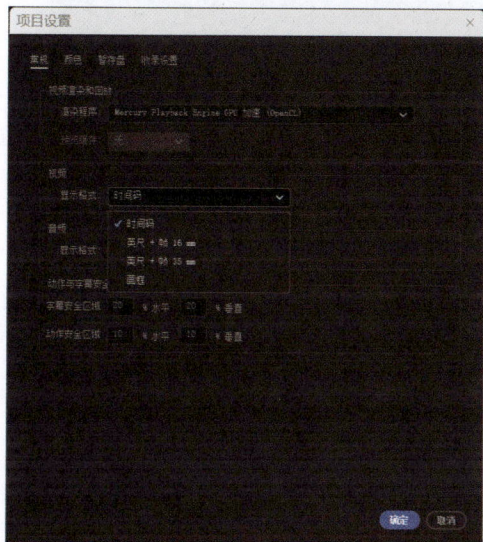

图 1-29

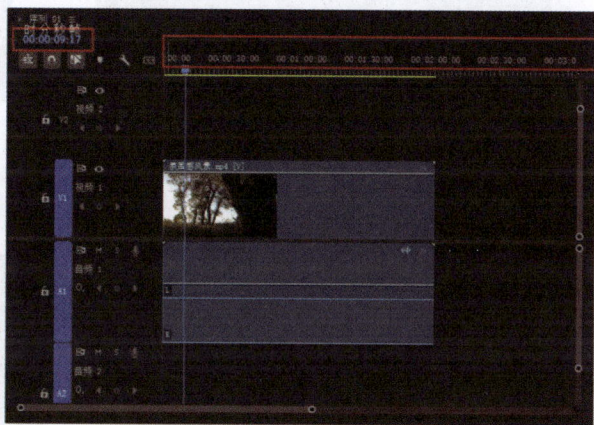

图 1-30

4. 设置音频显示格式

"音频"的"显示格式"分为"音频采样"和"毫秒"两种，如图 1-31 所示。

➢ 音频采样：在此模式下，Premiere Pro 将以小时、分钟、秒和采样显示序列的时间，而每秒的采样数量决定于序列的设置。

➢ 毫秒：在此模式下，Premiere Pro 将以小时、分钟、秒和毫秒显示序列的时间。

5. 文件设置

在 Premiere Pro 中可以选择自动保存文件位置。自动保存文件是工作时自动创建的项目文件副本，打开其中一个副本，即可返回之前的项目。使用基于项目的设置时，在默认情况下，Premiere Pro 会将新创建的媒体文件与项目文件一起保存，即"与项目相同"，如图 1-32 所示。通常情况下，选择默认设置"与项目相同"即可。

6. 保存项目

保存项目与常规的计算机保存操作相同，按快捷键 Ctrl+S 或者快捷键 Ctrl+Shift+S 即可。

1.3.3　实操：导入素材

为了使读者更全面地掌握视频制作的整个流程，本节将逐步引导读者学习从素材导入到输出视频，详细介绍视频制作流程的各个阶段。首先，第一个实际操作案例将介绍如何导入素材，本案例将讲解常用方法。

01 启动 Premiere Pro，打开"新建项目"对话框，设置好项目名称和项目位置，勾选"跳过导入模式"

选项，如图 1-33 所示。单击"创建"按钮 创建，即可创建项目文件"海边出游 Vlog.prproj"，并进入 Premiere Pro 的视频编辑工作界面。

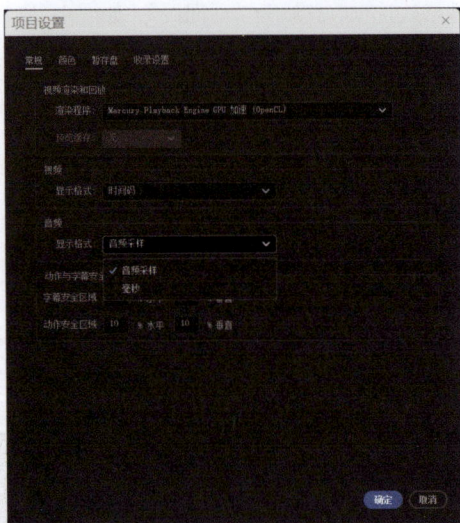

图 1-31

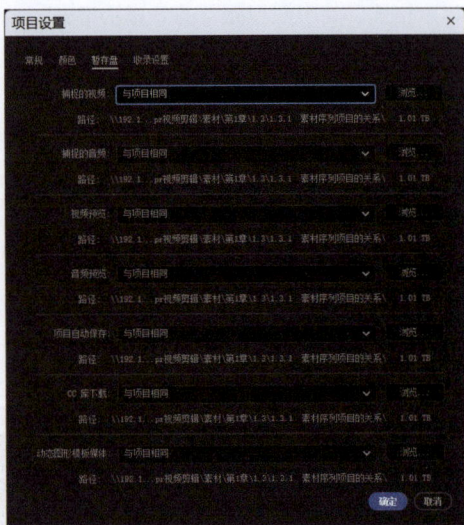

图 1-32

02 进入视频编辑工作界面后，单击"项目"面板中"导入媒体"（快捷键 Ctrl+I）按钮，如图 1-34 所示，即可打开"导入"对话框。

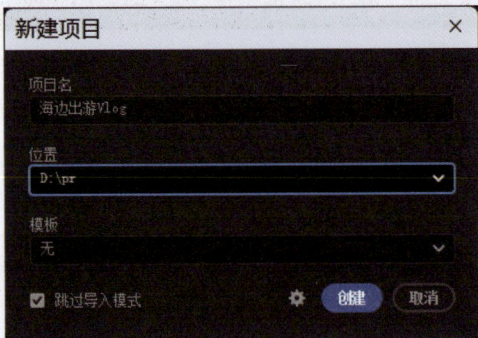

图 1-33

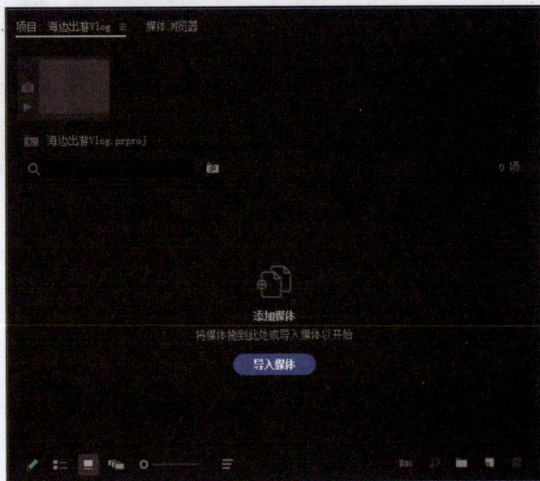

图 1-34

03 在打开的"导入"对话框中，选择"1.3 实操"所需的所有视频素材和音频素材，然后单击"打开"按钮，如图 1-35 所示，即可将所有素材导入至"项目"面板中。

04 完成上述操作后即可在"项目"面板中看到添加好的素材，如图 1-36 所示。

1.3.4 实操：设置素材箱整理素材

在项目文件"海边 .prproj"的剪辑工作界面中，我们可以看到在"项目"面板中导入了很多素材，且从各个素材名字可知各个素材类型，所以我们可以根据素材类型新建素材箱，对各个素材进行分类，让画面更加整洁。

01 单击"项目"面板中右下角的"新建素材箱"按钮 ，如图 1-37 所示，或者在"项目"面板空白区域单击鼠标右键，执行"新建素材箱"命令，或者在选中"项目"面板的情况下执行"文

件"|"新建"|"素材箱"命令。

图 1-35

图 1-36

> **提示**：导入素材的方法还有很多种，本案例介绍的方法适用范围广。同时在"项目"面板中还可以单击鼠标右键，执行"导入"命令，导入素材，我们还可以从"导入"界面和"媒体浏览器"面板中导入素材。

02　完成上述步骤后，即可直接在"项目"面板中创建一个素材箱，根据素材类型创建第一个素材箱，将其命名为"结尾"，如图 1-38 所示。然后我们可以将所有与结尾有关的素材，如"结尾1.mp4""结尾2.mp4"和"结尾3.mp4"移动至"结尾"素材箱中，如图 1-39 所示。

图 1-37

图 1-38

图 1-39

03 然后框选住所有与"开头"有关的素材，然后直接拖曳这些素材到"新建素材箱"按钮█上进行素材箱的创建，如图1-40所示。

图 1-40

04 根据上述步骤再创建"海边玩耍"素材箱和"女生拉着行李箱"素材箱，将剩余素材进行整理和分类，如图1-41所示。

提示：当素材过多时，可以将素材箱和素材设置为不同的标签颜色，也可以将同类素材或同类素材设置为相同的标签颜色，方便在编辑时识别素材。在素材箱中选中素材单击鼠标右键，在弹出的快捷菜单中选择"标签"子菜单中需要替换的颜色选项即可，如图1-42所示，具体素材标签颜色设置如表1-1所示。

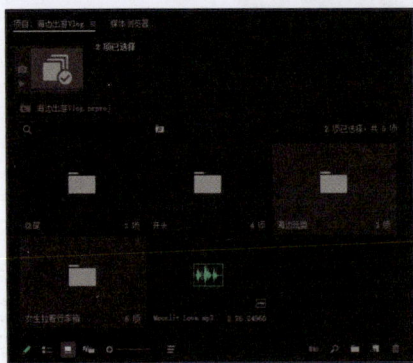

图 1-41

图 1-42

表 1-1

序号	素材顺序	时间轴位置	入点和出点	标签颜色
1	开头 1.mp4	00:00:00:00-00:00:02:11	00:00:03:00-00:00:05:22	紫色
2	开头 2.mp4	00:00:02:12-00:00:04:16	00:00:00:10-00:00:02:15	
3	开头 3.mp4	00:00:04:17-00:00:09:01	00:00:03:05-00:00:07:14	
4	开头 4.mp4	00:00:09:02-00:00:10:22	00:00:01:05-00:00:02:28	
5	女生拉着行李箱 6.mp4	00:00:10:23-00:00:13:18	00:00:00:15-00:00:03:10	玫瑰红
6	女生拉着行李箱 5.mp4	00:00:13:19-00:00:16:05	00:00:00:20-00:00:03:07	
7	女生拉着行李箱 4.mp4	00:00:16:06-00:00:18:17	00:00:00:15-00:00:03:02	

续表

序号	素材顺序	时间轴位置	入点和出点	标签颜色
8	女生拉着行李箱 2.mp4	00:00:18:18-00:00:21:17	00:00:00:05-00:00:03:05	玫瑰红
9	女生拉着行李箱 1.mp4	00:00:21:18-00:00:24:14	00:00:00:20-00:00:03:17	
10	女生拉着行李箱 3.mp4	00:00:24:15-00:00:27:06	00:00:00:20-00:00:03:12	
11	海边玩耍 1.mp4	00:00:27:07-00:00:29:18	00:00:00:20-00:00:03:04	芒果黄
12	海边玩耍 2.mp4	00:00:29:19-00:00:32:01	00:00:00:20-00:00:02:29	
13	结尾 1.mp4	00:00:32:02-00:00:34:19	00:00:00:20-00:00:03:11	绿色
14	结尾 2.mp4	00:00:34:20-00:00:39:01	00:00:00:15-00:00:04:22	
15	结尾 3.mp4	00:00:39:02-00:00:42:21	00:00:01:00-00:00:04:24	
16	音频：Moonlit Love.mp3	00:00:00:00-00:00:42:21	00:00:00:00-00:00:42:21	

1.3.5　实操：创建序列

本小节将介绍如何创建序列和创建序列时需要注意的问题，下面将介绍具体操作方法。

01　单击"项目"面板右下角"新建项"按钮，执行"序列"命令，如图 1-43 所示，或者使用快捷键 Ctrl+N，即可打开"新建序列"窗口。

02　打开"新建序列"窗口，首先显示的是"序列预设"界面，如图 1-44 所示，一般默认选项为"HD 1080p 23.976 fps（帧／秒）"（以 Rec.709 标准传输 HD 1920×1080 视频，每秒 23.976 帧）。

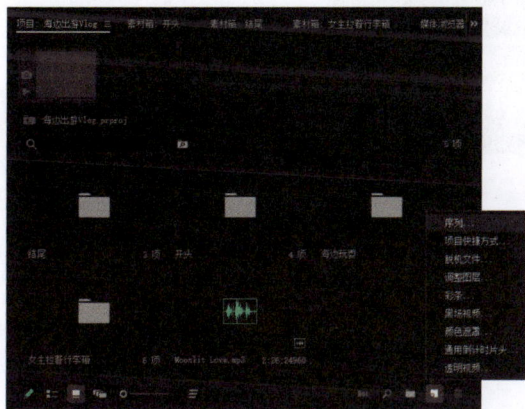

图 1-43

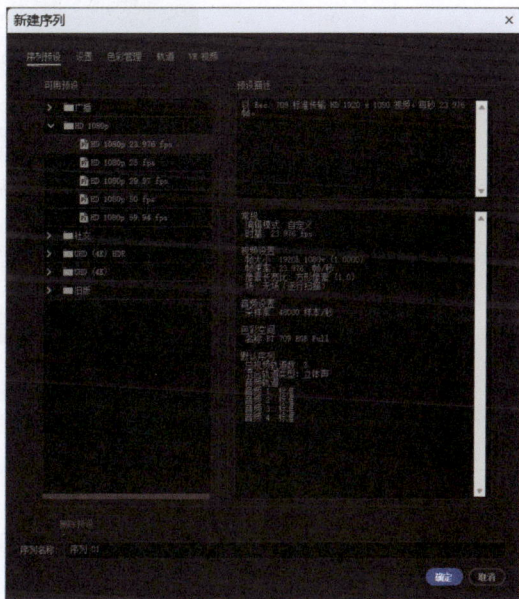

图 1-44

03　在设置序列前一定要查看素材属性。在"项目"面板中单击素材，即可在"项目"面板的左上角看到素材的基本属性，如图 1-45 所示。本案例素材帧大小和帧速率虽然不完全相同，但以 1280×720（1.0）和 25fps（帧／秒）居多。所以在新建序列时，单击"设置"选项，在该界面根据素材实际情况进行序列设置，如图 1-46 所示，这样，当将素材移动到时间轴上时，操作会更加便捷。

19

图 1-45

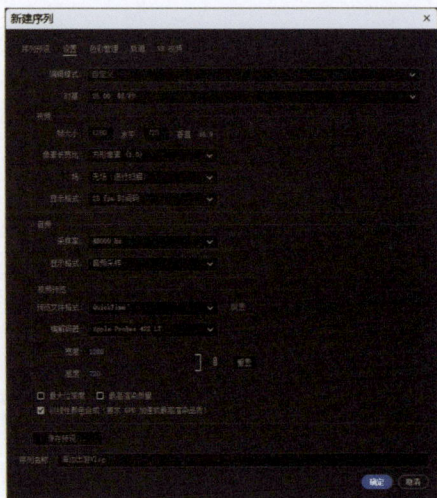

图 1-46

04 单击"色彩管理"选项，一般默认"工作色彩空间"为"Rec.709"，这是高清电视的国际标准，如图 1-47 所示。

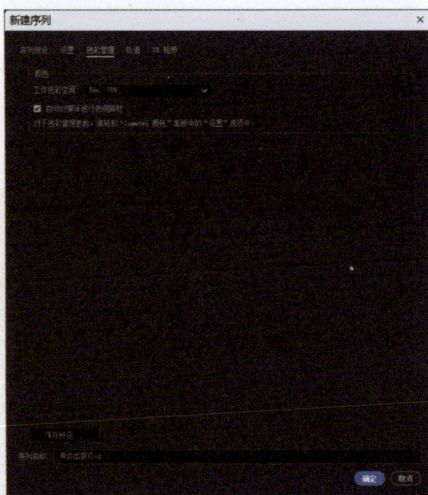

图 1-47

05 完成序列设置后，可以直接将"项目"面板中的素材拖动至"时间轴"面板中。

> 提示：（1）创建序列的方法有很多种，除了上文所述，单击鼠标右键执行"新建项目"|"序列"命令，或者执行"文件"|"新建"|"序列"命令，都可打开"新建序列"窗口。
> （2）视频分辨率是指图像中水平和垂直方向上每英寸的像素点数，通常用像素数来表示，如1920×1080、3840×2160等。分辨率决定了图像的清晰程度，分辨率越高，图像越清晰，但文件也越大。
> （3）帧大小通常指的是视频每一帧图像的尺寸大小，一般用宽度×高度的像素数来表示，如1920×1080、1280×720等。帧大小决定了视频画面的大小和范围。
> （4）帧速率，用fps（帧/秒）表示，一般指的是在一秒钟视频包含多少张图像。帧率越大，视频越连贯，适合快速运动的场景，而较低的帧率可能会导致画面卡顿或不连续。24fps是电影行业常用帧率，也被称为电影帧率；25fps适用于电视节目、广告等场景；30fps适用于手机视频播放等场景，手机拍摄帧率一般为30fps和60fps。

1.3.6　实操：使用入点和出点选取素材

在"源"监视器面板中提取素材中部分片段形成一个子剪辑，这样方便剪辑，让素材在"时间轴"面板中更方便操作。本小节则将具体向读者介绍如何使用入点和出点对素材进行选取，形成子剪辑，然后移动至"时间轴"面板中。

01　首先双击项目面板中需要剪切的素材"开头 1.mp4"，然后会在"源"监视器中显示素材画面。首先确定好需要的素材时长范围，确定好入点，将时间标记█移动至 00:00:03:00 处，然后在下方按钮工具栏中找到并单击"入点"按钮█，如图 1-48 所示。

02　确定好出点位置，将时间标记█移动至 00:00:05:22 处，然后单击"出点"按钮，如图 1-49 所示。

图 1-48

图 1-49

03　"入点"和"出点"添加完成后，将鼠标移动至"源"监视器画面中，长按素材"开头 1.mp4"画面，如图 1-50 所示，将其拖曳至"时间轴"面板中即可，如图 1-51 所示。

图 1-50

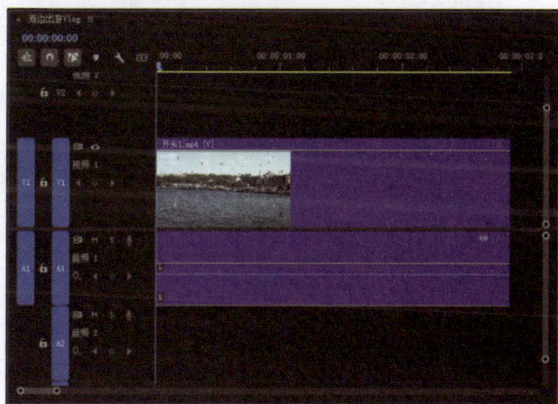

图 1-51

提示：长按"源"监视器中的素材画面移动至时间轴时，移动的是整个素材，包括视频画面和音频。如果只需要移动视频或者音频，可以长按并拖曳"源"监视器中的"仅拖动视频"按钮█或者"仅拖动音频"█按钮至"时间轴"面板中即可。

04　完成步骤 03 后我们可发现，将素材"开头 1.mp4"移动至"时间轴"面板时，视频和音频一起移动至"时间轴"面板中，且二者紧密相连，并且素材"开头 1.mp4"上有一个"V"，这代表视频和音频链接在一起。如果不想一起进行剪辑操作，我们只需要选中素材"开头 1.mp4"，单击鼠标右键执行"取消链接"按钮命令即可，如图 1-52 所示。

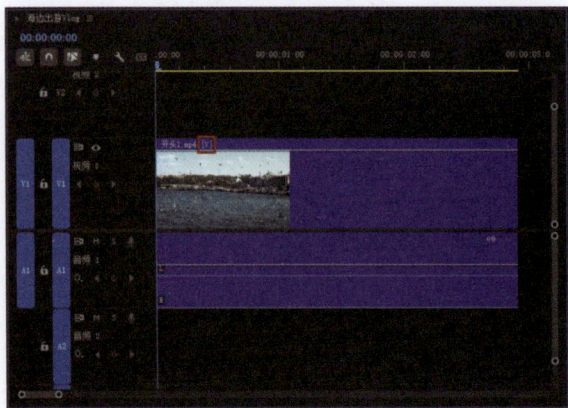

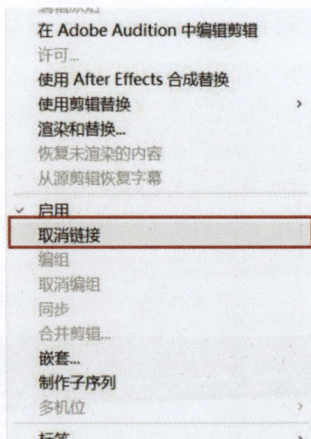

图 1-52

05 完成上述步骤后，我们可以根据步骤 01、步骤 02、步骤 03 和步骤 04，将剩余素材添加至"时间轴"面板中，如图 1-53 所示。

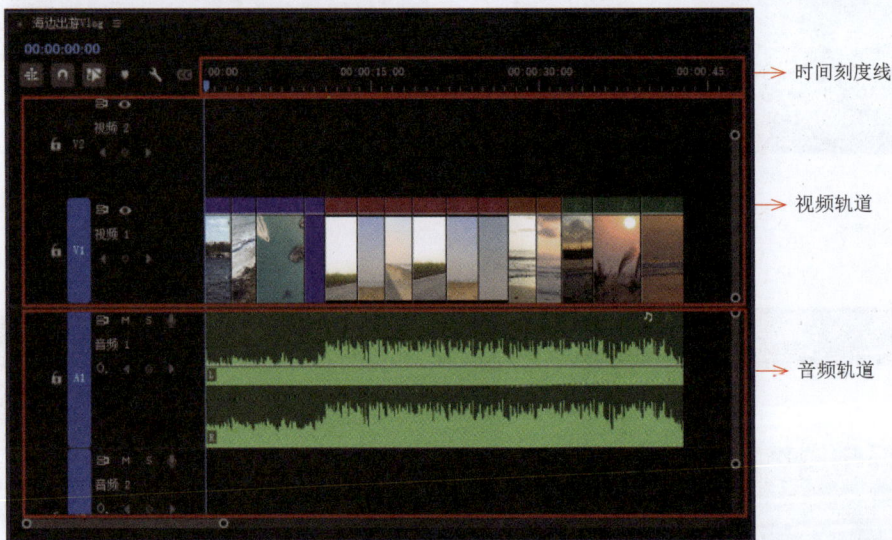

图 1-53

提示：（1）在"工作"界面中我们可以发现在多个与"时间"相关的面板中都有滑块。我们可以通过移动时间轴下方的滑块 ⊙ 来放大或缩小时间轴。将滑块 ⊙ 向中心移动将放大时间轴，使时间显示更加精确，便于在添加"入点"和"出点"时能够精确到每一帧；而将滑块 ⊙ 向两侧移动则会缩小时间轴，从而更宏观地观察时间轴。例如在需要调整出入点位置或添加"标记"时，可以先缩小时间轴以便快速定位到所需位置，随后再放大时间轴进行精确调整。
（2）本案例素材剪辑时长具体如表1-1所示。

1.3.7 实操：输出视频

在完成所有的剪辑工作后，需要将剪辑内容形成视频，输出保存。本小节将向读者介绍如何将素材片段形成一个完整的视频效果并输出至计算机中。导出视频的方法有多种，下面将详细介绍其中一种。

01 在输出视频之前我们需要进行一个很关键的操作，那就是"渲染"，对剪辑好的素材进行渲染

工作可以让生成的视频效果更流畅顺滑。在"节目"监视器面板中单击"入点"和"出点"，将"时间轴"面板中剪辑好的区域标记出来，然后执行"序列"|"渲染入点到出点"命令，即可将剪辑好的片段进行渲染，如图1-54所示。

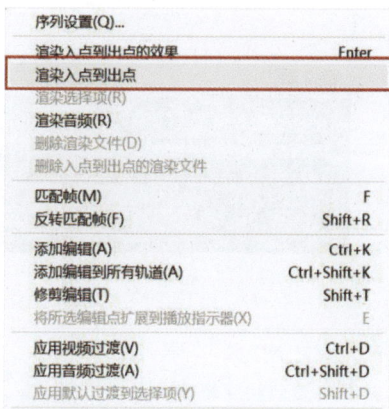

图 1-54

02　完成渲染后，我们在项目文件"海边出游Vlog.prproj"的剪辑"工作"界面左上方单击"导出"按钮 导出，即可打开输出视频的"导出"界面，在该界面的"设置"板块中，我们可以设置好导出的视频名称、地址和输出视频的画质。由于本案例包含了视频和音频，Premiere Pro会自动选择导出"视频"和"音频"，如果在剪辑视频时，添加了文字，在导出视频时可以选择导出"字幕"按钮，选择其余设置，比如"格式"，可以保持默认设置"H.264"不变，这是输出视频的通用格式，如图1-55所示。

表示输出的视频为mp4

影响输出的素材清晰度和大小

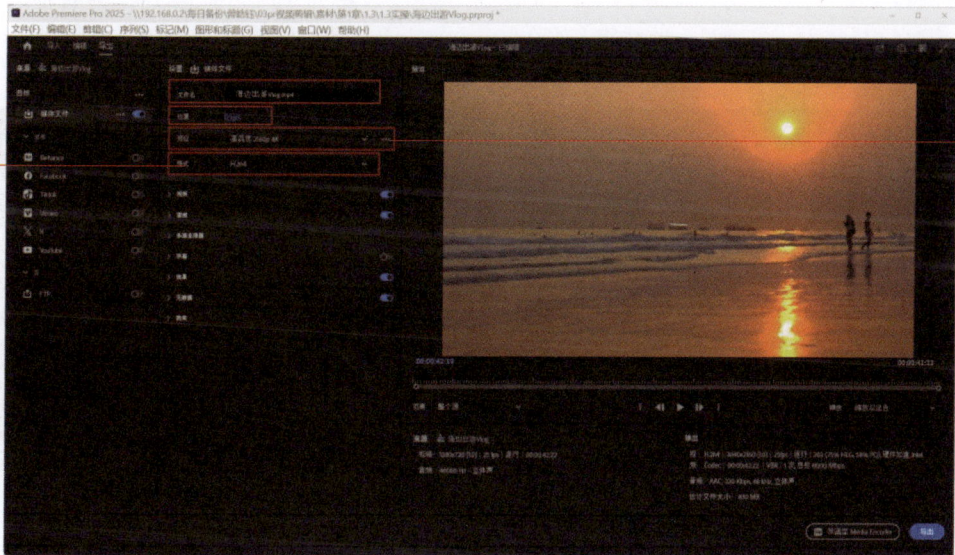

图 1-55

03　完成上述操作后，单击右下角"导出"按钮 导出，等待输出完成即可，如图1-56所示。

提示：除了可以用上述方法输出视频外，还可以在"主页"编辑界面中，单击右上角"快速导出"按钮，在弹出的对话框中单击"文件名和位置"链接，即可在弹出的对话框中，设置视频保存位置、视频名称和预设，如图1-57所示。确认更改完成后，即可单击"导出"选项，将视频保存至计算机文件夹中。

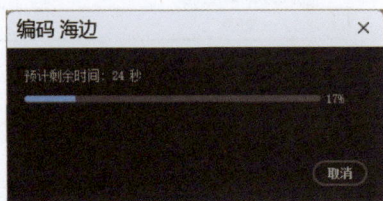

图 1-56

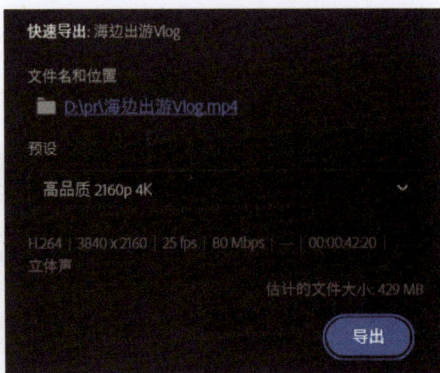

图 1-57

1.4　Premiere Pro的常用工具，看这里一目了然

　　Premiere Pro 功能强大且全面，然而这也带来了一个最大的问题：面对如此繁杂的工具和功能，使用者往往不知如何下手，这便形成了一定的门槛，令许多人"望而却步"。本书旨在让更多人不仅熟悉简单剪辑软件的应用，更能掌握最专业的 Premiere Pro 剪辑软件，从而降低学习难度。本节将向读者介绍 Premiere Pro 剪辑中常用的工具及其使用方法，力求让读者能够"一点即通"。

1.4.1　选择工具

　　选择工具是剪辑中最核心且最为常用的工具，因此放在首位介绍。"选择工具"按钮▶，正如其图标所呈现的那样，类似鼠标光标，可用于执行一切基础操作。例如，选中时间轴上的素材并长按鼠标左键，就能拖动其位置；双击"节目"监视器中的素材画面，则可调整素材画面的大小和位置；此外，还可以通过框选的方式选中多个素材来进行相应操作，如图 1-58 所示。

图 1-58

　　仅选择视频和音频。单击"选择工具"▶，按住 Alt 键，单击时间轴上的一些剪辑，可只选择视频或音频内容。注意，框选同样适用此操作。

1.4.2　轨道选择工具

　　轨道选择工具分为"向前选择轨道工具（A）"▣ 和"向右选择轨道工具（Shift+A）"▣。单击工具栏中轨道选择图标▣，只会出现"向前选择轨道工具（A）"功能，长按工具栏中轨道选择图标不松手，等到出现轨道选择工具菜单栏再松手，如图 1-59 所示，即可选择需要的

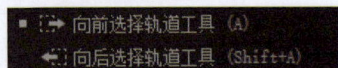

图 1-59

轨道选择工具。

> "向前选择轨道工具（A）" 可以选择光标后面所有的素材，方便进行整体的拖曳与处理，如图 1-60 所示。

> "向右选择轨道工具（Shift+A）" 则可选择光标前面所有的素材，同样方便进行整体的拖曳与处理，如图 1-61 所示。

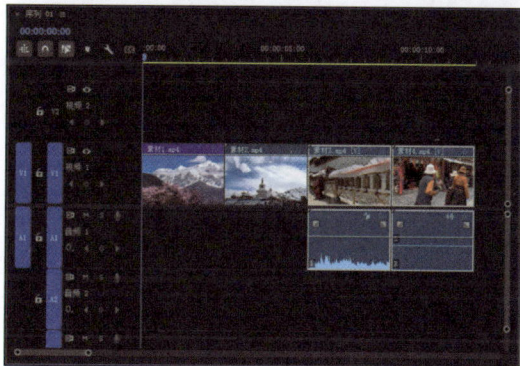

图 1-60

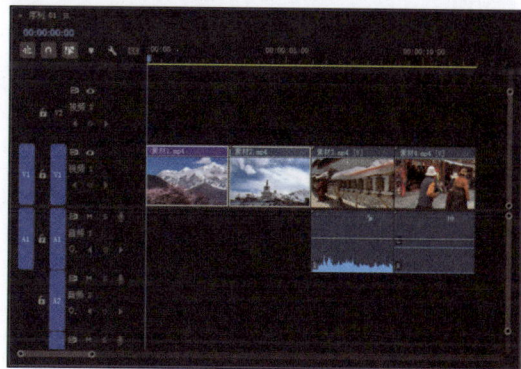

图 1-61

1.4.3　编辑工具

编辑工具分为 4 种，"波纹编辑工具（B）"、"滚动编辑工具（N）"、"比率拉伸工具（R）"、"重新混合工具"。长按工具栏中显示的编辑工具按钮，即可出现编辑工具选项框。

1. 波纹编辑工具

波纹编辑是一种在裁剪素材时避免产生间隙的方法。使用"波纹编辑工具"延长或缩短剪辑时，编辑点后的所有剪辑都会往左移填补间隙，或者往右移动形成更长的剪辑。

单击"波纹编辑工具"，将鼠标指针悬停在需要编辑的编辑点上，然后观察鼠标指针所指方向，根据需要进行拖曳，如图 1-62 所示。此时，可通过显示的时间码或"节目"面板显示的两个画面——左侧画面为第 1 个剪辑被拖曳后的最后 1 帧，右侧为紧挨着的第 2 个剪辑的第 1 帧，来判断两段视频之间的衔接画面，如图 1-63 所示。确认无误后，释放鼠标左键即可，"时间轴"面板轨道中的素材会自动向左移动。

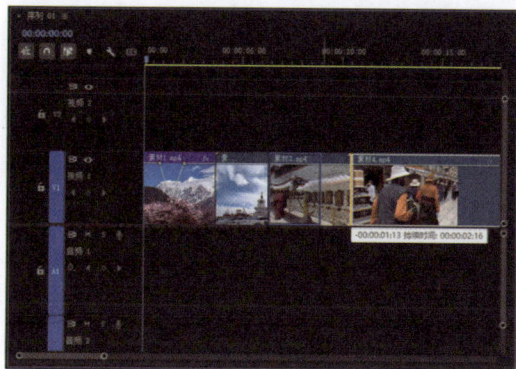

图 1-62

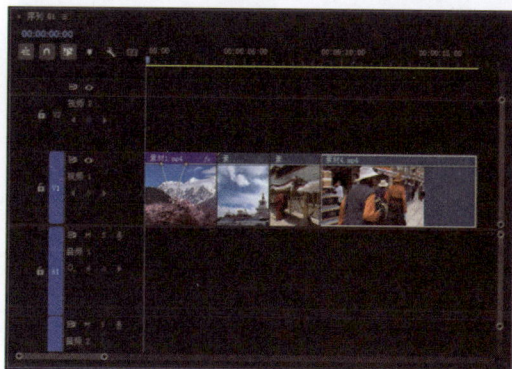

图 1-63

2. 滚动编辑工具

滚动编辑通常使用在两段剪辑之间的编辑点上，即修剪相邻的入点和出点，并以同样的帧数调整它们，且不会改变项目的总体长度，以达到一段剪辑缩短，另一段剪辑变长的操作效果。

选择"滚动编辑工具（N）"，将鼠标指针悬停在所选的两个剪辑间的剪辑点上，如图 1-64 所示，单击并向右拖曳以延长前面"素材 2.mp4"的时长和删除部分"素材 3.mp4"进行剪辑，如图 1-65 所示，确定好位置后释放鼠标左键即可。

图 1-64

图 1-65

3. 比率拉伸工具（R）

选择"比率拉伸工具（R）" ，在"时间轴"面板轨道中选择一段素材，将比率拉伸工具的光标对准素材尾部或开始处，向前拉伸则将素材播放速度降低（变慢），向后移动则将素材播放速度提高（变快），如图 1-66 所示。

4. 重新混合工具

在以往的视频剪辑中，为了让背景音乐时长与视频时长相匹配，还需通过剪切工具和关键帧结合对音频进行处理，避免音频结束得过于突兀。从 Premiere Pro 2022 版本开始，为了让用户在视频背景音乐处理时音乐更自然舒服，加入了"重新混合工具" 。当用户使用"重新混合工具" 时，Premiere Pro 可以重新混缩长的背景音乐，极大程度上缩短了用户视频剪辑时间，让用户不必再使用 Audition 对音频进行处理。

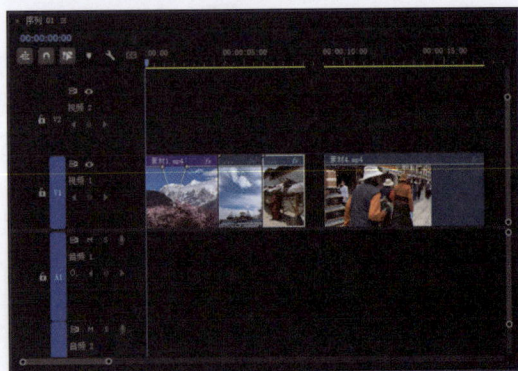

图 1-66

例如，导入一段背景音乐，将重新混合工具的光标向左移动，如图 1-67 所示，一段音乐则缩混完成。

1.4.4 剃刀工具

"剃刀工具（C）" 就是剪辑中常说到的剪切工具，可以用其分割任何素材。比如，将剃刀工具光标移动至需要分割素材的位置，然后单击此处即可，如图 1-68 所示。

1.4.5 外滑/内滑工具

"外滑工具（Y）" 和"内滑工具（U）" 都用于对素材的细节修改。

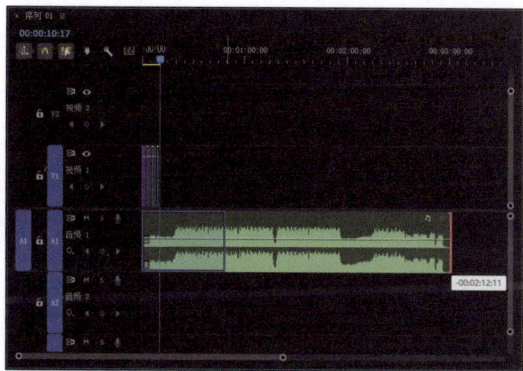
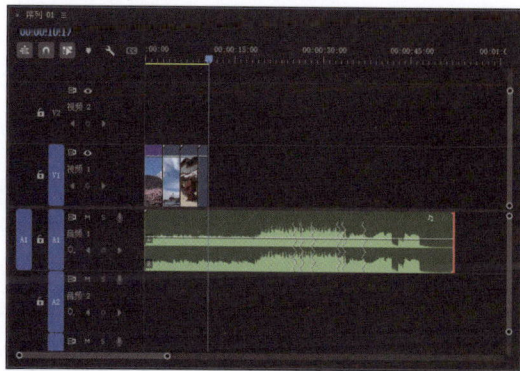

图 1-67

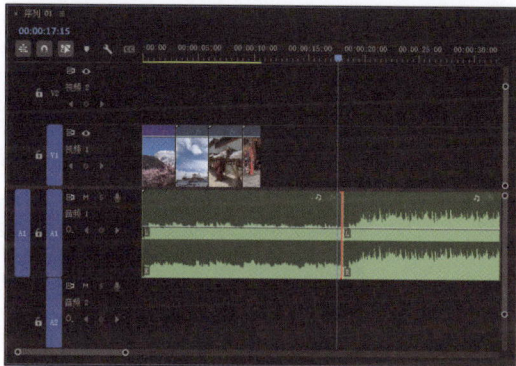

图 1-68

1. 外滑工具

用于改变所选素材的出入点位置。例如，选中左侧一段已经剪辑好的素材片段，将外滑工具光标移动至该素材与下一个素材连接点，然后向左或向右长按该素材，在"节目"监视器中则会出现对比视图，方便对该段素材进行修改，如图 1-69 所示。外滑工具不改变总体时长，各个素材片段时长也不变，改变的是选中的素材片段画面内容，即改变了此片段的入点和出点。

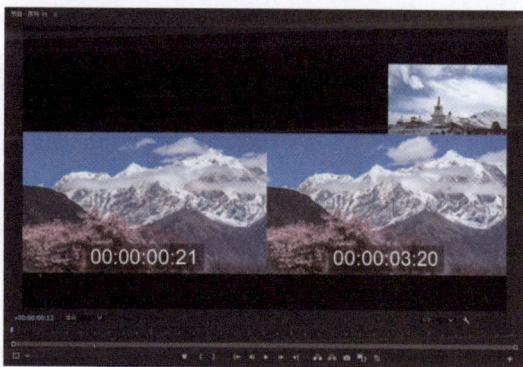

图 1-69

2. 内滑工具

选中的素材片段时长和内容不变，改变左右素材片段时长和内容。例如，选中需要改变素材时长内容的后面一段素材，将内滑工具光标移动至后面这段素材，然后长按并向右移动即可改变前面素材时长和内容，如图 1-70 所示。

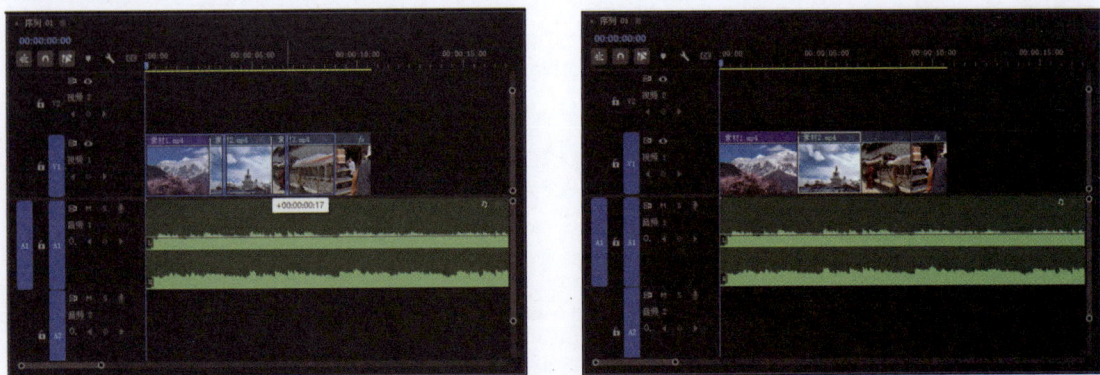

图 1-70

1.4.6 钢笔/矩形/椭圆/多边形工具

钢笔/矩形/椭圆/多边形工具均为矢量图形创建工具，在监视器中画出矢量图形，常用于遮挡和动态图形动画。例如，单击"钢笔"工具 ，然后在监视器画面中画出一个矩形，同时在"效果控件"面板中会出现该矩形的数值，方便进行更改，如图 1-71 所示。

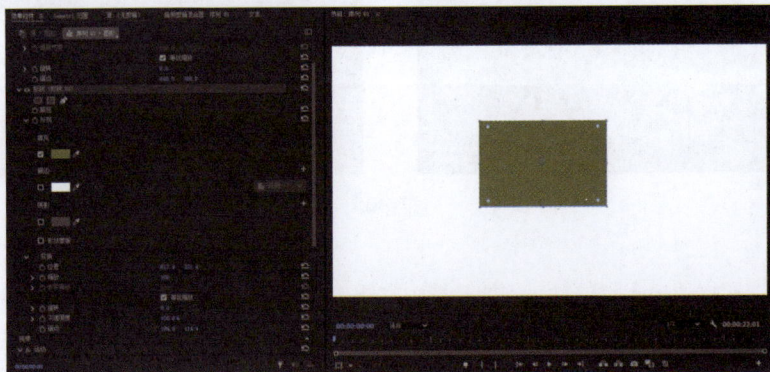

图 1-71

钢笔/矩形/椭圆/多边形工具均可根据上述方法在监视器中画出矢量图形，如图 1-72 所示。

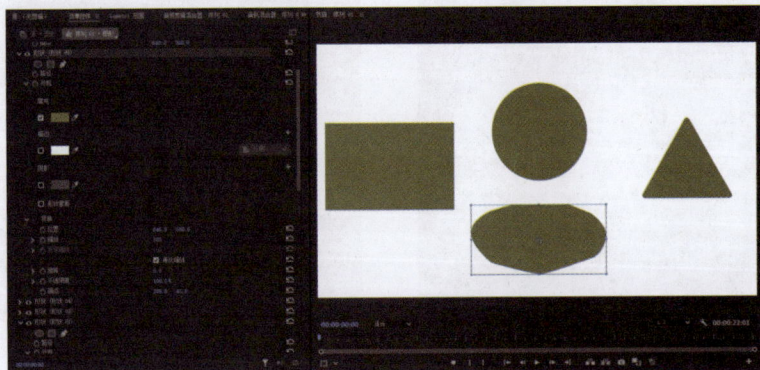

图 1-72

同时打开"所有面板"工作界面，如图 1-73 所示，在"属性"面板中对图形基础数值进行修改，比如选中用"多边形工具"绘制的三角形，我们可以通过调整"边数" 将三角形改为多边形，同时还可改变"角半径" 数值，将其更改为弧形，如图 1-74 所示。

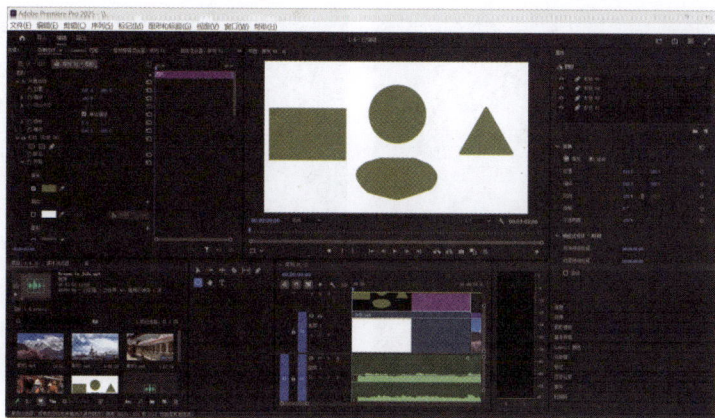

图 1-73

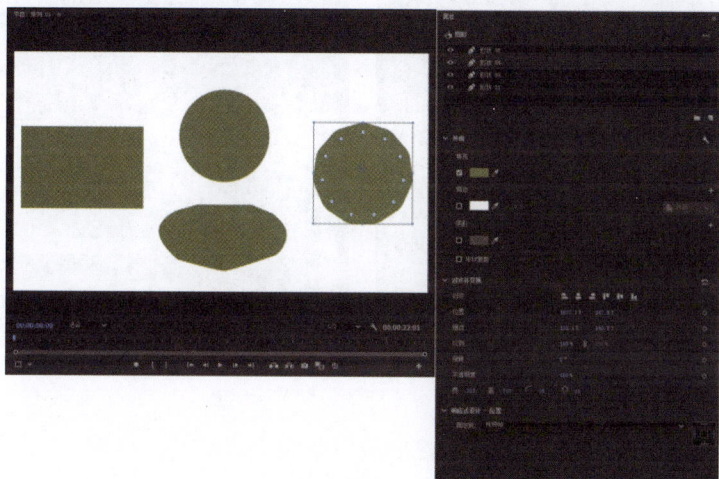

图 1-74

但是，"钢笔"工具除了在监视器中画出矢量图形一功能外，还可以在时间轴轨道中添加关键帧。

例如，缩小"时间轴"面板中视频轨道右侧的光标，竖向拉长时间轴轨道中的素材，然后单击"钢笔"工具，在轨道中的视频素材的横线上单击，即打上了关键帧，由于时间轴视频轨道默认设置为"不透明度"，所以本示例以"不透明度"为示范，选中视频素材，打上关键帧后，移动其位置，即可改变"不透明度"的数值，如图 1-75 所示。

1.4.7　手形/缩放工具

这两个工具是为快捷剪辑服务的。"手形工具（H）"可以拖动时间线，移动时间轴查看素材时更细致和精准，如图 1-76 所示。"放大根据（Z）"则可以放大缩小时间线（缩小时间线快捷键 Alt），方便裁剪，如图 1-77 所示。

图 1-75

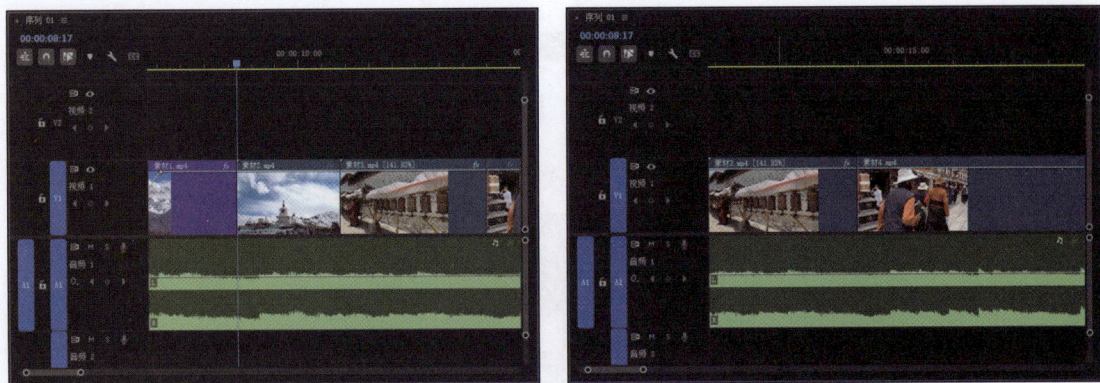

图 1-76

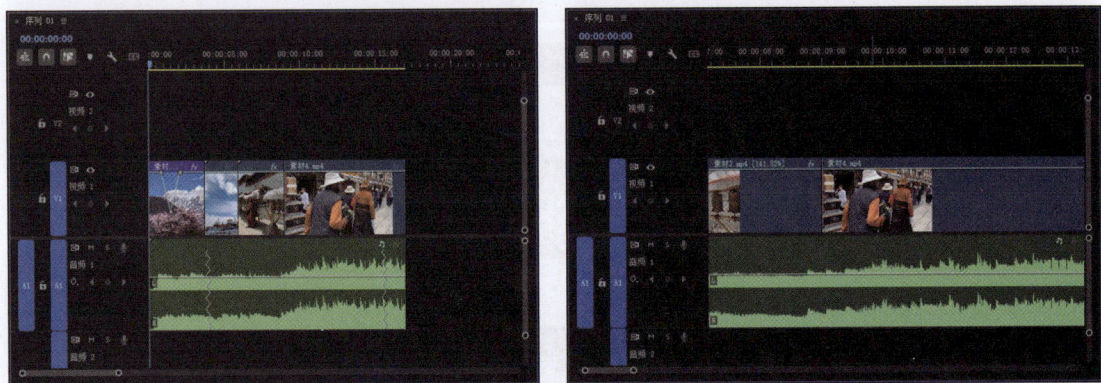

图 1-77

1.4.8　文字工具

文字工具分为"文字工具（T）" ⊤（横向）和"垂直文字工具" ⊺T，文字工具可以直接在"节目"监视器中添加文字，然后在"基本图形"面板中更改细节数值，让剪辑变得更加快捷，如图 1-78 所示。文字添加设置完成后，还可以使用"选择工具"按钮 ▶ 更改"节目"监视器中文字大小和位置。

图 1-78

02

学会这几招，巧用 Premiere Pro快速出片

本章导读

在完成Premiere Pro剪辑基础的学习后，我们不仅对视频剪辑这一概念有了初步理解，而且对Premiere Pro这款曾似"大山"般压在我们身上的软件也有了初步认识。我们会发现，随着科技的飞速发展，Premiere Pro在持续完善和优化，使用起来也更加便捷，曾经那高不可攀的"门槛"似乎正逐渐降低。

为使读者能继续保持信心，持续学习使用Premiere Pro 进行视频剪辑，本章将向读者介绍几个实用的小技巧。借助这些小技巧，你会发现，原来用Premiere Pro出片竟能如此简单。

2.1 实用技巧，高效编辑素材

本章将通过基础剪辑方法与实例解析，为读者阐述使用 Premiere Pro 进行视频剪辑的相关内容。内容从剪辑的基础概念入手，逐步介绍具体的操作步骤，目的在于协助读者理解剪辑原理，进而熟练掌握 Premiere Pro 的基础功能。借助实际操作案例，读者能够亲身参与实践，深入学习视频剪辑技巧。最终期望读者在理解剪辑概念和原理的基础上，能够熟练运用 Premiere Pro 开展视频剪辑工作。

2.1.1 分离视频和音频

在 Premiere Pro 中，导入含伴音的视频时，软件自动分离视频和音频至不同轨道，便于编辑。但直接导入时，视频和音频默认链接。图 2-1 展示了整体选中素材的情况。为便于剪辑，需分离视频和音频，有时也需将视频和音频链接。

该设计凸显了 Premiere Pro 软件在素材管理上的高效便捷以及剪辑操作的灵活多变。然而，在某些特定的剪辑场景中，为了进行精细编辑，需要将视频和音频分离。例如，在单独处理音频（如调整音量、添加音效或改变声音效果）时，分离是必要的。此外，为了保证音视频的同步，有时需要将它们紧密地关联起来，这在制作需要精确匹配音频和视频的影视作品时显得尤为重要。

要将链接的视频和音频分离，可以选择序列中的素材片段，执行"剪辑"|"取消链接"命令，或者按快捷键 Ctrl+L，即可分离视频和音频，此时视频素材的命名后少了"[V]"字符，如图 2-2 所示。

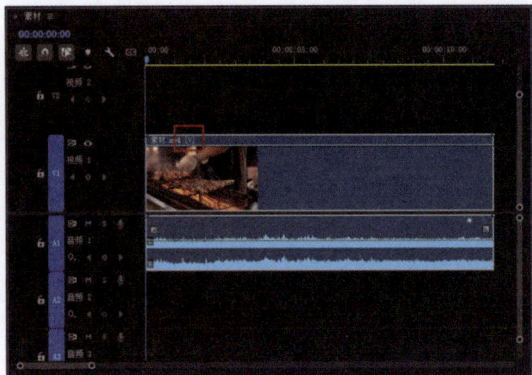
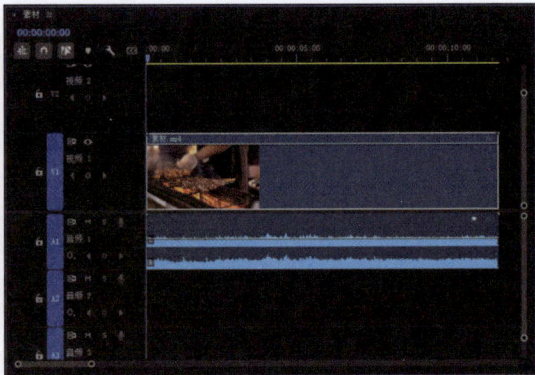

图 2-1   图 2-2

若要将视频和音频重新链接起来，只需同时选择要链接的视频和音频素材，单击鼠标右键执行"链接"命令，或按快捷键 Ctrl+L，即可链接视频和音频素材，此时视频素材的名称后方重新出现"[V]"字符，如图 2-3 所示。

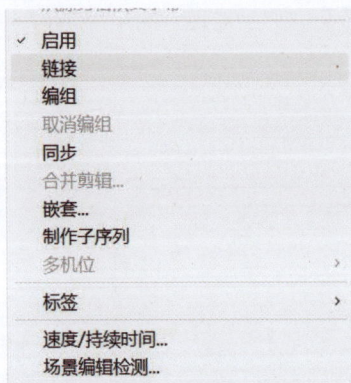
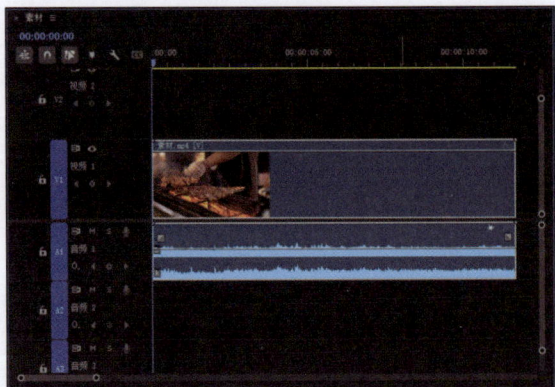

图 2-3

2.1.2　嵌套的用法

"嵌套"可将多个剪辑合成一个完整的序列，以便更加快捷地进行编辑。下面介绍操作方法。

在"项目"面板中加载序列，此序列包含多个剪辑。框选需要嵌套的剪辑，然后单击鼠标右键，在弹出的快捷菜单中选择"嵌套"选项，如图 2-4 所示，则会得到新的嵌套序列，如图 2-5 所示。另外，完成嵌套操作后，读者也可以在嵌套形成的序列中添加所需效果或执行其他剪辑操作。

图 2-4　　　　　　　　　　　　　　　　　　图 2-5

下面介绍一些嵌套的常用操作。

➤ 双击嵌套序列：双击后会进入原始剪辑，可对其进行修改。若将原始剪辑片段脱离序列，则嵌套序列中的此剪辑片段也随之消失，即对嵌套中的剪辑进行修改会同步影响整个嵌套序列。

➤ 单击嵌套序列：单击后按 Delete 键可删除嵌套序列；如果要恢复嵌套序列，只需将"项目"面板中的序列拖曳至"时间轴"面板中即可。

当只需要嵌套序列中的一段剪辑时，可在"源"面板中打开序列，通过添加入点和出点选择剪辑，再将剪辑拖曳至所需序列中即可。

2.1.3　标记的使用

在 Premiere Pro 中，"标记" 功能无疑是剪辑师们最为喜爱的工具之一。通过对素材添加标记点，我们可以为后续的剪辑工作提供极大的便利，使得改动、筛查、检查等操作变得更加快捷。无论是视频素材还是音频素材，无论是片段还是整个项目，我们都可以在时间线上或者素材内容上添加标记。通过合理地使用标记功能，可以大大提高工作效率，使得剪辑过程更加顺畅。

在"源"监视器面板中，按空格键播放当前素材（再次按空格键即暂停），可以一边播放一边添加标记点 （或快捷键 M），如图 2-6 所示。还可以在暂停状态下，将时间标记 移动至需要添加标记的位置，即添加完成，如图 2-7 所示。同样的标记点添加方法在"节目"面板和时间轴中皆可适用。

图 2-6　　　　　　　　　　　　　　　　　　图 2-7

标记点的最大作用就是为音乐添加节拍点。双击"项目"面板中的音乐素材，在"源"监视器面板中根据鼓点为该音乐添加标记点，如图2-8所示。将在"源"监视器面板中添加好标记点的背景音乐拖动至"时间轴"面板中时，会在音频轨道中显示标记点，如图2-9所示。

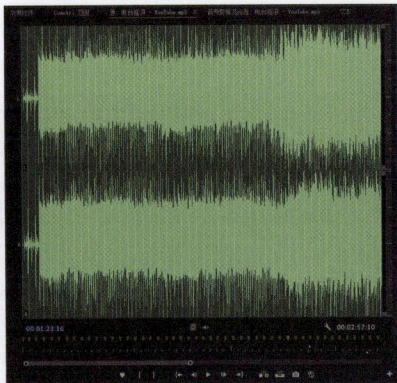
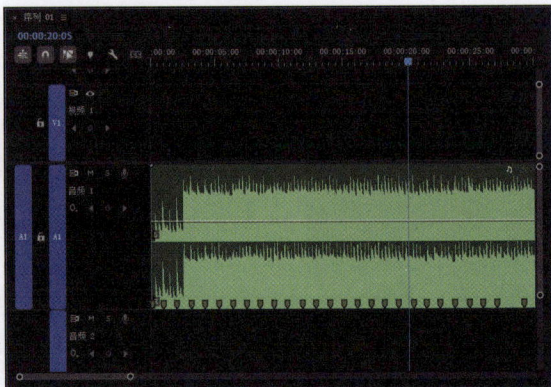

图2-8   图2-9

提示：关于音乐卡点的更多细节，将在后续章节中进行详细介绍。

2.1.4 波纹编辑

使用"波纹编辑工具" ◄►在素材与素材交界处进行剪辑，可以自动消除相邻剪辑的间隙。使用"波纹编辑工具" ◄►缩短或延长剪辑时，编辑点后的所有剪辑都会往左移填补间隙，或者往右移动形成更长的剪辑。

按快捷键B切换到"波纹编辑工具" ◄►，将鼠标指针悬停在需要编辑的编辑点上，然后观察鼠标指针所指方向，根据需要进行拖曳。此时，可通过显示的时间码或"节目"面板显示的两个画面——左侧画面为第1个剪辑被拖曳后的最后1帧，右侧为紧接着的第2个剪辑的第1帧，来判断两段视频之间的衔接画面，如图2-10所示。确认无误后，释放鼠标左键即可。

图2-10

2.1.5 滚动编辑

滚动编辑通常使用在两段剪辑之间的编辑点上，即修剪相邻的入点和出点，并以同样的帧数调整它们，且不会改变项目的总体长度，以达到一段剪辑缩短，另一段剪辑变长的效果。

在"项目"面板中加载需要编辑的序列，单击"滚动编辑工具" ⯐（快捷键为N），将鼠标指针悬停在所选的两个剪辑间的剪辑点上，单击并向右拖曳以删除部分剪辑，如图2-11所示，确定好位置后释放鼠标左键即可。

图 2-11

2.1.6　实操：提升与提取编辑

"提升"和"提取"功能位于"节目"监视器面板中，通过执行序列"提升"或"提取"命令，可以使序列标记从"时间轴"面板中轻松移除素材片段。在执行"提升"操作时，会从"时间轴"面板中提升出一个片段，然后在已删除素材的地方留下一段空白区域；在执行"提取"编辑操作时，会移除素材的一部分，素材后面的帧会前移，补上删除部分的空缺，因此不会有空白区域，效果如图 2-12 所示。

图 2-12

01　启动 Premiere Pro 2024，创建"2.1.6 提升与提取.prproj"项目文件，将本案例所需所有素材导入至"项目"面板中，并将"素材 1.mp4"添加至"时间轴"面板中。

02　在序列 01 中插入"素材 1.mp4"，然后将时间指示器移动至 00:00:06:10 的位置，标记入点，再将时间指示器移动至 00:00:11:10 位置，标记出点，如图 2-13 所示，这样，需要剪切的素材就标记好了。

03　标记好片段的出入点后，单击"提升"按钮，或者执行"序列"|"提升"命令，即可完成"提升"操作，如图 2-14 所示，此时在视频轨道中将留下一段空白区域。

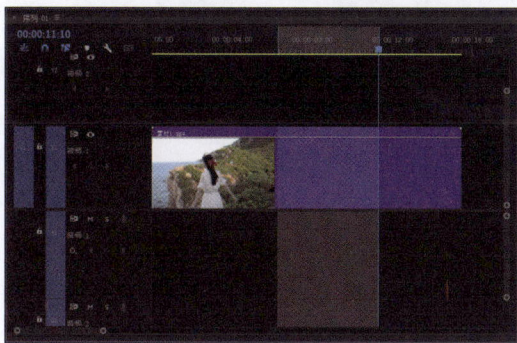

图 2-13　　　　　　　　　　　　　　　　图 2-14

04　将"素材 2.mp4"移动至"时间轴"面板中"素材 1.mp4"后方位置，由于上述步骤提升了"素材 1.mp4"中间 5s 的片段，因此我们将使用"提取"功能，以保留"素材 2.mp4"中相应的 5s 时长，将时间线移动至 00:00:20:15 处，标记入点，如图 2-15 所示。然后执行"序列"|"提取"命令，或者在"节目"面板中单击"提取"按钮 ，即可完成"提取"操作，如图 2-16 所示，此时从入点到出点之间的素材都已被移除，在视频轨道中没有留下空白区域。

图 2-15

图 2-16

05 然后将提取后保留的"素材2.mp4"片段移动至"素材1.mp4"中间的空白处，再添加背景音乐即可，如图2-17所示。

2.1.7 实操：插入与覆盖编辑

插入编辑，是指在特定时间指示器所在的位置，将素材进行添加，此操作会导致时间指示器之后的所有素材均向后顺延移动，以确保新素材的顺利融入；而覆盖编辑，则是在时间指示器所在位置直接添加素材，若新添加的素材与时间指示器之后已存在的素材存在重叠部分，则重叠部分将被新素材所覆盖，且原有的素材位置不会因此发生变动，从而实现对原有素材内容的替换或修正。下面分别讲解插入和覆盖编辑的操作，视频效果如图2-18所示。

图 2-17

图 2-18

01 启动 Premiere Pro 软件，按快捷键 Ctrl+O，打开文件夹"2.1.7 插入与覆盖"中的"2.1.7 插入与覆盖素材 .prproj"项目文件。进入工作界面后，可查看"时间轴"面板中已经添加的素材片段，如图2-19所示。

02 在"时间轴"面板中，将时间指示器移至"素材1.mp4"和"素材2.mp4"中间处（00:00:04:13）。然后在"项目"面板中双击"插入素材 .mp4"，素材将在"源"面板中显示，可任意选择一段持续时间为00:00:02:00的片段，添加好入点和出点，如图2-20所示，然后单击"源"面板下方的"插入（,）"按钮 ，素材2将会

图 2-19

自动插入"时间轴"面板的轨道中，如图 2-21 所示。

图 2-20

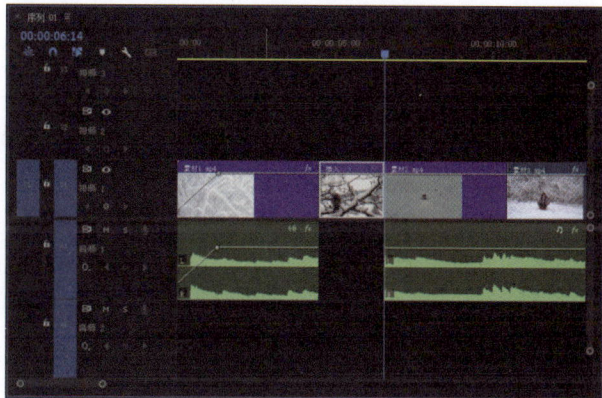

图 2-21

03　完成步骤 02，会发现轨道中"插入素材 .mp4"前后素材时长均未变动，除了视频素材向后移动，音频素材也向后移动，并且中间留有空白。所以选中并长按后面的音频素材，向前拖动，补齐空白部分。同时对"素材 3.mp4"进行剪切，将时间指示器移动至 00:00:08:15 的位置，单击"波纹编辑工具" ，将"素材 3.mp4"剪切至时间指示器处，后面的素材会自动贴合上来，如图 2-22 所示。

04　将"时间轴"面板中的时间指示器移动至 00:00:29:10。在"项目"面板中双击"覆盖素材 .mp4"，然后可以在"源"面板看到"覆盖素材 .mp4"。

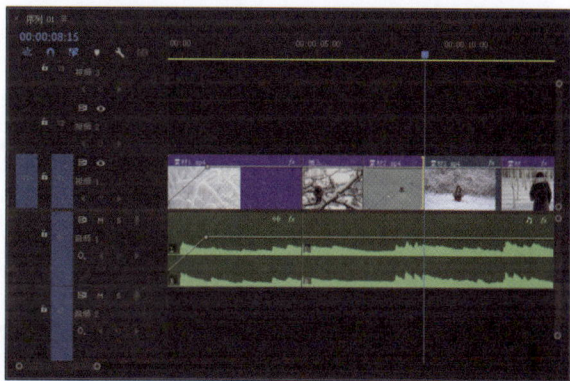

图 2-22

05　由于本素材视频只有一段拍摄雪景的镜头，所以在"源"监视器面板中根据自己的需求，选取持续时长为 00:00:03:00 的片段即可，如图 2-23 所示，然后单击"源"面板下方的"覆盖"按钮 ，素材 10 将会自动插入"时间轴"面板的轨道中，如图 2-24 所示。

图 2-23

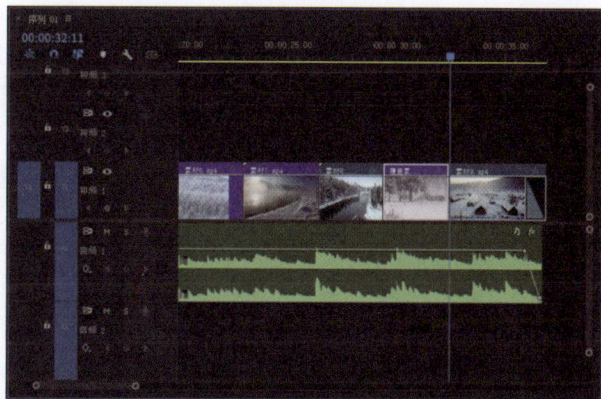

图 2-24

06　完成步骤 05，插入"素材 10.mp4"，会发现"素材 10.mp4"会自动覆盖在"素材 11.mp4"的前半段上，"素材 11.mp4"的时长发生变化，音频素材不变。

提示：本实例只是根据"下雪"项目文件进行调整和修改，读者可以根据自己的喜好将素材插入序列中自己想要的位置。

2.1.8 实操：替换素材

在视频编辑过程中，会碰到素材已经添加了一些属性，但突然发现素材不合适，需要更换新素材的情况。这时如果将素材直接删除，已经添加的属性也会跟着被删除，但"替换素材"功能可以在不更改已经添加的属性的情况下，替换原始素材文件，帮助用户提高工作效率，下面将详细介绍替换素材的方法，视频效果如图 2-25 所示。

图 2-25

01 启动 Premiere Pro 软件，在菜单栏中执行"文件"|"打开项目"命令，将路径文件夹"2.1.8 替换素材"中的"2.1.8 替换素材 .prproj"文件打开。

02 在"项目"中双击打开"视频"文件夹，选中"素材 17(替换前).mp4"素材单击鼠标右键，在弹出的快捷菜单中执行"替换素材"命令，如图 2-26 所示。

03 执行"替换素材"命令后，在弹出的对话框中选择"素材 17(替换后).mp4"，如图 2-27 所示，执行操作后，项目面板中素材将会自动被替换。

图 2-26

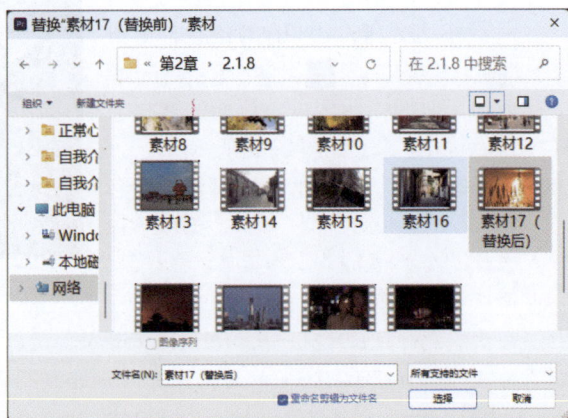

图 2-27

04 同时，由于替换前"素材 17(替换前).mp4"已经存在于"时间轴"面板中的序列轨道中，所以时间轴轨道中的素材也会被自动替换，如图 2-28 所示。

图 2-28

拓展案例：三点剪辑视频

分析

本例讲解三点剪辑视频的操作方法，最终视频效果如图 2-29 所示。

难度：★★

相关文件：第 2 章 \2.1\ 拓展案例 \ 拓展练习三点剪辑 .prproj

视频：第 2 章 \2.1\ 拓展案例 \ 拓展练习三点剪辑效果视频 .mp4

本例知识点

图 2-29

- □ 三点剪辑：目的是提高剪辑效率，学习用源视频的入点、出点和时间轴上的编辑点把源视频放入时间轴的方式。
- □ 设置素材的入点和出点。
- □ 三点剪辑视频的操作方法：
  - （1）源视频上设置好入点和出点。
  - （2）在时间轴上把时间指示器移动至要替换视频的位置。
  - （3）单击"插入（,）"按钮或"覆盖（。）"按钮，源视频即可放入时间轴轨道中。

2.2　用好配乐，提升视频质感

优秀的影视作品之所以吸引人，不仅因为剧情和视觉效果，还因为背景音乐的巧妙运用。高质量的配乐能够深入影片细节，表达人物情感，营造氛围。音乐不仅是旋律与和声的结合，也是情感表达和主题揭示的工具。音乐与画面相互增强，创造出激动人心或柔情似水的场景，让影片成为一场情感和视觉的盛宴。本节将向读者介绍如何运用 Premiere Pro 的功能进行音频的基础编辑、常用的音频效果和处理音频的实操案例。

2.2.1　音频轨道

制作配乐的第一步，就是认识音频轨道。首先，在"项目"面板中导入配乐，如图 2-30 所示。然后将配乐拖动至音频轨道中，音频轨道位于"时间轴"面板下方，会显示音频素材波形，我们就可以根据波形大小来进行剪辑，如图 2-31 所示。左侧边工具栏中的按钮，适用于轨道中所有的素材。右边为音量柱状图，分左右声道，播放音频时会显示。

音频左边的轨道状态栏，显示为蓝色，则代表该轨道可用。左侧轨道状态栏中，还包括了"静音（静音轨道）"按钮 M，"独奏（单独轨道）"按钮 S 和"显示关键帧"按钮，单击"显示关键帧"按钮，如图 2-32 所示，默认为剪辑关键帧，还有"轨道关键帧"（音量、静音）、"轨道声像器"（平衡）和"添加效果"。

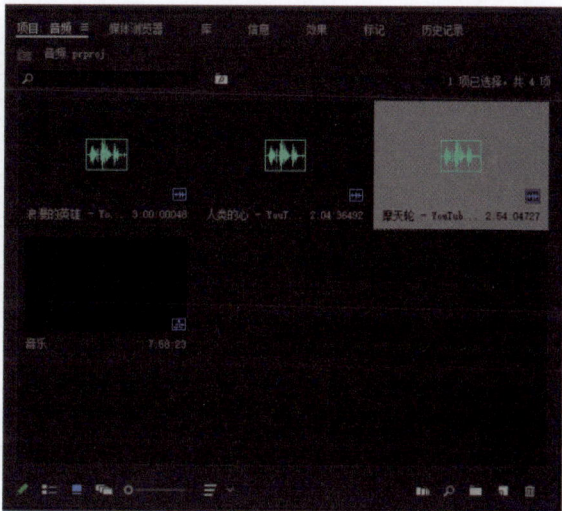

图 2-30

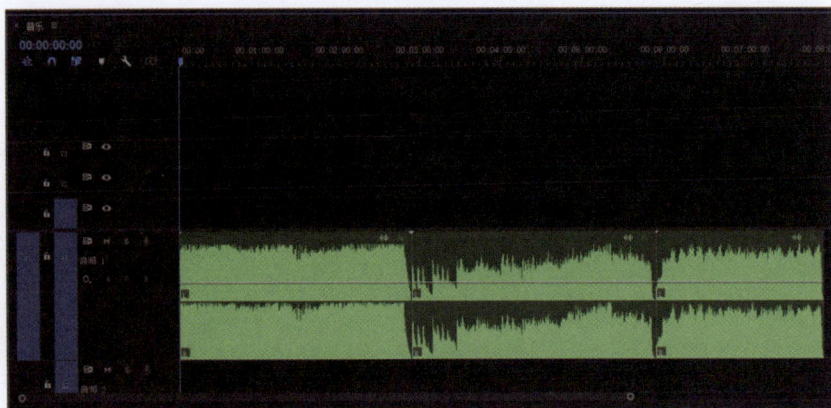

图 2-31

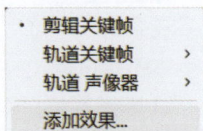

图 2-32

> 提示：在视频剪辑过程中，音频波形是指将视频中的声音信号以可视化的形式呈现出来的图形。这个图形通常显示在视频剪辑软件的音频编辑栏中，以便于剪辑人员对音频内容进行细致地观察和调整。通过观察音频波形，我们可以清晰地了解音频信号的强度、频率分布以及音量变化等特征。此外，音频波形还能够帮助我们识别和去除视频中的噪声、调整音频的时长和节奏，以及实现音效的和谐融合。因此，在视频剪辑过程中，音频波形是一个非常重要的工具，它为剪辑师提供了方便，使得音频剪辑工作更加精准和高效。

2.2.2 "音频剪辑混合器"面板

在左上方单击"音频剪辑混合器"选项，即可打开"音频剪辑混合器"面板，如图 2-33 所示。三条竖着的音量柱状图，为每一个音频轨道上的音量柱状图。上方的圆圈 ，为左右声道调节按钮，以此平衡左右声道的音量。下面为"静音（静音轨道）"按钮 ，"独奏（单独轨道）"按钮 和"写关键帧"按钮 。音频剪辑混合器面板中的音量柱状图可以与音频轨道中左侧状态栏配合使用。

导入一段带有音频的视频素材，选择"取消链接"，然后选择"音频剪辑混合器"面板，单击"关键帧"按钮 ，然后单击节目面板中的播放按钮，在视频播放时移动音量柱状图左侧光标，调节视频素材播放时声音大小，最后即可在音频轨道中自动得到许多个写好的关键帧，如图 2-34 所示。

虽然可以直接得到关键帧，但是会发现轨道中的关键帧过多，所以执行"编辑"|"首选项"|"音频"命令，如图 2-35 所示，将会自动弹出"首选项"选项框。选项框中有"自动关键帧优化"选项，选择其中的"减小最小时间间隔"，将最小时间间隔调整为 400ms，如图 2-36 所示。

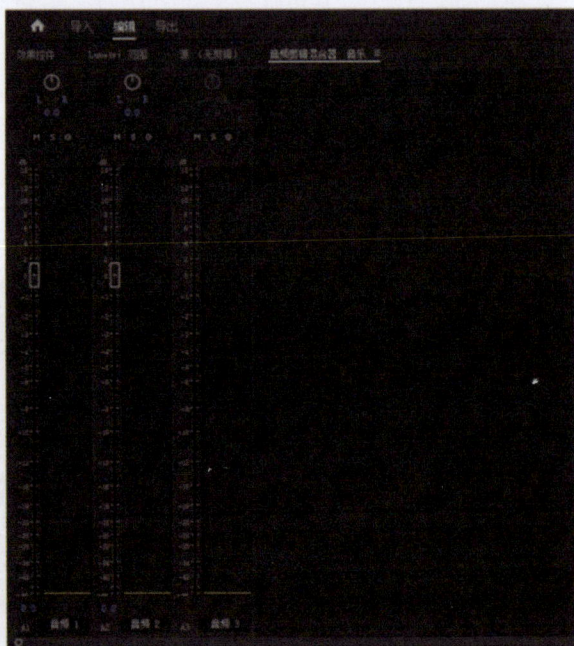

图 2-33

完成上述操作后，重新写关键帧，会发现轨道中的关键帧少了很多，如图 2-37 所示。

图 2-34

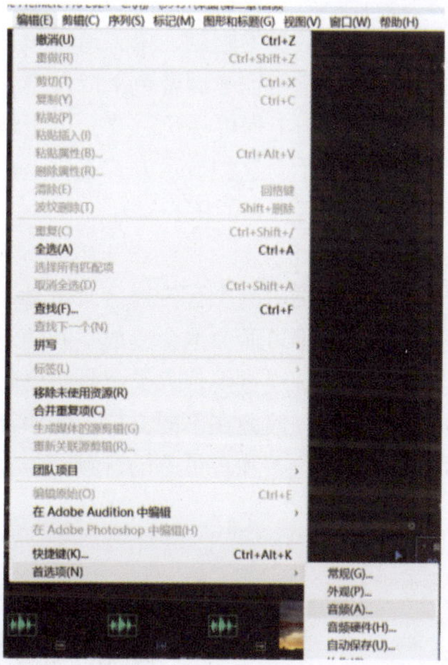

图 2-35

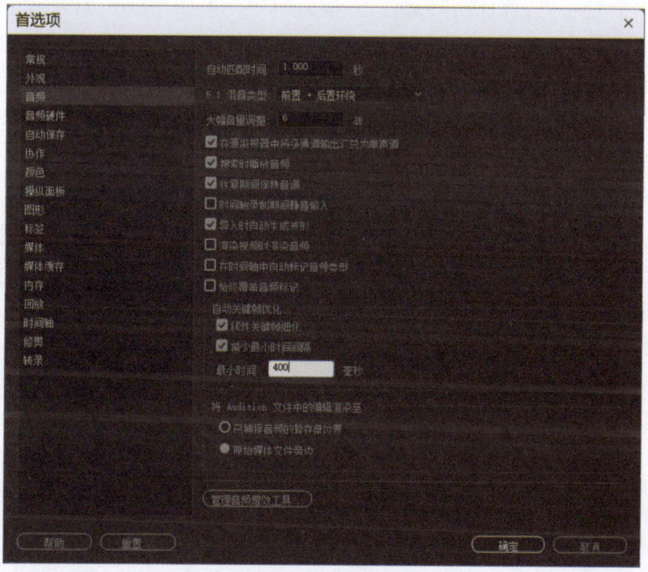

图 2-36

2.2.3　常用的音频效果

下面将介绍一些常用的音频效果。Premiere Pro 作为一款视频剪辑软件，在音频剪辑方面同样有着无可替代的地位。其音频处理功能不仅灵活，而且十分细致，适用于各类视频项目。不管你是要为视频中的超级英雄配上低沉且富有磁性的声音，还是为日常分享类视频添加回声和混响来增强空间感，Premiere Pro 都能够有效提升视频的质感与吸引力。接下来将为大家介绍一些常用的音频效果。

1. 多种声道转换

通俗地讲，声道是记录与播放声音的通道。声道可分为单声道、立体声和多声道。音频声道的编辑在专业影视作品中应用得更为广泛。

图 2-37

（1）单声道

单声道音频是指仅包含单一声音通道的音频制式。从技术实现来看，这种音频格式在录制阶段通过单个麦克风进行声音采集，在播放阶段则经由单扬声器系统输出。由于声道数量的限制，单声道音频只能提供基础的声音信息感知能力，包括声音发生的时间先后顺序、声音的频谱特征（即音色）以及声音的振幅强度（即音量大小）。值得注意的是，在现代数字音频工作站中，出于工程可视化需要，单声道音频常常会以双声道电平表的形式呈现，表现为左右声道完全对称的波形显示。这种显示方式本质上是一种技术性处理，其左右声道承载的是完全相同的音频信号，并不改变单声道音频的核心属性。

（2）立体声

从声学本质上说，我们感知的声音世界是具有三维空间属性的。自然声场中的声音传播会产生复杂的方位信息，而单声道系统仅是对这一复杂声学环境的高度简化。这种简化不可避免地会造成空间信息的丢失，这也正是影视制作领域普遍采用立体声技术的根本原因。立体声系统通过模拟人类双耳听觉机制，配置两个呈特定夹角分布的独立拾音通道。这两个通道能够同步采集同一声源在不同方位上的声波信息，最终通过双声道回放系统重建出声源的空间定位感。当这两路具有相位差和音量差的音频信号在听觉系统中重新整合时，就能准确还原出声源的空间方位特征。

（3）多声道

多声道是指由多个声音通道组成的声音系统，例如 5.1 声道和 7.1 声道，一般适用于大片制作以及大型游戏开发。

在对各个声道的含义有了初步了解之后，打好音频剪辑的基础，这样才能更好地理解后续的声音剪辑内容，也才能明白一部影片的音频为何要如此制作。

❑ **单声道转换为多声道**

01 首先学会简单的声道调整，导入一段音频至音频轨道中，一般导入 Premiere Pro 的音频都会是双声道，但是如果遇到只有左或右声道时，在"项目"面板中选中该音频素材，单击鼠标右键，执行"修改"｜"音频声道"命令，如图 2-38 所示，在弹出来的"音频声道"选项框中，在"剪辑声道格式"中，选择"立体声"，然后把"L（左声道）"和"R（右声道）"全部选上，如图 2-39 所示。

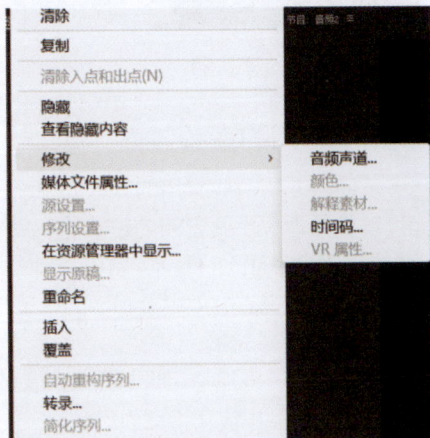

图 2-38

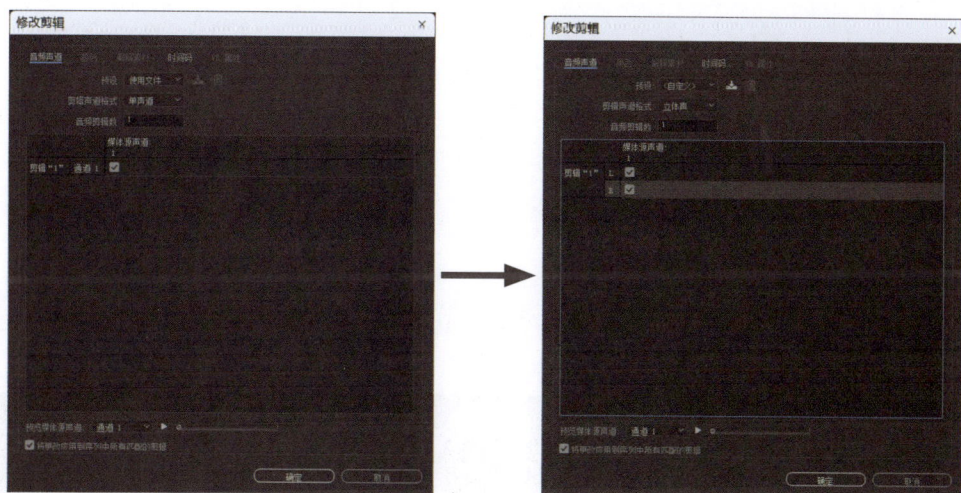

图 2-39

02　调整完声道选项后，音频轨道中的波形也会随之发生改变，如图 2-40 所示。

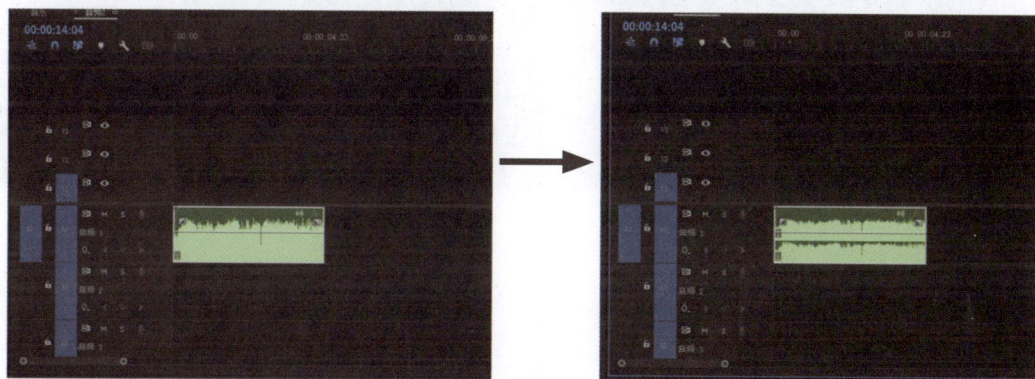

图 2-40

❏　立体环绕声

根据上述提示，我们可以尝试如何通过双声道音频制作立体环绕声。

01　首先，导入一段摩托车疾驰而过的声音，将单声道更改为双声道。然后，单击"显示关键帧"按钮，执行"轨道声像器"｜"平衡"命令，如图 2-41 所示，这样打出的关键帧可以更改左右声音大小了。

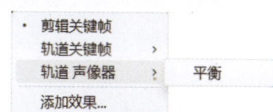

图 2-41

02　然后在音频轨道上打上关键帧，调整关键帧的位置，如图 2-42 所示，这样就可以制造出简单的立体环绕声，就好似摩托车真的从身边驶过一样。

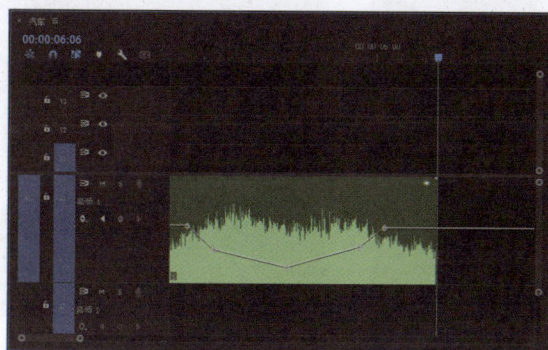

图 2-42

提示：读者在自行制作视频时，若想要通过声道编辑来提升视频品质，最佳策略是亲自录音。通过深入了解并选用多种录音设备，捕捉并录制多个音效音轨，进而实现声音的"精细化"与"高质量"制作。

2. 降噪

降噪是剪辑中提升音频质量的关键步骤。录制实时声音时，环境复杂导致噪声难以避免。因此，精细降噪以消除或减弱这些噪声变得极为重要。Premiere Pro 自带降噪功能，我们在"效果"面板中，搜索"降噪"，即出现"降噪"选项，如图 2-43 所示，将"降噪"选项拖动至时间轴音频轨道中需要降噪的音频中即可，同时选中音频素材，左边"效果控件"面板会出现"降噪"设置，可以在这里调整数值，对音频素材进行降噪精细化处理，如图 2-44 所示。

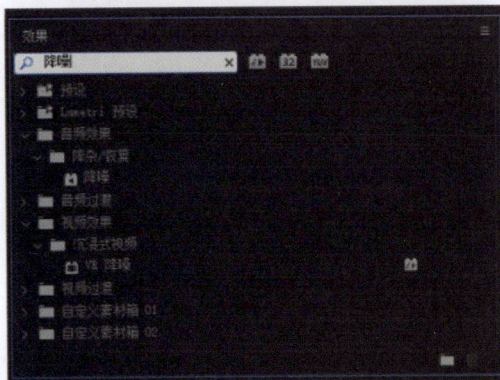
图 2-43

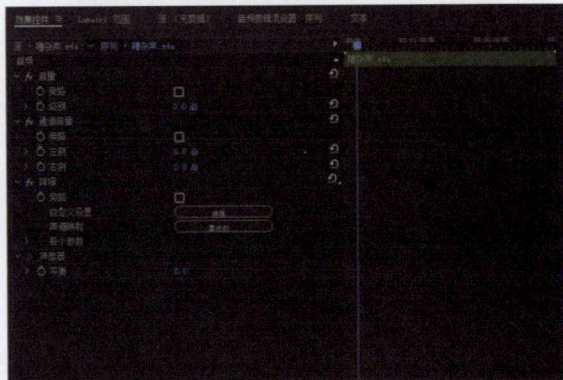
图 2-44

3. 混响和回声

混响和回声是声音制作中常见的两种效果，但又十分容易被混淆。为了让读者对两种效果有更加清晰的认识，本书将两种效果放在一起介绍。

混响和回声都涉及声音反射，但混响是声音在空间内多次反射并逐渐衰减的效果，形成饱满丰富的空间感；而回声是声音经过一次或多次反射后以独立形式返回，具有明显间隔和辨识度，可清晰区分原声和回声。制作时，可根据回声的时间特性进行处理。

❑ 混响

01 在音频轨道中导入一段背景音乐，然后在"效果"面板中搜索"混响"，则会出现 3 种混响效果，如图 2-45 所示，随机选择一个混响效果"室内混响"，将效果拖动至音频轨道中的音乐素材中，则会在"效果控件"面板中体现出来，如图 2-46 所示。

图 2-45

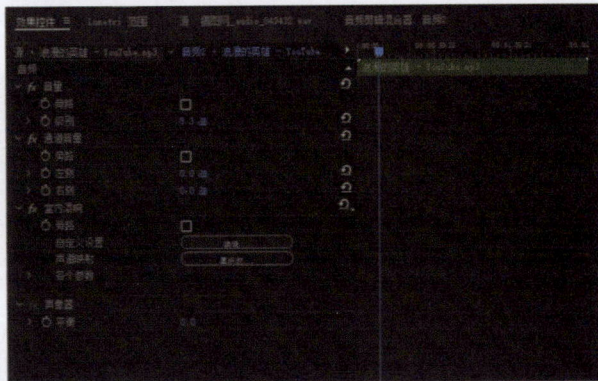
图 2-46

02 添加"室内混响"效果后，背景音乐会很明显地出现混响效果。然后通过在"效果控件"面板中调整"室内混响"各个参数的数值，则可达到想要的混响效果，如图 2-47 所示。

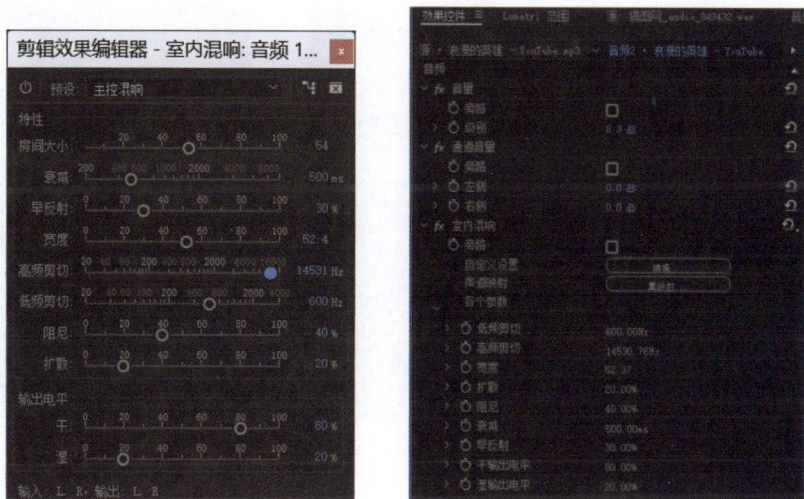

图 2-47

❏　回声

在介绍回声原理时，提到了其时间的延迟性，所以我们可以通过添加"延迟"效果，打造回声效果。同样，在"效果"面板中搜索"延迟"，其中有 3 种延迟效果，如图 2-48 所示。一般来说，"延迟"效果会产生回音，然而"多功能延迟"效果则可以产生 4 层回音，并能通过调节参数，控制每层回音发生的延迟时间与程度。

音乐素材在添加"多功能延迟"效果后，可以在"效果控件"面板更改其数值，如图 2-49 所示。

"多功能延迟"效果的主要参数介绍如下。

➢ 延迟 1/2/3/4：用于指定原始音频与回声之间的间隔时间。

➢ 反馈 1/2/3/4：用于指定延迟信号的叠加程度，以控制多重衰减回声的百分比。

➢ 级别 1/2/3/4：用于设置每层的回声音量强度。

➢ 混合：用于控制延迟声音和原始音频的混合比例。

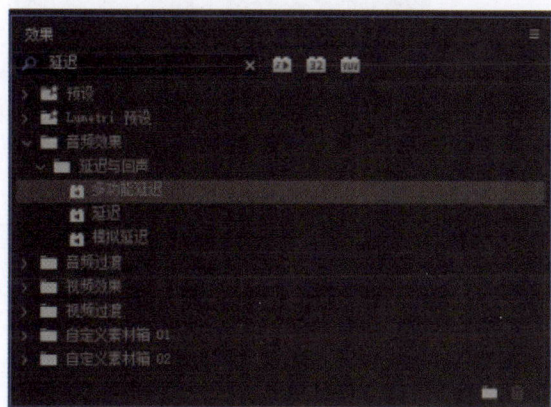

图 2-48

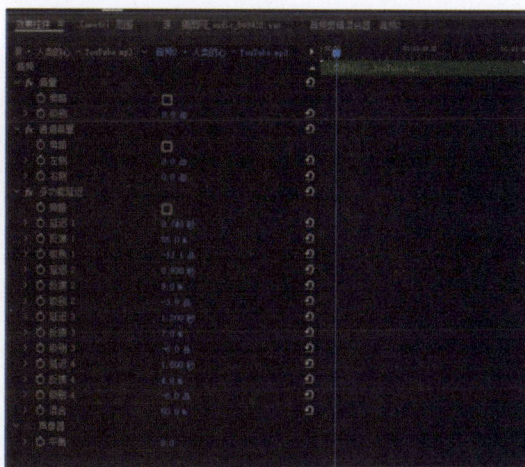

图 2-49

4. 带通效果

"带通"效果可以删除指定声音之外的范围或者波段的频率。在"效果"面板中展开"音频效果"

效果栏，在其中选择"带通"效果，将其拖曳到需要应用该效果的音频素材上，还可以在"效果控件"面板中对其进行参数调整，如图 2-50 所示。

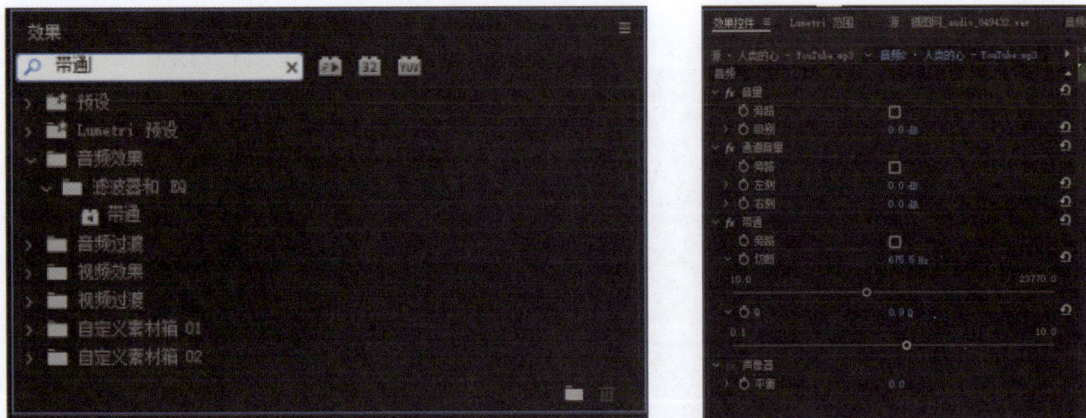

图 2-50

"带通"效果的主要参数如下。

➢ 旁路：可以临时开启或关闭施加的音频特效，以便和原始声音进行对比。

➢ 切断：数值越小，音量越小，数值越大，音量越大。

➢ Q：用于设置波段频率的宽度。

5. 低通 / 高通效果

"低通"效果用于删除高于指定频率界限的频率，从而使音频产生浑厚的低音效果，当声音较单薄且尖锐时，就可以用低通效果将声音变得浑厚些；"高通"效果则用于删除低于指定频率界限的频率，使音频产生清脆的高音效果，一般影视作品中通话声音效果或者留声机效果就是通过"高通"效果制作完成。

在"效果"面板中展开"音频效果"效果栏，在其中选择"低通"或"高通"效果，将效果添加到音频素材上，并可在"效果控件"面板中对效果进行参数调整，如图 2-51 所示。

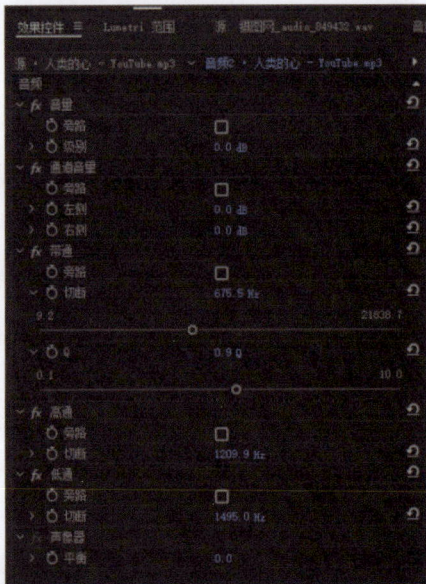

图 2-51

2.2.4 实操：音量的调整

在一系列详细的音频制作基础介绍后，我们一起通过实例进行巩固和理解，首先是音量的调整。作为音频编辑领域中的核心基础技能，掌握音量的调整至关重要，效果如图 2-52 所示，下面将详细介绍替换素材的几种方法。

01 启动 Premiere Pro，按快捷键 Ctrl+O，打开文件夹"2.2.4 音量调整"中的"2.2.4 音量的调整素材 .prproj"项目文件。进入工作界面后，可以看到"时间轴"面板中已经添加好的素材。

02 第一种方法是将音频素材"爱之美 .mp3"导入音频轨道后，选中音频素材"爱之美 .mp3"，由于默认显示关键帧为剪辑关键帧，所以我们可以直接移动"爱之美 .mp3"中间的那根横线，向上拖动是调大音量，

图 2-52

向下拖动是调小音量，如图 2-53 所示。

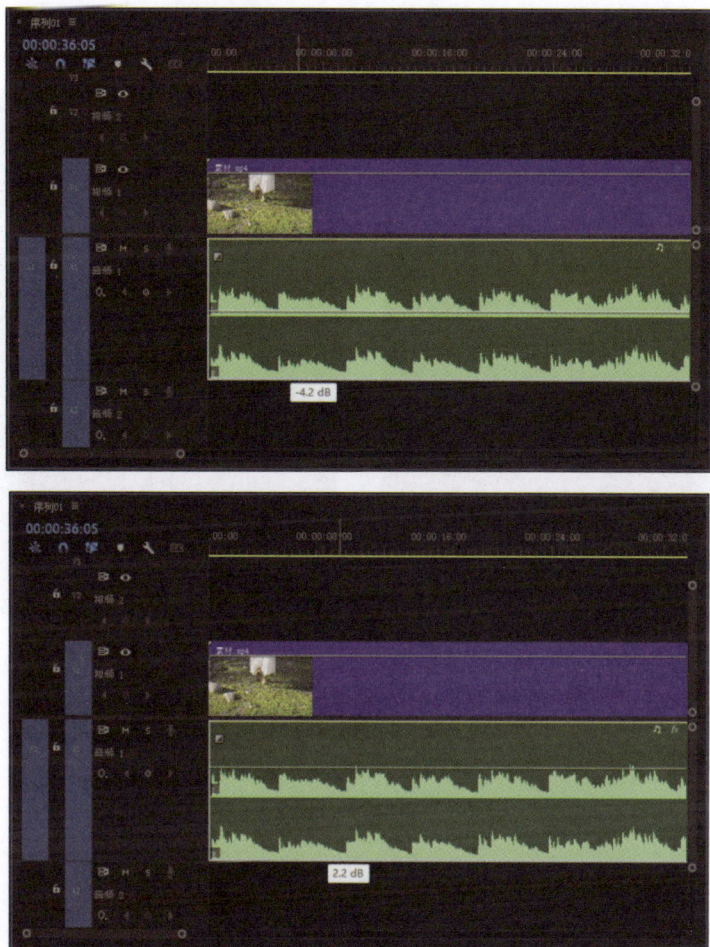

图 2-53

03　第二种方法则是在"效果控件"面板中对音量进行调节。在"时间轴"面板中选中音频素材"爱之美 .mp3"，在"效果控件"面板中展开素材的"音频"效果属性，然后通过设置"级别"参数值来调节所选音频素材"爱之美 .mp3"的音量大小，如图 2-54 所示。

04　在"效果控件"面板中，可以为所选择的音频素材"爱之美 .mp3"参数设置关键帧，来制作音频关键帧动画。首先，单击"音量"选项栏中"级别"左边的"切换动画"按钮 ，这样关键帧按钮才会显现出来。然后，单击"级别"参数右侧的"添加 / 移除关键帧"按钮 ，如图 2-55 所示，然后将播放指示器向前移动 20 帧（快捷键"Shift+Right"5 次），调整音频参数，Premiere Pro 会自动在该时间点添加一个关键帧，如图 2-56 所示。

05　第三种方法是通过"音频剪辑混合器"调节音量。

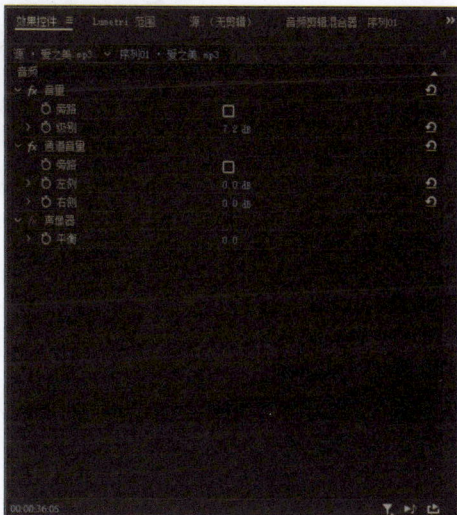

图 2-54

在"时间轴"面板中选择音频素材"爱之美.mp3",然后在"音频剪辑混合器"面板中拖动相应音频轨道的音量调节滑块,如图2-57所示,向上拖动滑块为增大音量,向下拖动滑块为减小音量。

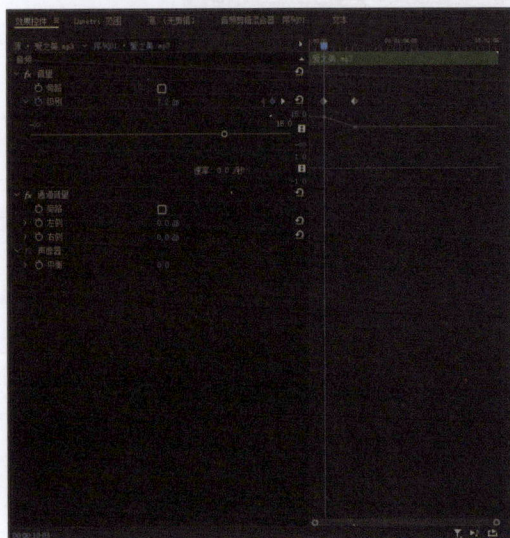
图 2-55

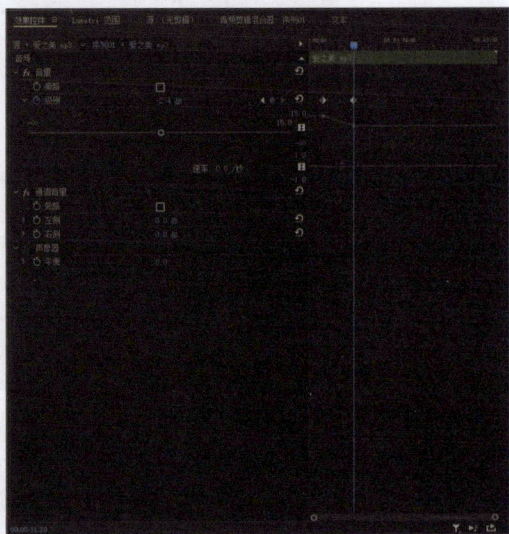
图 2-56

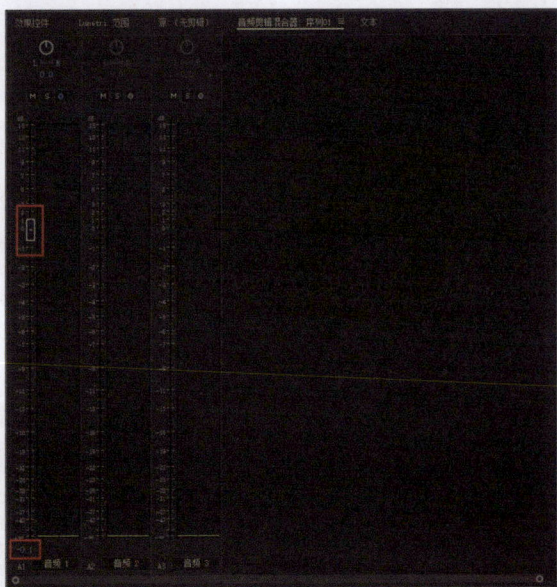
图 2-57

06 同时,每个音频轨道都有一个对应的音量调节滑块,滑块下方的数值栏显示了当前音量,用户也可以通过单击数值,在文本框中手动输入数值来改变音量。

2.2.5 实操:音频效果的应用

在上文中,我们学习了5种常用的音频效果,本小节将选取其中几种,应用到实际案例中,效果如图2-58所示,下面将详细

图 2-58

介绍操作方法。

01　打开 Premiere Pro，导入项目文件"2.2.5 音频效果的应用素材 .prproj"，该项目文件已经进行了视频粗剪，可以看到音频素材已经整齐地摆放在音频轨道中，如图 2-59 所示。然后逐一对其进行效果制作。

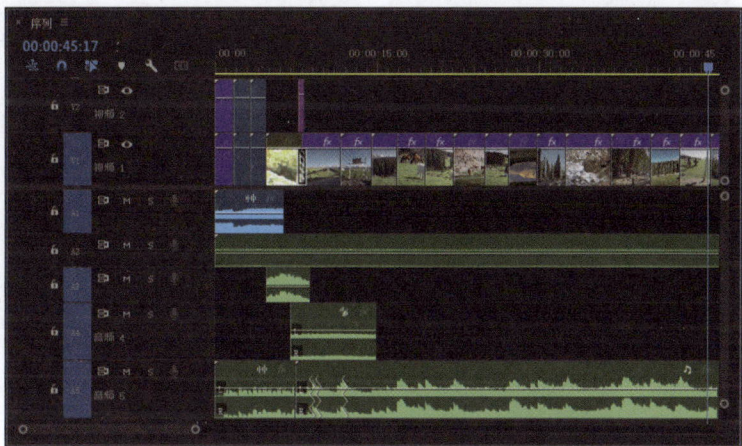

图 2-59

02　选中 A1 轨道中的音频素材，该音频素材为"素材 2.mp4"中的音频素材：蝉鸣，将其音量调整至 −15.0dB，然后添加"高通"效果，调整至 5273.7Hz，如图 2-60 所示。

03　然后将 A1 音频素材与"嵌套序列 01"尾部对齐，如图 2-61 所示。

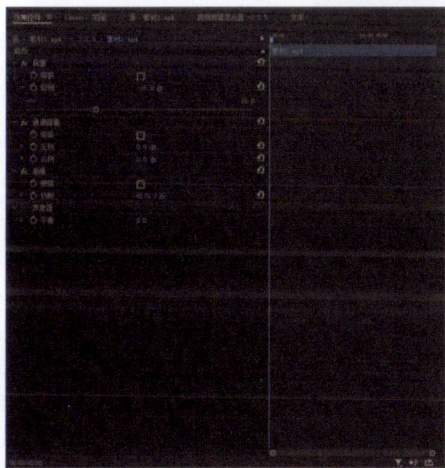

图 2-60

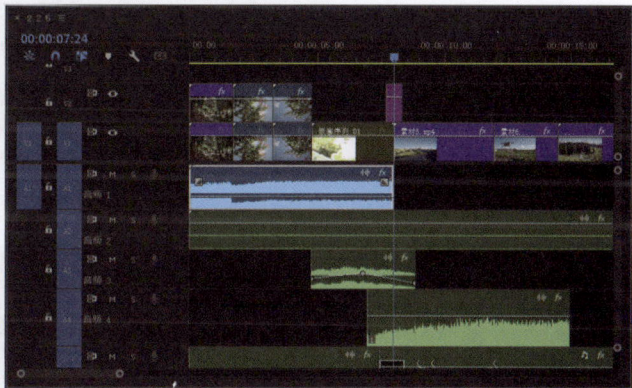

图 2-61

04　选中 A2 轨道素材"轻风拂过树叶 .wav"，将音量调整至 −15.0dB。

05　然后选中 A3 轨道中的音频素材"风铃 .mp3"，首先在开头、中间和结尾分别打上 3 个关键帧，以便于"风铃 .mp3"有一个淡入到淡出的过程，然后，添加"多功能延迟"效果，具体设置如图 2-62 所示。

06　最后，来到 A5 轨道，该轨道放置了两首背景音乐："连接 .mp3"和"亲吻癌患者 .mp3"，在两段背景音乐中间添加"恒定增益"效果，完成音频过渡。

07　然后选择第一段背景音乐"连接 .mp3"，执行"显示关键帧"|"声像器"|"平衡"命令，打上 6 个关键帧，制作立体环绕声效果，关键帧位置如图 2-63 所示。

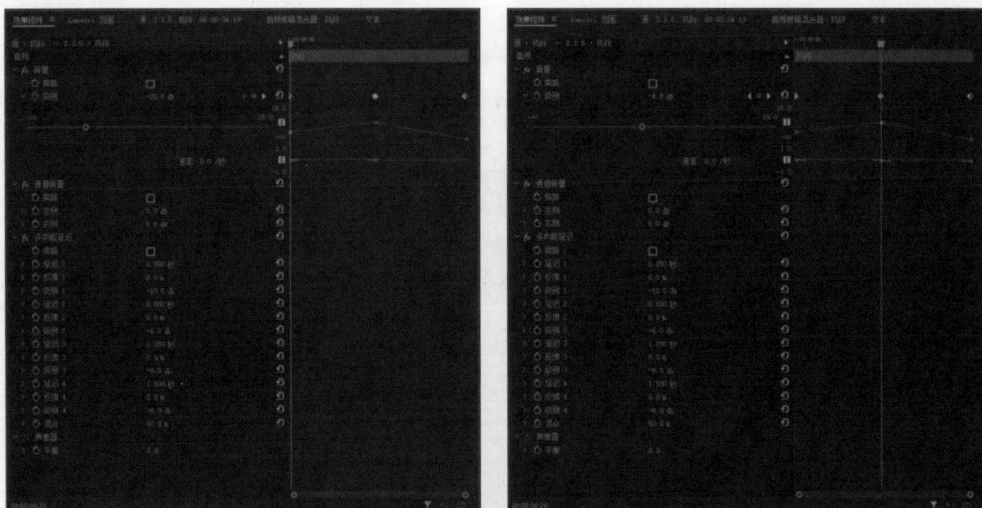

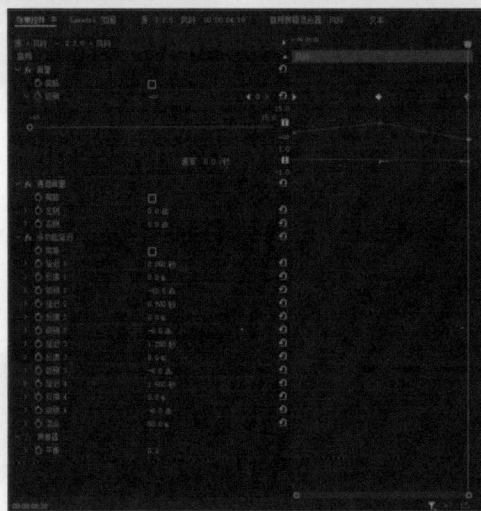

图 2-62

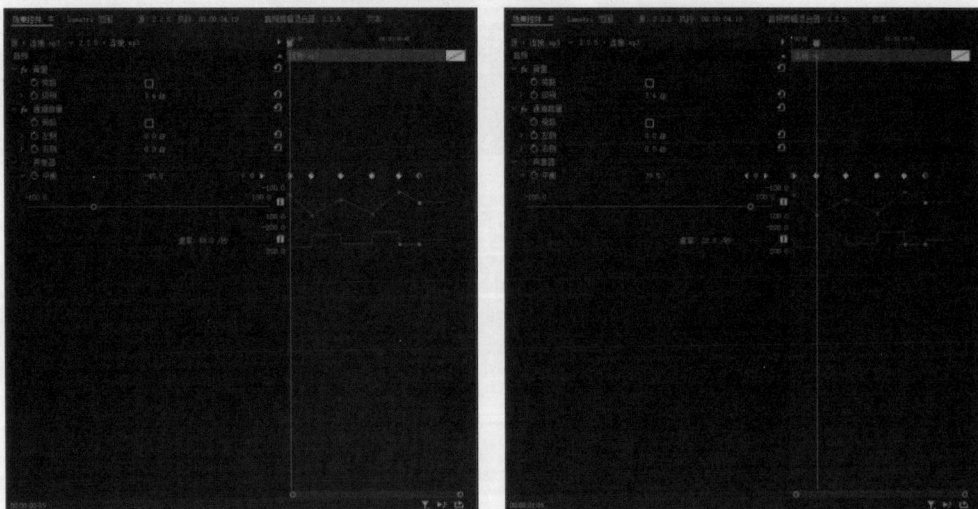

图 2-63

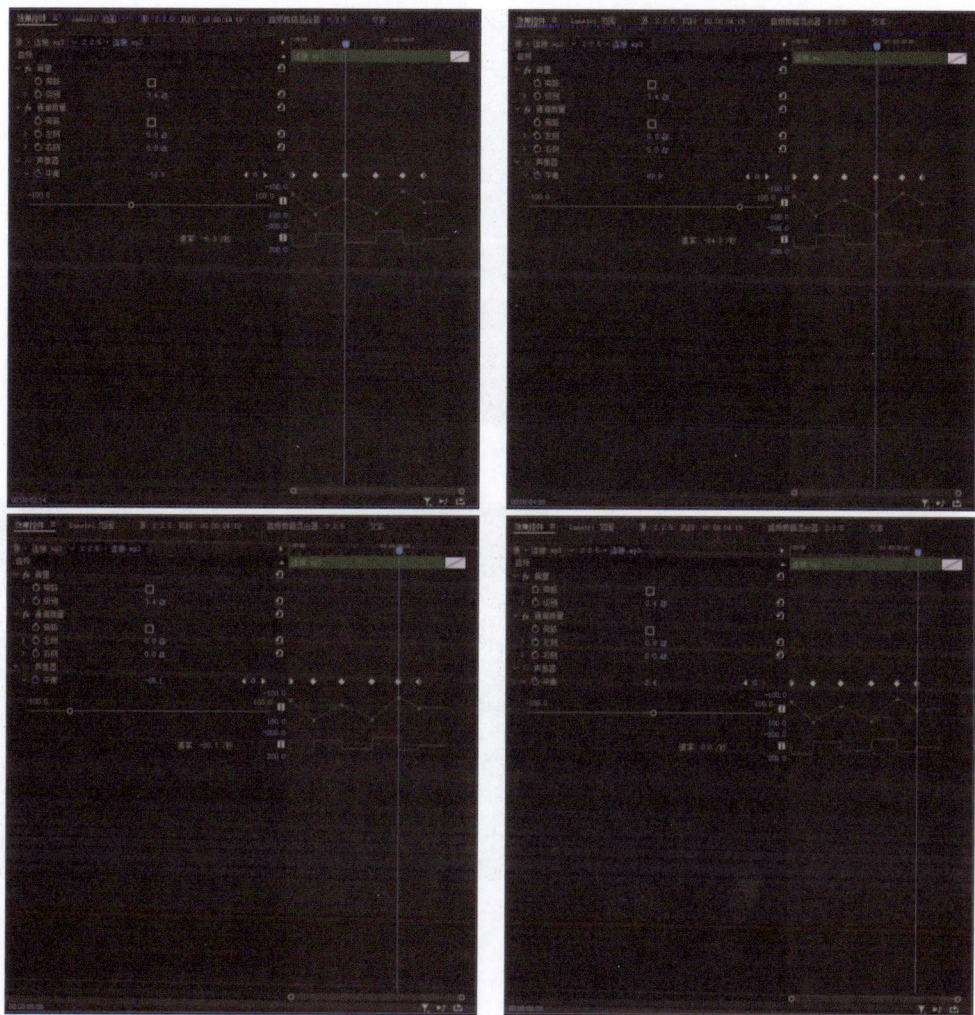

图 2-63（续）

2.2.6　实操：实现音频的淡入和淡出

　　给音频加入淡入和淡出效果，可以让音频过渡更加自然，加入淡入和淡出效果的方法也十分简单。本小节将详细介绍两种实现音频淡入淡出效果的方法，效果如图 2-64 所示，下面将介绍操作方法。

图 2-64

01　首先导入"2.2.6 音频淡入淡出素材 .prproj"项目文件后，使用"钢笔"工具 ，在音量线的开头点击两个点，即打上两个音量关键帧，将第一个音量关键帧的数值一直向下拉动至 −38.2dB，当然也可以拉至其他数值，这一步骤的关键是将第一个关键帧位置的音量调小，第二个关键帧数值不变，如图 2-65 所示，淡入则制作完成。用关键帧制作淡出效果方法与之类似。

02　本案例制作淡出的方法为直接添加效果。在"效果"面板中找到"指数淡化"效果，将其添加至结尾，如图 2-66 所示，持续时长为 00:00:01:00。

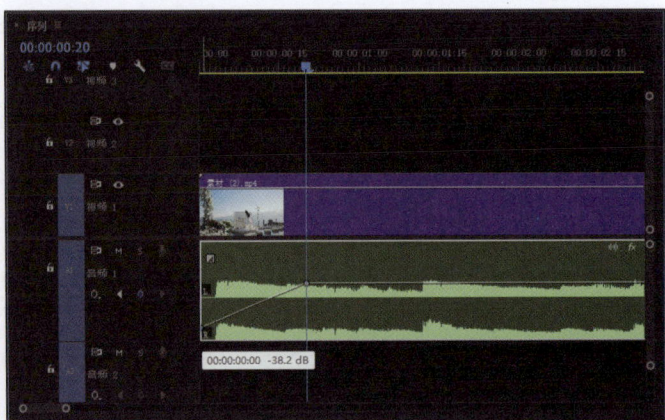

图 2-65

图 2-66

拓展案例：制作3D环绕音效

分析

本例讲解 3D 环绕音效的制作方法，最终效果如图 2-67 所示。

难度：★

相关文件：第 2 章 \2.2\ 拓展案例 \3D 环绕音效 .prproj

视频：第 2 章 \2.2\ 拓展案例 \3D 环绕声效果视频 .mp4

本例知识点

❏ 3D 环绕音效：不论在 "2.2.3 常用的音频效果" 或是 "2.2.5 实操：音频效果的应用"，都详细介绍了立体环绕声的原理及制作过程。

❏ 设置 "平衡" 关键帧。

图 2-67

2.3 点睛之笔，字幕的创建和设计

字幕的生成与调整是影视后期制作中不可或缺的环节，对于提升影片信息传达效率与视觉美感具有显著作用。Premiere Pro 作为专业的影视编辑工具，集成了丰富的字幕创建与编辑功能，允许用户在同一平台内实现字幕的快速生成与精细调整，有效满足了影视作品制作的多元化需求。

2.3.1　字幕的创建方法

学会制作字幕，奠定坚实基础，从掌握创建字幕的方法开始。Premiere Pro 提供了两种创建文字的方法，即点文字和段落文字，且这两种创建文字的方法都提供了水平方向文字和竖直方向文字的选项。

1. 点文字

点文字通常指的是通过单击并直接在视频帧上输入的文字，它不会自动换行，而是随着输入的文字增多而水平延伸。如果需要换行，需要手动调整文本框或使用其他方法。点文字适合用于需要精确控制文字位置和排版的场景，具体的操作方法如下。

图 2-68

01　启动 Premiere Pro，按快捷键 Ctrl+O，打开素材文件夹中的"字幕 .prproj"项目文件。进入工作界面后，选择"文字工具" T ，当"节目"面板中出现文字添加光标后，在"节目"面板中单击，输入文字"夏天的风"，如图 2-68 所示。然后可以在"基本图形"面板中更改字体、字号和外观等。

02　选中"选择工具" ▶ ，文字外围将出现一个带有控制手柄的文字框，如图 2-69 所示。

图 2-69

03　拖曳文字框的边角进行缩放。在默认情况下，文字的高度和宽度将保持相同的缩放比。同时还可在"属性"面板的"对齐并变换"选项卡中，单击"比例"选项中的"设置缩放锁定"按钮 🔗 ，取消等比缩放，图标将变为 🔗 ，即可分别调整高度与宽度，如图 2-70 所示。

图 2-70

04　将鼠标指针悬停在文字框的任意一角外，当鼠标指针变成弯曲的双箭头状态，即可单击拖曳旋转文字。锚点 ⊕ 的默认位置在文本的左下角，文字将绕着锚点 ⊕ 旋转，如图 2-71 所示。

05　为了将文字单独导出，形成透明带通道的素材，单击 V1 轨道前的"切换轨道输出"按钮 👁 ，禁用 V1 轨道内容输出，如图 2-72 所示。

图 2-71

图 2-72

06 单击"节目"面板中的"设置"按钮 ，在弹出的菜单中选择"透明网格"选项，如图 2-73 所示。
单击"节目"面板中的文字，即可在"效果控件"面板中更精准地设计文字，如图 2-74 所示。

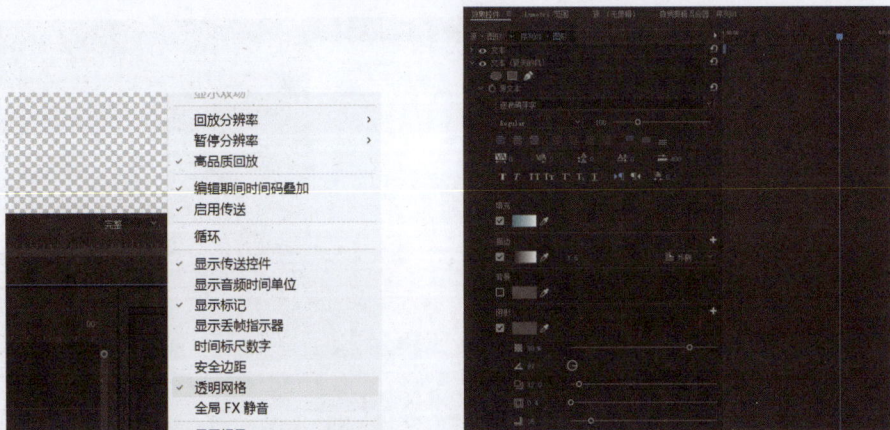

图 2-73

07 将文字设置完成后，可以将"字幕.prproj"项目文件原有的视频和音频删除。进入"导出"面板，设置好文件名和保存位置后，导出透明带通道的文件，有两种导出方法。

08 第一种，在"预设"选项中选择"更多预设"，如图 2-75 所示，在弹出来的选项框中搜索"Alpha"，选择其中一种带"Alpha"的格式预设即可，如图 2-76 所示，但这种方法导出的视频比较大，拥有极高的视频质量，更适合有专业需求的人士。

图 2-74

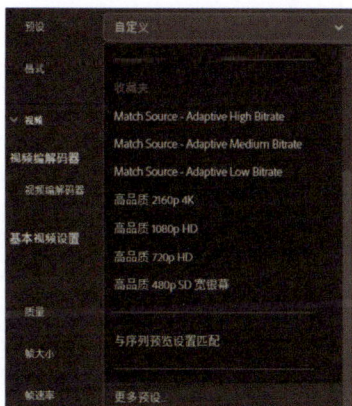

图 2-75

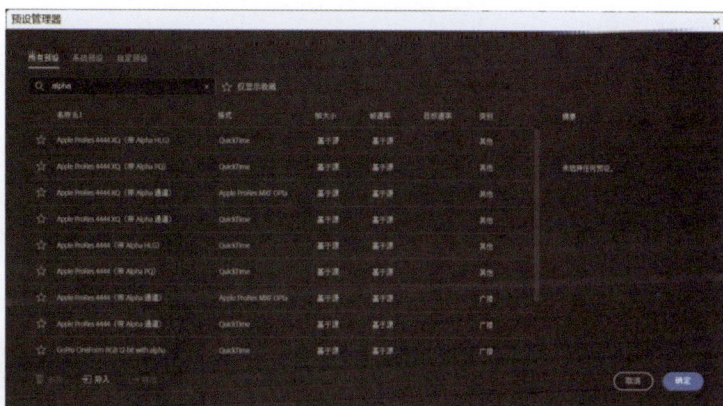

图 2-76

09 第二种，首先在"格式"选项中选择"Quick Time"，然后展开"视频"选项栏，在"视频编解码器"中选择"动画"选项，如图 2-77 所示。再单击"视频"选项栏左下角的"更多"选项，在"深度"选项栏中选择"8-bc+Alpha"。完成后即可导出带 Alpha 透明通道的 MOV 格式视频，导出的视频大小更符合大多数剪辑师的需求，不会占用更多空间。

2. 段落文字

段落文字是在 Premiere Pro 中通过拖动鼠标创建一个文本框，然后在该文本框内输入的文字。与点文字不同，段落文字在创建时会生成一个文本框，文字在文本框内自动换行。通过调整文本框的大小和形状，可以控制段落文字的布局和显示效果。段落文字更适合于需要输入大量文字或进行复杂排版的场景。

01 选择"文字工具" T ，在"节目"面板中单击拖曳创建文本框后输入段落文字。若需要换行，则按 Enter 键。段落文字会将文字限定在文本框内，并在文本排列到边缘后自动换行，如图 2-78 所示。

02 选择"选择工具" ，单击拖曳文字框可以改变文字框的大小和形状。调整文字框的大小不会改变文字的大小，如图 2-79 所示。

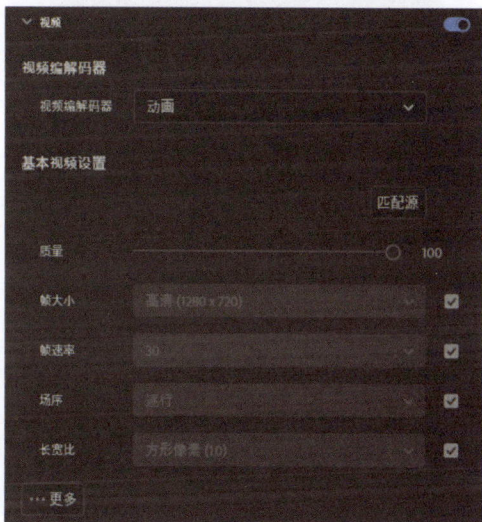

图 2-77

图 2-78

图 2-79

2.3.2 图文编辑的面板

Premiere Pro 新版在功能面板上最大的改动是将原有的"基本图形"面板进行了拆分，拆分为"属性"面板和"图形模板"面板。

1."属性"面板

Premiere Pro 中的"属性"面板除了保留原本处理文本、形状、剪辑图层等图形元素的功能外，还可以对视频和音频素材进行基础的调整与修改。选中"时间轴"面板中的图文素材，进入"所有面板"工作区，找到并打开"属性"面板，即可在该面板对图文进行编辑，如图 2-80 所示。选中视频和音频素材，打开"属性"面板，同样可以在该面板进行基础编辑，如图 2-81 所示。

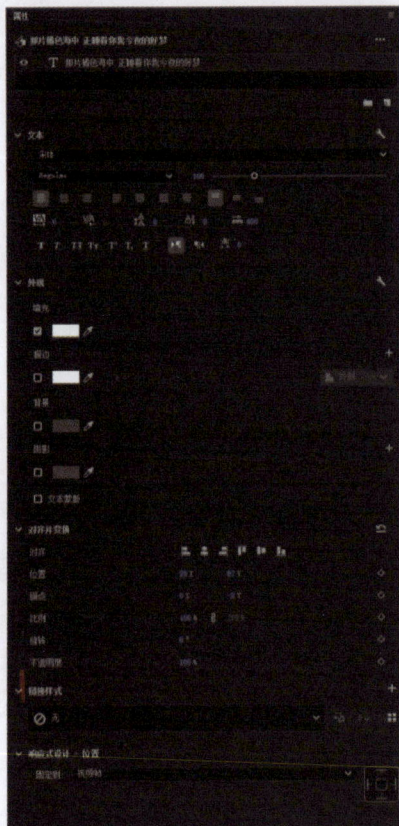

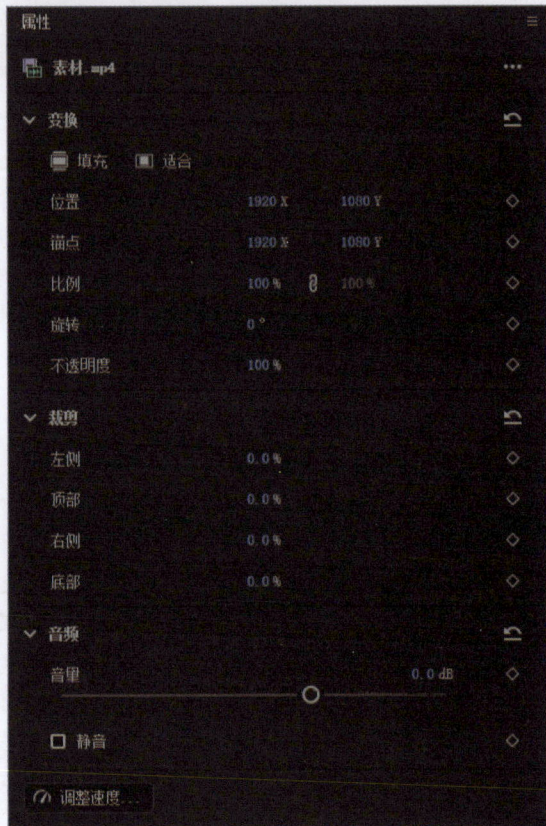

图 2-80　　　　　　　　　　　　　　　　　图 2-81

2."图形模板"面板

其中包含许多 Premiere Pro 自带的剪辑模板，同时我们还可以自己导入模板，如图 2-82 所示。

2.3.3 实操：字幕风格化处理

了解了字幕创建方法和文字处理面板后，我们知道在"基本图形"面板或者"效果控件"面板中可以对文字的字体、位置、缩放、旋转和颜色等属性进行修改。我们将通过一个案例，向读者介绍如何对字幕进行风格化处理，让我们在字幕创建时，字体更生动有趣，效果如图 2-83 所示，下面将介绍具体操作方法。

01 启动 Premiere Pro，按快捷键 Ctrl+O，打开文件夹"2.3.3 字幕风格化处理"中的"2.3.3 字幕风格化素材 .prproj"项目文件。根据上文创建字幕的介绍，选择"文字工具" T ，当"节目"面板中出现文字添加光标后，在"节目"面板中单击，输入文字"沙"，然后选中"选择工具" ▶，通过更改锚点 ⊕ 的位置和移动文字框，将文字移动至画面左侧，如图 2-84 所示。

图 2-82

图 2-83

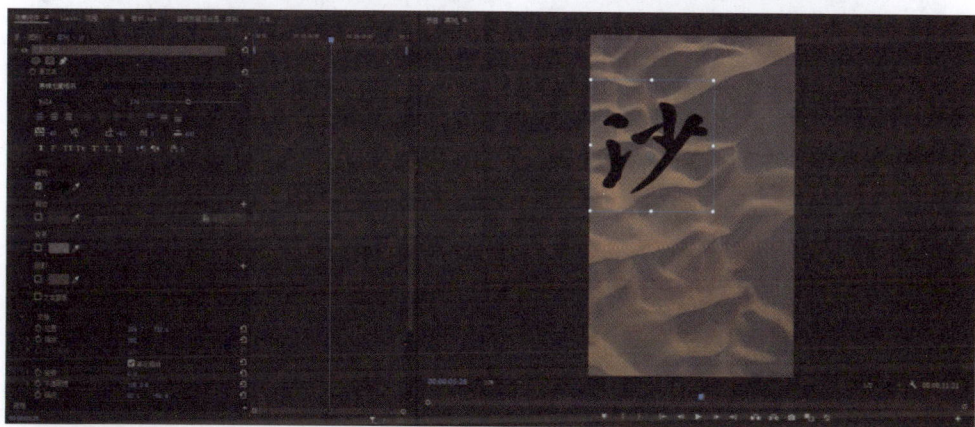

图 2-84

02　用同样的方法输入"海""大漠孤烟直""长河落日圆""2024.09.25"和"中亚博览会"，如图 2-85 所示。

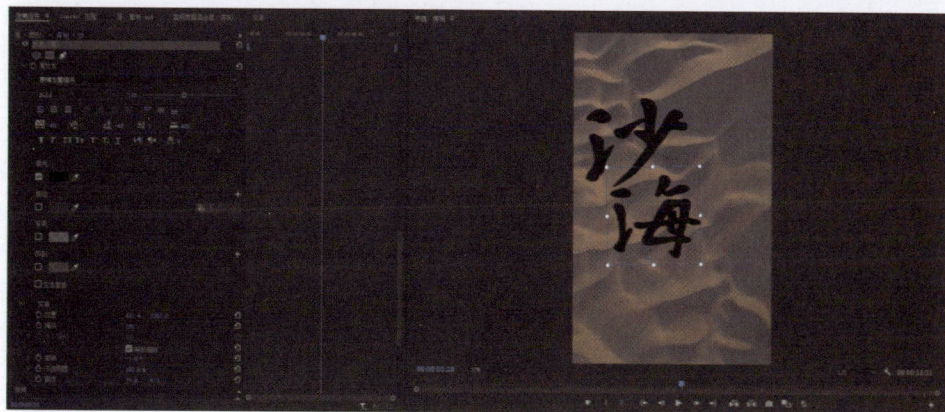

图 2-85

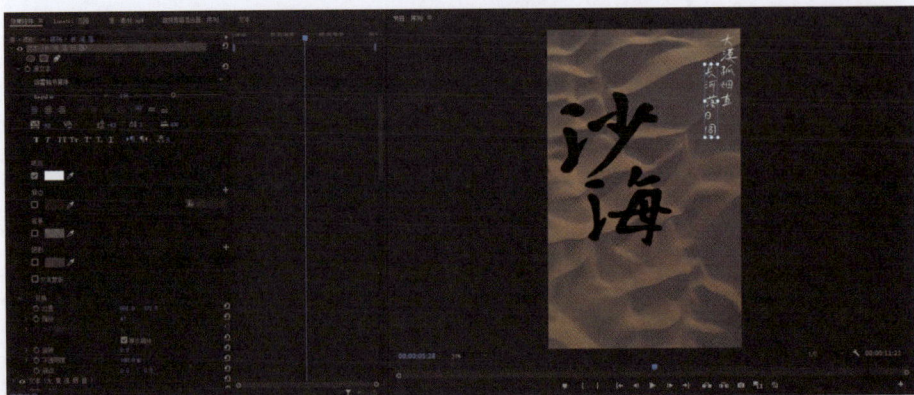

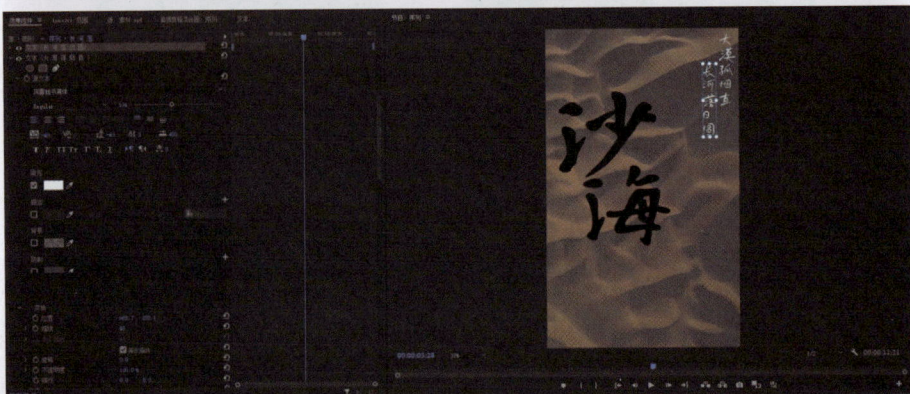

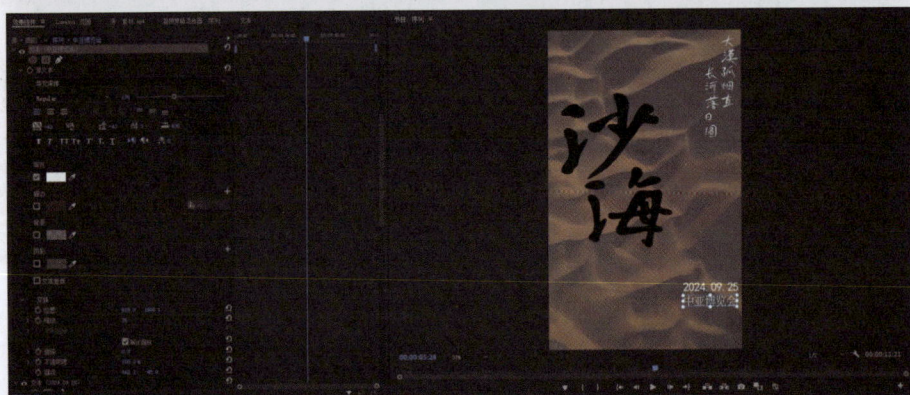

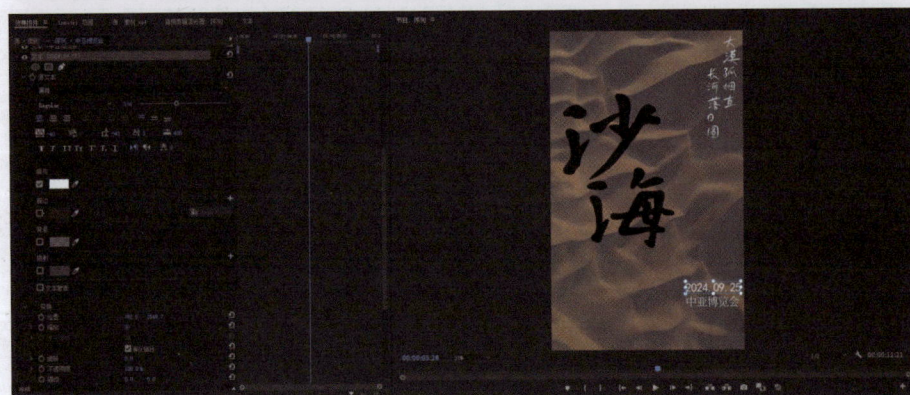

图 2-85（续）

03　然后在"效果"面板中找到"粗糙边缘"效果，将其添加至文本素材中，如图 2-86 所示。

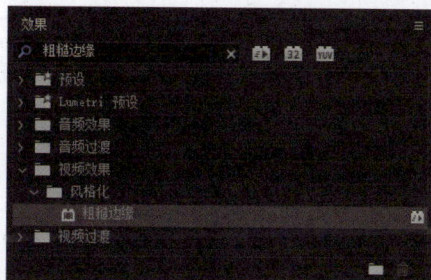

图 2-86

04　在"效果控件"面板中，我们通过"粗糙边缘"效果，设计一个风格化的字体开头，如图 2-87 所示，风格化的字体即设计完成。

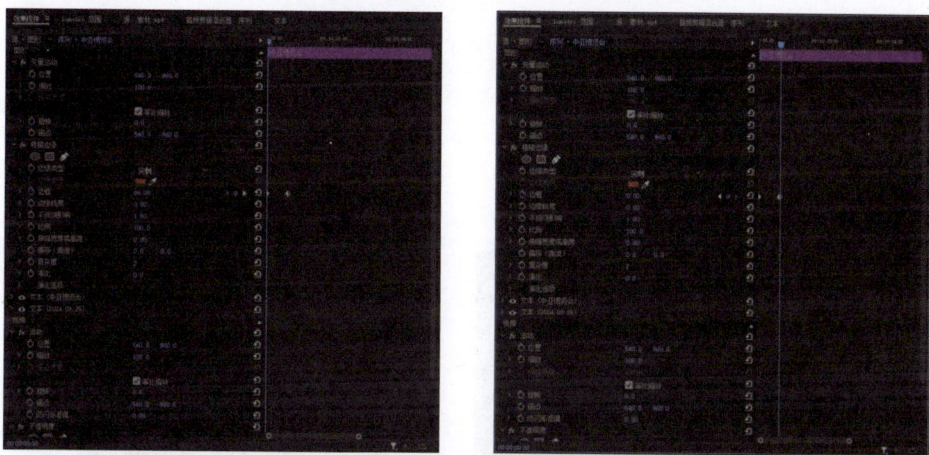

图 2-87

2.3.4　实操：语音转文本

利用语音转文本功能直接处理带有音频的视频，能够显著缩短剪辑所需的时间，提升剪辑工作的效率。Premiere Pro 2022 及更高版本支持执行语音转文本的操作。本实操将详细介绍语音转文本的具体操作，效果如图 2-88 所示。

图 2-88

01　启动 Premiere Pro，按快捷键 Ctrl+O，打开文件夹"2.3.4 语音转文本"中的"2.3.4.prproj"项目文件。进入工作界面后，可以看到"时间轴"面板中已经添加好的素材，如图 2-89 所示。

图 2-89

02 在"时间轴"面板中，选中"素材 .mp4"，然后打开"文本"面板，首先我们点击"字幕"选项。为了在转录文本前设置好语言文字、字幕预设和转录位置，单击"从转录文本创建字幕"选项，如图 2-90 所示，然后在弹出来的"创建字幕"对话框中进行"字幕预设""语言""发言者标签"和"音频分析"选项的设置，完成设置后，单击右下角"转录和创建字幕"选项，即可语音转文本，具体如图 2-91 所示。

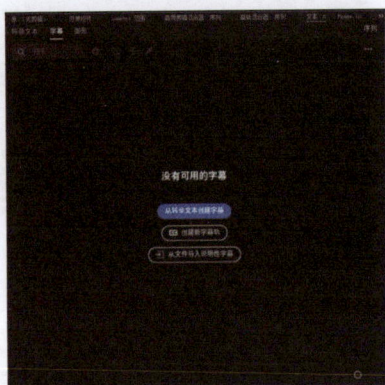

图 2-90

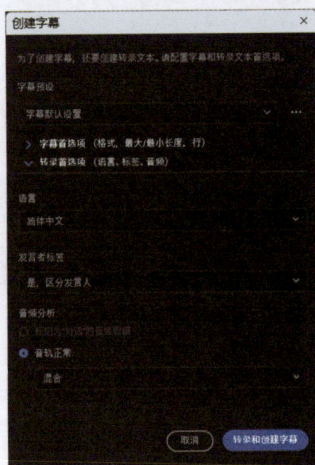

图 2-91

03 等待一段时间后，将会在"时间轴"面板中形成新的"字幕轨"，如图 2-92 所示。可以在"节目"面板和"文本"面板中对文本内容进行核对和修改，同时在"效果控件"面板或者"属性"面板中进行字体样式修改。

图 2-92

提示：我们还可以在"文本"面板中直接单击"转录文本"选项进行文本转录。

--- 拓展案例：片尾滚动字幕 ---

分析

片尾滚动字幕是各类影视作品中常见的片尾表现形式，本例讲解片尾滚动字幕的操作方法，最终效果如图 2-93 所示。

难度★★

相关文件：第 2 章 \2.3\ 拓展案例 \ 片尾滚动字幕效果 .prproj

视频：第 2 章 \2.3\ 拓展案例 \ 片尾滚动字幕效果视频 .mp4

图 2-93

本例知识点

- ❏ 根据"段落文字"添加文字方法输入片尾字幕。
- ❏ 在文字素材开头和结尾添加位置关键帧，即可让字幕滚动起来。
- ❏ 在"基本图形"面板中勾选"滚动"选项，让片尾字幕滚动起来。

2.4　巧用转场，让视频切换更流畅

在视频剪辑中，转场技术有着至关重要的地位，它是连接镜头的桥梁，能够传递情感与创意。精确的转场设计可以让视频叙述更加流畅、层次更加分明，从而为观众带来沉浸式的观看体验。精心设计的转场能够营造独特氛围、强化情感传达、有效控制节奏并增强视频的吸引力。转场还能为视频增添个性和原创性，避免内容的单调重复。在追求高质量剪辑效果的过程中，转场技术的运用与创新显得尤为关键，它能使视频成为富有生命力的艺术品。

2.4.1　技巧性转场和无技巧性转场

在视频制作中，转场技巧扮演着至关重要的角色，它负责将一个场景平滑地过渡至另一个场景。恰当运用转场效果，能够使场景之间的衔接显得更为自然。"看不见"的转场能够使观众忽略剪辑的存在，更加沉浸于故事之中，使画面看起来更为酷炫，给观众留下深刻的印象。

1. 看不见的转场：无技巧转场

无技巧转场，即通过镜头的自然过渡来衔接前后两部分内容，以此强调视觉上的连贯性。该转场手法主要适用于蒙太奇镜头段落之间的过渡，更注重视觉的连贯性。在剪辑过程中，并非任意两个镜头之间均适宜采用无技巧转场，必须留意寻找恰当的转换元素和适宜的视觉元素。如果要使用无技巧转场，需要注意寻找合理的转换元素，做好前期的拍摄准备。

无技巧转场有多种，下面将着重介绍 9 种常用转场。

（1）两极镜头转场

前后镜头的景别为两个极端，特—全，全—特，强调对比。许多影视作品都喜欢使用此种转场方法，特别是悬疑动作惊悚片中，它可以成功抓住观众的注意力，营造视觉冲击力，打破常规的视觉连贯，通过两边的镜头对比，增加视觉张力，如图 2-94 所示。

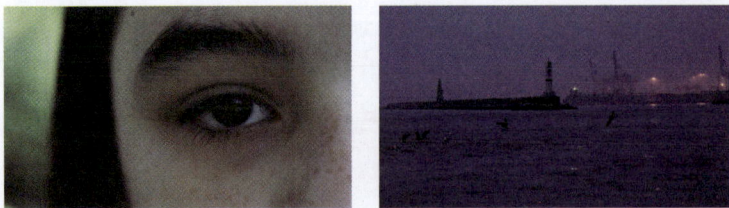

图 2-94

（2）同景别转场

前一个场景结尾的镜头与后一个场景开头的景别相同，全—全，特—特，观众注意力集中，场面过渡衔接紧凑，如图 2-95 所示。

图 2-95

（3）特写转场

特写镜头一般用来表示事物的细节，同时具有空间方位不明确的特点，可以作为转场，用来过渡两个不同的场景，以此吸引观众的注意力，不知不觉中，转换到另一个时空，过渡更加自然。特写镜头转场无论前一组镜头的最后一个镜头什么景别，下一个镜头都从特写镜头开始，从而对局部进行放大，以达到突出、强调的效果，如图 2-96 所示。

图 2-96

（4）空镜头转场

镜头画面中一般为风景、建筑、街景、人群等，没有出现特定的人物，被称为空镜头。这类镜头经常被放置在两个镜头之间作转场过渡。例如，用夜晚城市车流全景空镜头切换至下班回家开门的场景，起到承上启下的作用，引出夜晚下班在家的场景，如图 2-97 所示。

图 2-97

（5）遮挡转场

遮挡转场是指画面上的运动主体暂时被遮住，使得观众无法从画面中辨别被摄体的形状和质地等特性，随后转换到下一镜头的方式。比如，一个女生跑步会跨越一个黑色遮挡物，利用这个遮挡物切换到下一个室外场景，如图 2-98 所示。

图 2-98

（6）声音转场

通过音乐、音响、解说词、对白等和画面的配合实现转场。声音转场有很多种，在这里简单介绍 5 种声音转场的方法。

➢ 第一种，基础的声音转场是在两个视频素材中加入一些音效达到两个画面的衔接和过渡，这类音效一般是指 Whoosh 音效。

➢ 第二种，使用 J-cut 或 L-cut，也被称为声音的前置或后置，J-cut（声音前置）就是当第一段素材还没有结束就已经出现了第二段素材的声音，随后出现第二段素材；L-cut（声音后置）则是第一段素材的声音延续到了第二段素材。

➢ 第三种，利用声音的强烈对比进行转场，一段素材音量较大，环境音较为嘈杂，一段素材音量较小，环境音较为安静，让整体戏剧性更强。

➢ 第四种，相似音转场，比如键盘的敲击声和连续的枪机声，利用两个声音的相似性进行情节的转换，尽管两个场景有很大的区别，但通过相似的背景音效，可以实现一段音频的连贯过渡，使得观众在转场时更加自然地过渡到不同的环境中。

➢ 第五种，声音重叠。在两个场景的交界处，让第一段素材的音频延续到后一段素材画面并与其音频重叠一段时间，以缓解转场的突兀感，使得转场更加平滑。

（7）相似体转场

前后镜头包含相同或相似的主体，两个物体的形状相似，位置重叠，且在运动方向、速度、色彩等方面展现出高度一致性时，以此转场手法实现视觉上的连贯性和流畅性。比如，环形交通轨道和轮胎具有形状相似性和用途相似性，就可以利用其特性进行相似体转场，如图 2-99 所示。

图 2-99

（8）同一主体转场

前后两个场景用同一物体衔接，上下镜头有一种承接关系。在影视作品中，常被用来表达时间的流逝，承接两个不同的时空，如图 2-100 所示。

（9）主观镜头转场

主观镜头指通过剧中人的双眼呈现画面，将观众带入其视角体验情感变化。主观镜头转场则通过人物视线进行场景转换，是影视剧常用转场方法，也适用于短视频剪辑，如 Vlog、情景剧等，使情节更自然，增强观众的代入感，如图 2-101 所示。

图 2-100

图 2-101

2. 技巧性转场

技巧性转场，则指的是在对视频进行后期处理时，通过剪辑软件，在素材间添加各种效果，实现转场的方式。技巧性转场匹配度不如无技巧转场高，而且 Premiere Pro 中还为用户提供了很多转场预设可供使用，更为便捷，大大提高了剪辑效率，本书主要介绍 4 种常用的技巧性转场。

（1）交叉溶解

交叉溶解转场在剪辑中常用，因为它能平滑过渡两个场景，减少观看时的突兀感，提升观看体验。这种转场通过混合两个场景的画面，实现淡入淡出效果，有助于保持视频节奏的连贯性和画面流畅性。

打开"效果"面板，找到"交叉溶解"效果，如图 2-102 所示，长按，将其拖动至两段素材的中间位置，如图 2-103 所示，"交叉溶解"转场即制作完成。

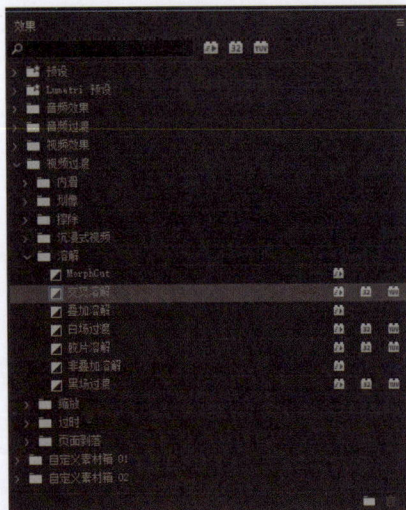

图 2-102

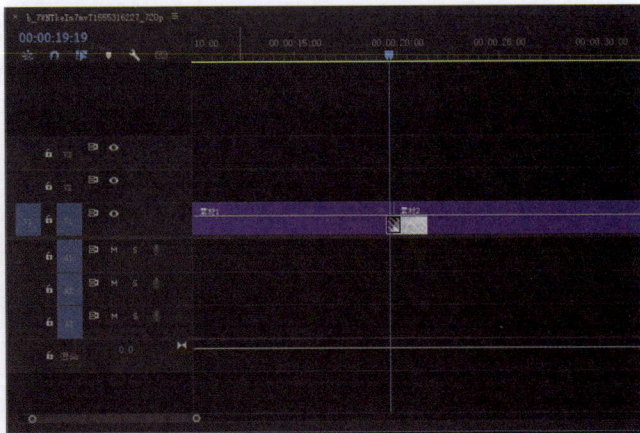

图 2-103

（2）淡入淡出

淡入是画面逐渐显现，淡出是画面逐渐消失。这两种转场手法通过添加"黑场过渡"效果，实现画面亮度和透明度的渐变，使场景自然过渡。它们不仅能保持视觉连贯性，还能增加感情深度。淡入淡出可用于场景转换、时间暗示或强调情节，以柔和方式提供流畅且富有情感的观看体验。

打开"效果"面板，找到"黑场过渡"效果，长按，分别将其拖动至素材的开头和结尾处，如图 2-104 所示，淡入淡出转场即制作完成。

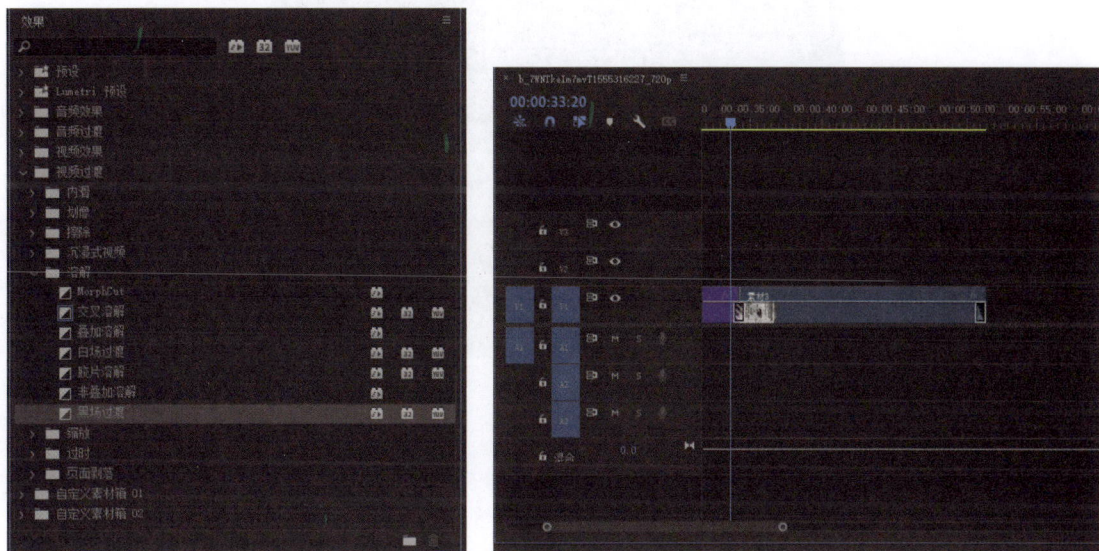

图 2-104

（3）白场过渡

白场过渡转场是一种独特的视频剪辑手法，它通过在两个场景之间插入一个全白的画面（即白场），来实现场景间的平滑过渡。这种转场方式不仅简洁明了，还能在视觉上产生强烈的对比效果，从而吸引观众的注意力，引导他们进入下一个场景。

白场过渡转场通常用于需要明确区分不同场景或段落的情况，它像是一个短暂的"呼吸"空间，让观众的视线和思维得以短暂停留，然后再以全新的视角进入下一个场景。这种转场方式不仅有助于提升视频的节奏感和层次感，还能在情感上营造出一种短暂的停顿和期待感，增强观众的观影体验。

打开"效果"面板，找到"白场过渡"效果，长按，将其拖动至两段素材的中间位置，在"效果控件"面板中选择"中心切入"，这样"白场过渡"效果会作用于两段素材中间的位置，如图 2-105 所示，白场过渡转场即制作完成。

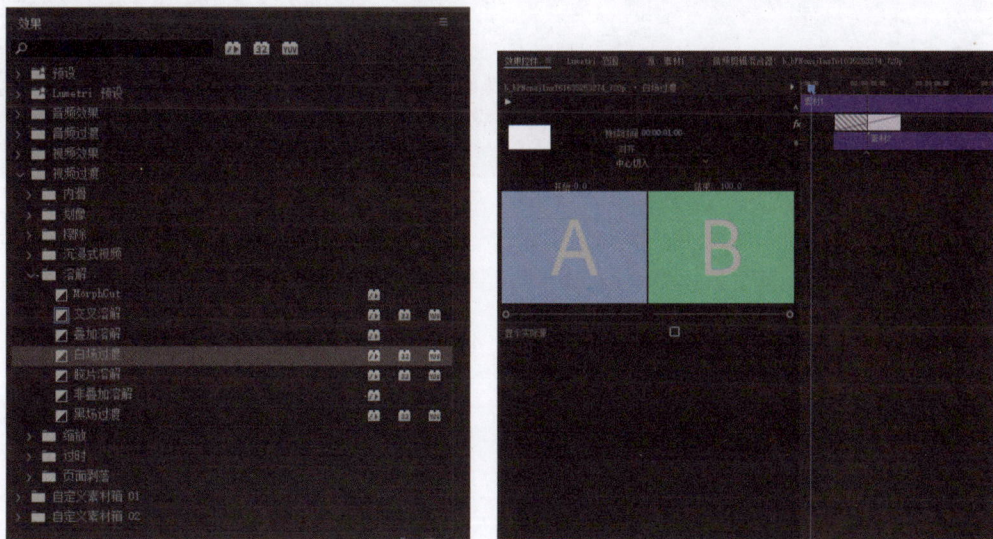

图 2-105

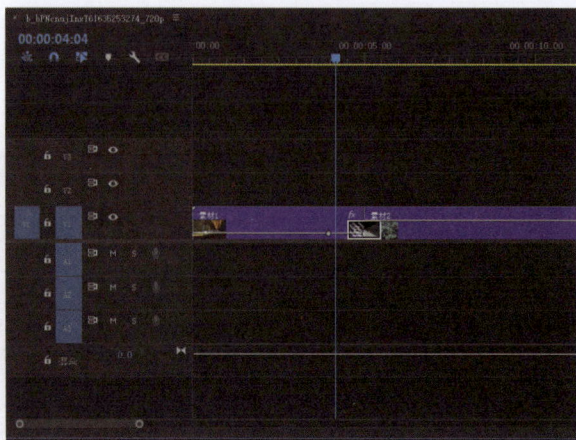

图 2-105（续）

（4）叠化转场

叠化转场是指通过两个画面在时间上重叠并逐渐融合的方式，实现了场景间的无缝过渡。这种转场方式不仅让画面之间的切换变得柔和而自然，还赋予了视频流动感和深度，使观众在视觉享受中感受到时间的流逝与空间的转换。叠化的主要作用有 3 种：用于时间的转换，表示时间的消逝；用于空间的转换，表示空间发生变化；用于表现梦境、想象、回忆等插叙、回叙的场景。

在 Premiere Pro 中通过使用"叠加溶解"可达到叠化转场的效果，如图 2-106 所示。

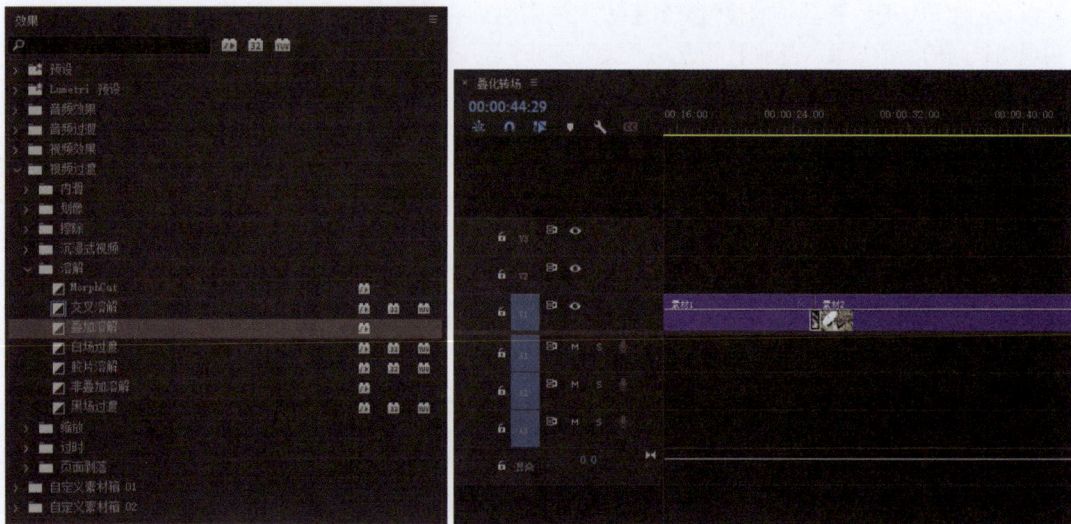

图 2-106

2.4.2 "效果"面板的使用

在 Premiere Pro 中，视频转场效果的操作，基本在"效果"面板与"效果控件"面板中完成，如图 2-107 所示。其中"效果"面板的"视频过渡"文件夹中包含了 8 组视频转场效果。

打开"效果"面板，在"预设"或"Lumetri 预设"文件夹上单击鼠标右键，在弹出的快捷菜单中选择"导入预设"命令，即可将预设文件导入"效果"面板的素材箱中，如图 2-108 所示。

需要注意的是，Premiere Pro 自带的预设效果是无法删除的，而用户自定义的预设则可以删除。选择需要删除的预设文件，单击鼠标右键，选择"删除"，或者单击"效果"面板右下角的"删除自定义项目"按钮 🔲，即可删除预设文件，如图 2-109 所示。

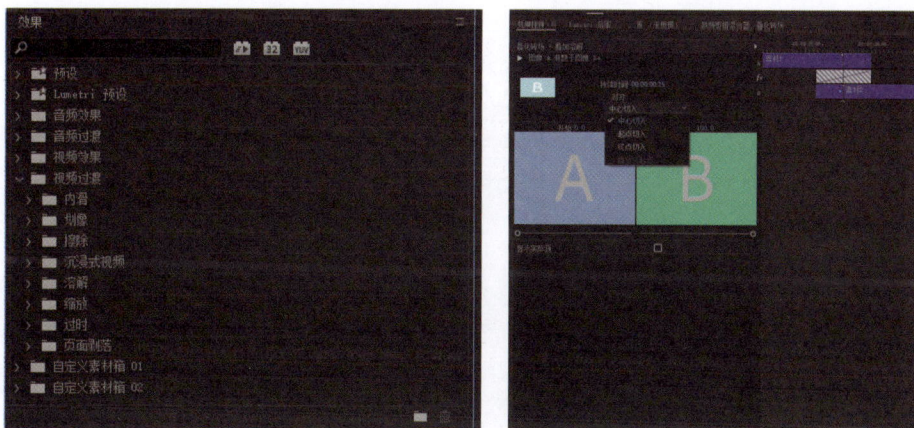

图 2-107

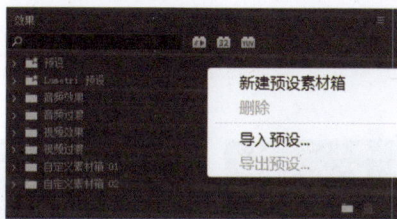

图 2-108

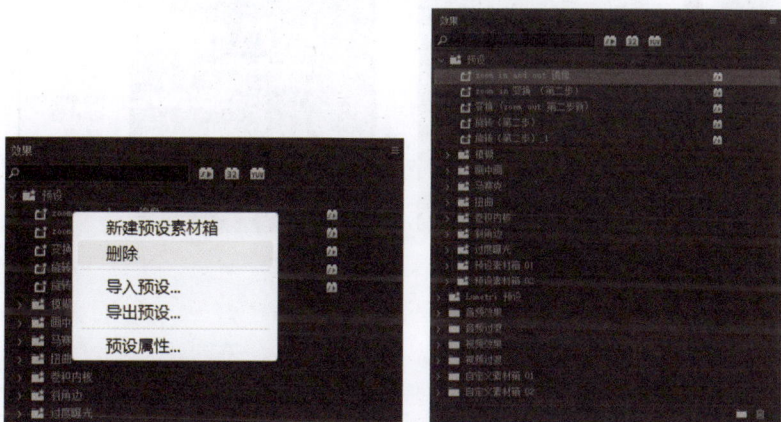

图 2-109

2.4.3　自定义转场效果

在应用视频转场效果之后，还可以对转场效果进行编辑，使其更个性化。视频转场效果的参数调整可以在"时间轴"面板中完成，也可以在"效果控件"面板中完成，但是这么做的前提是必须在"时间轴"面板中选中转场效果，才可以对其进行编辑。

在"效果控件"面板中，可以调整转场效果的作用区域，"对齐"下拉列表提供了 4 种对齐方式，如图 2-110 所示，用户可以通过设置不同的对齐方式来控制转场效果。此外，还可以选择在"效果控件"面板中调整转场效果的持续时间、对齐方式、开始和结束的比例、边框宽度、边框颜色、消除锯齿品质等参数。

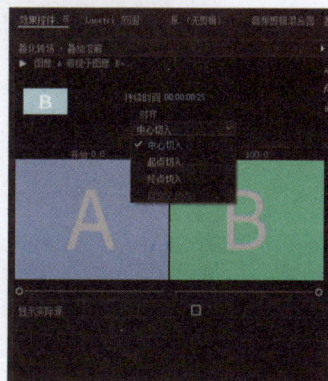

图 2-110

"对齐"下拉列表中各种对齐方式说明如下。

➢ 中心切入：将转场效果添加在相邻素材的中间位置。

➢ 起点切入：将转场效果添加在第二个素材的开始位置。

➢ 终点切入：将转场效果添加在第一个素材的结束位置。

➢ 自定义起点：通过单击、拖曳转场效果，自定义转场的起始位置。

图 2-111

2.4.4　实操：制作闪白转场效果

学习了转场的基础知识后，本小节开始进行实战教学。闪白转场效果一般应用于回忆、伪相机定格类的视频中，本案例将制作一个情侣美好记忆伪相机定格视频，效果如图 2-111 所示，下面将介绍具体操作方法。

01　启动 Premiere Pro，按快捷键 Ctrl+O，打开文件夹"2.4.4 闪白转场效果"中的"2.4.4 闪白素材 .prproj"项目文件。进入工作界面后，可以看到"时间轴"面板中已经添加好的素材，如图 2-112 所示。

02　选中时间轴轨道中第二个片段定格画面的素材，单击鼠标右键，选择"嵌套"，如图 2-113 所示，创建"嵌套序列 01"。

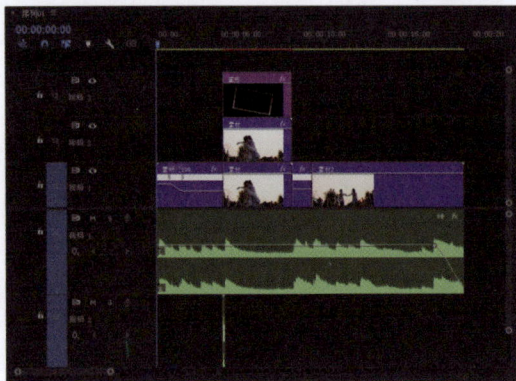
图 2-112

图 2-113

03　创建"嵌套序列 01"后，在"效果"面板中选中"白场过渡"，如图 2-114 所示，将"白场过渡"拖动至第一段画面"素材 .mp4"和"嵌套序列"中间，并在"效果控件"面板中，选择"中心切入"，如图 2-115 所示，白场效果转场即制作完成，如图 2-116 所示。

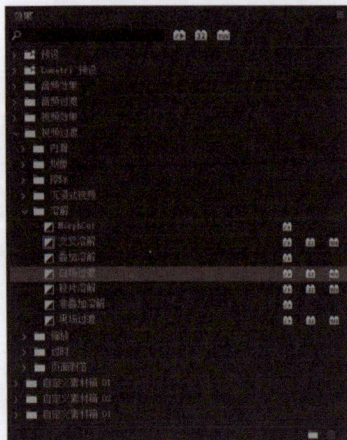
图 2-114

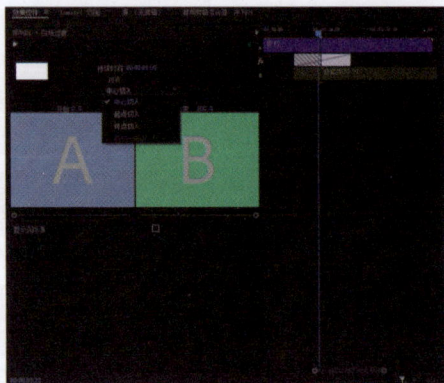
图 2-115

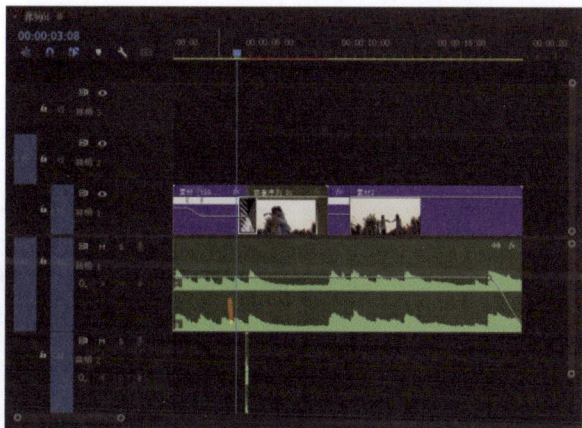

图 2-116

> 提示：由于本案例主要讲解转场效果制作，所以跳过前期剪辑步骤。

2.4.5　实操：制作翻页转场效果

所谓翻页转场，作为一种模拟书籍翻页效果的过渡方式，不仅能够为视频增添一抹复古与文艺的气息，还能在场景切换间实现流畅而富有层次感的过渡，极大地提升观众的视觉体验。本案例将制作一个古风视频，通过两种翻页转场效果的实战演练，让读者能够掌握翻页转场效果的基本做法，效果如图 2-117 所示，下面将介绍具体操作方法。

01 启动 Premiere Pro，按快捷键 Ctrl+O，打开文件夹 "2.4.5 翻页转场效果" 中的 "2.4.5 翻页转场素材 .prproj" 项目文件，进入工作界面。首先，制作简单的翻页转场效果，在 "效果" 面板中找到并选择 "翻页" 效果，如图 2-118 所示，将该效果添加至 "素材 1.mp4" 和 "素材 2.mp4" 中间的位置，在 "效果控件" 面板中选择 "中心切入"，并且勾选 "反转" 选项，如图 2-119 所示。简单的翻页转场效果即制作完成。

图 2-117

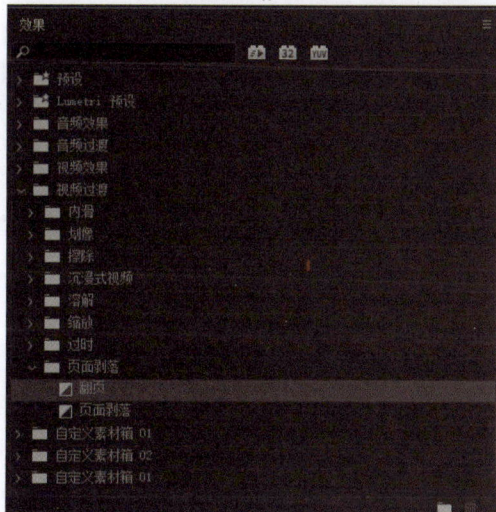

图 2-118

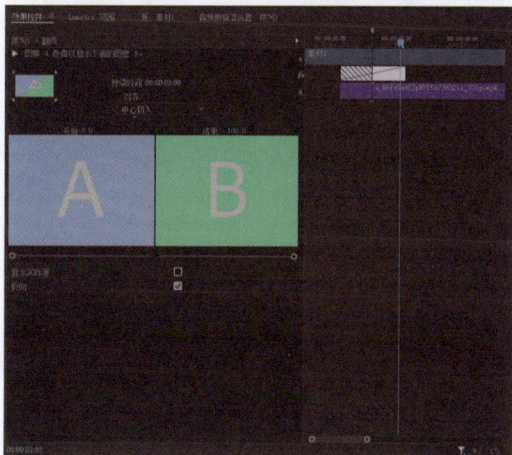

图 2-119

02 接下来介绍第二种非直接添加"效果"制作翻页转场效果的方法。将时间线移动至 00:00:06:13 的位置，在 V2 视频轨道中添加"素材 4.mp4"，如图 2-120 所示。

03 再将时间线移动至"素材 3.mp4"结尾，也是 00:00:07:13 的位置，选中"素材 4.mp4"，使用"剃刀工具（C）"■进行切割，切割素材完成后，将剩余的素材移动至素材 V1"素材 3.mp4"的后面位置，如图 2-121 所示。

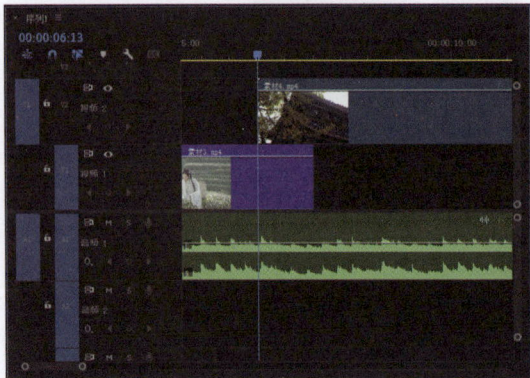

图 2-120

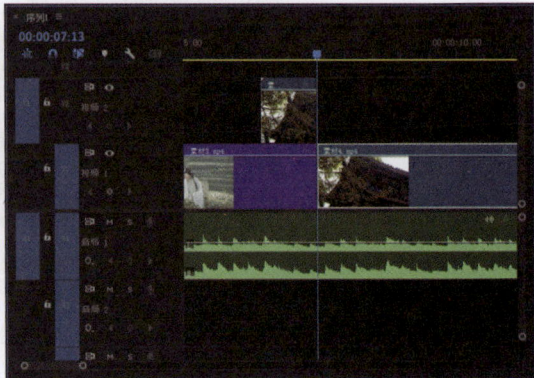

图 2-121

04 在"效果"面板中搜索"变换"效果，将"变换"效果添加至 V2"素材 4.mp4"中，如图 2-122 所示。

05 在"效果控件"面板中找到"变换"效果，单击"变换"选项中"位置"左侧"切换动画"按钮 ○，在 V2"素材 4.mp4"的开头和结尾添加关键帧，移动至开头的关键帧，将画面向左移动移除画面，如图 2-123 所示。

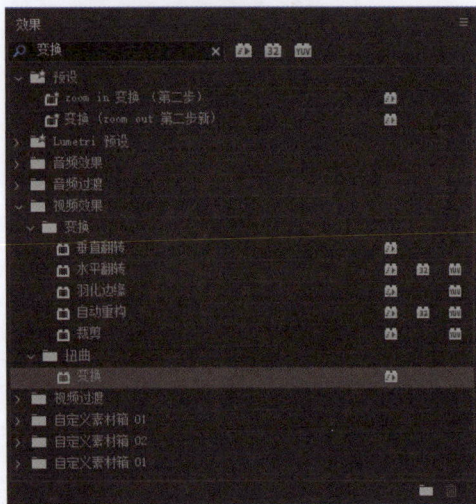

图 2-122

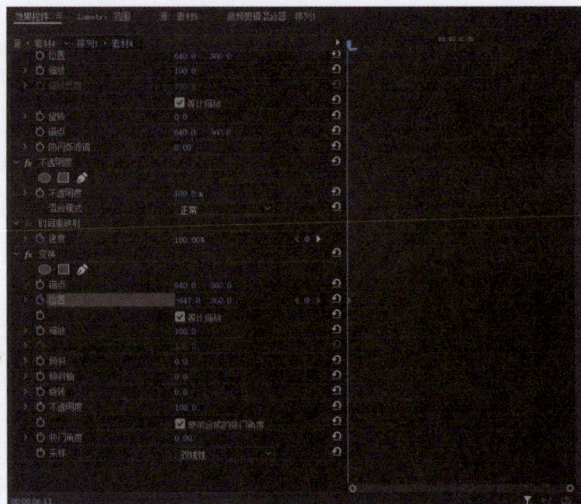

图 2-123

06 选中结尾关键帧，单击鼠标右键执行"临时差值"｜"缓入"命令，如图 2-124 所示，将曲线调整为如图中右边所示。

07 完成上述操作后，为了更好地添加后续效果，选中 V2 轨道中的"素材 4.mp4"，单击鼠标右键执行"嵌套"命令，如图 2-125 所示，创建"嵌套序列 01"。

08 在"效果"面板中搜索"残影"效果，如图 2-126 所示，并将效果添加至"嵌套序列 01"中。

09 在"效果控件"面板的"残影"效果中，在"嵌套序列 01"的开头和结尾添加"残影时间（秒）"的关键帧，开头关键帧"残影时间（秒）"为 -0.010s，结尾关键帧为 0.000s，如图 2-127 所示。

10　为了让翻页过渡更加丝滑，在"嵌套序列 01"中添加"径向阴影"效果，具体数值如图 2-128 所示。

图 2-124

图 2-125

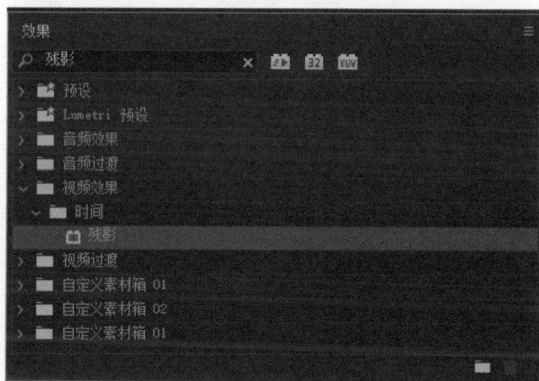

图 2-126

图 2-127

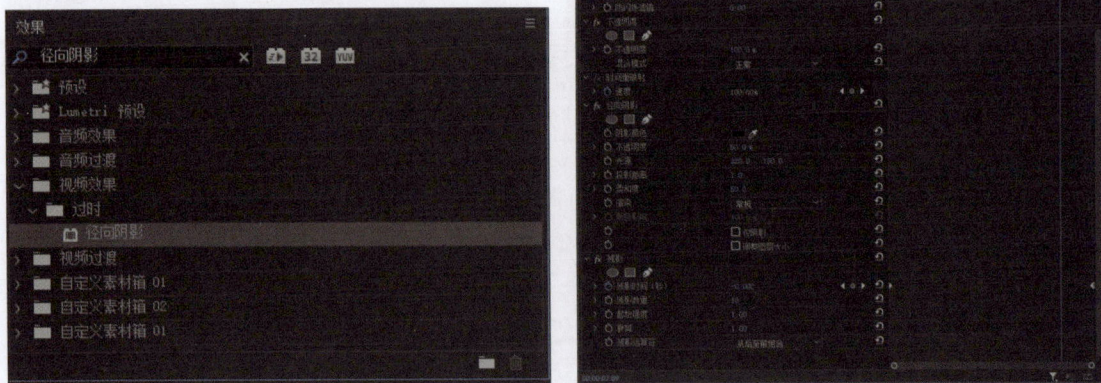

图 2-128

拓展案例：制作多屏分割转场效果

分析

本例讲解多屏分割转场的制作方法，最终效果如图 2-129 所示。

图 2-129

难度：★★★

相关文件：第 2 章 \2.4\ 拓展案例 \ 多屏分割效果 .prproj

视频：第 2 章 \2.4\ 拓展案例 \ 多屏分割效果视频 .mp4

本例知识点

☐ 直接添加多屏转场效果：Premiere Pro "效果" 面板中 "视频过渡" 效果中的 "内滑" 效果可以达到分屏转场的效果。

☐ 自行设计多屏转场效果：通过在两个素材相连接处添加位置关键帧和 "镜面" 效果，完成多屏转场效果设置。

03

第3章

掌握短视频精剪技术，
新手秒变高手

本章导读

　　在第 2 章中，我们已经掌握了 Premiere Pro 的基础剪辑能力，涵盖了视频编辑的基本流程以及功能应用。在本章，我们将基于此基础展开深化学习，对剪辑进行"精加工"。我们会学习怎样通过色彩调整、特效添加以及精细的音频处理手段，让视频作品更具吸引力。

3.1 调色魔法，让视频画面不同凡响

完成"精加工"的首要步骤，是赋予色彩独特的魅力。调色，也就是色彩调整与校正，是后期制作当中的关键环节。调色能够增强画面中各个元素的美感，并且借助对色彩的精细调整，促使元素与整体画面达成和谐统一。如此一来，那些原本显得突兀的元素可以更好地融入画面之中，营造出协调一致的视觉氛围。

3.1.1 认识示波器

示波器是一种精密电子仪器，主要用于观察和测量电信号波形的变化。其工作原理与电子束的偏转和扫描技术有关。当电信号输入示波器后，该信号会先被放大，然后被转换为能够控制电子束偏转的电压信号。电子束的偏转程度和信号电压幅度成正比关系，基于此，电信号的波形图像就能在屏幕上显示出来。

在 Premiere Pro 软件里，示波器同样是基于上述原理构建的。在 Premiere Pro 中，示波器主要在颜色校正和图像调整过程中发挥作用，它能够帮助用户更加有效地了解信号以及图像的各种色彩、亮度分布状况。当打开"Lumetri 范围"工作面板时，默认会显示颜色波形示波器（RGB），具体可参照图 3-1。在 Premiere Pro 里，示波器分为多种不同的类型，在"Lumetri 范围"工作面板中单击鼠标右键，就可以进行示波器类型的切换，详情可参考图 3-2。

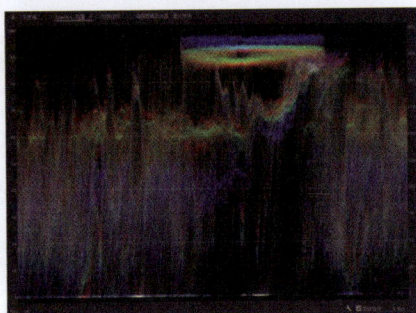

图 3-1

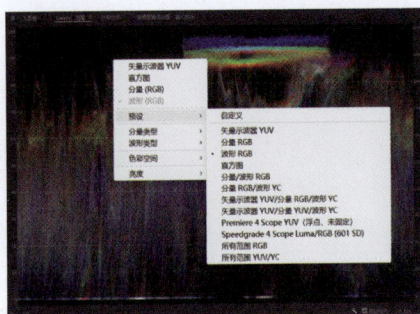

图 3-2

在 Premiere Pro 中示波器主要分为以下 3 种类型。

1. 波形示波器（RGB）

显示图像的波形情况，包括 RGB 波形和亮度波形等。RGB 波形示波器显示被覆盖的 RGB 信号，以提供所有颜色通道的信号级别的快照视图。亮度波形示波器显示从 -20 到 120 的 IRE 值，可让用户有效地分析镜头的亮度并测量对比度比率。0 代表纯黑，100 代表纯白。将画面调暗，波形向下移动，波形集中在 0 附近，而 100 附近没有波形，如图 3-3 所示，这样的画面为欠曝。当提高曝光，波形向上偏移，如图 3-4 所示，这样的画面为过曝。

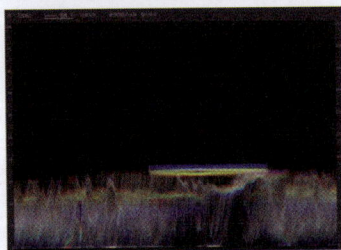

图 3-3

图 3-4

2. 分量示波器（RGB）

打开分量示波器，显示为红绿蓝 3 个通道的波形显示，可以更方便观察画面中亮、中、暗的偏色情况。根据可看出亮部最高的为蓝色波形，然后是绿色波形，红色波形更接近暗部，那么画面就是偏蓝偏绿，如图 3-5 所示。

图 3-5

3. 矢量示波器

可以用来判断画面偏色和饱和度，通常以圆盘的方式显示色相和饱和度，可以理解为简化版的色盘，图上标明了红（R）、绿（G）、蓝（B）、黄（Yl）、品（Mg）和青（Gy）的位置，如图 3-6 所示。波形靠近哪种颜色，说明画面偏向哪种颜色，波形离中心点越远，那么画面饱和度就越高。从图中可看出连着 6 个点画了个圈，圈内范围是安全范围，不能超过这个范围，否则会出现饱和度溢出。

图 3-6

用户通过观察示波器波形和色彩分布，可以评估并校正图像的阴影、中间调和高光。矢量示波器用于调整饱和度，确保色彩自然准确。亮度波形示波器有助于分析亮度和对比度，以方便进行适当调整。示波器还能分析信号频率、周期、幅度等，帮助用户处理信号特性。

3.1.2 "Lumetri颜色"面板

在 Premiere Pro 界面的右上角单击"工作区"按钮，在下拉列表中选择"颜色"选项，以显示各类调色面板与工具，方便进行调色，如图 3-7 所示。

"Lumetri 颜色"面板是 Premiere Pro 的调色工具，一般会显示在工作界面的右侧，其中包含"基本校正""创意""曲线""色轮和匹配""HSL 辅助""晕影"6 部分，如图 3-8 所示。

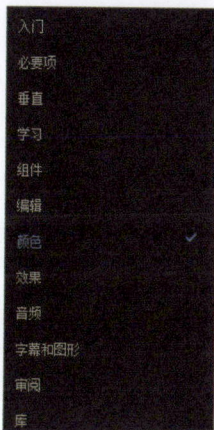

图 3-7

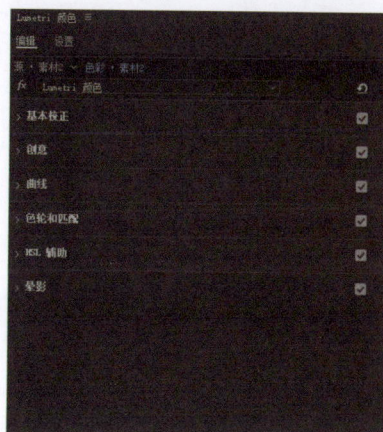

图 3-8

提示：示波器存在于"Lumetri范围"面板中，所以打开"颜色"工作区和"效果"工作区皆可找到示波器，只是当打开"颜色"工作区时，示波器显示范围更大，面板更干净整洁，调色时更为直观，更方便在仅修改颜色时的操作。

3.1.3　输入LUT

LUT 是 Look-Up Table（查找表）的缩写，是一种预设的调色方案，可快速、一致地将特定色彩和光影效果应用于视频素材。LUT 调色预设和平时使用的滤镜类似，然而其运作原理却大相径庭。本质上，LUT 是一种色彩映射函数，它通过重新定位每个像素的色彩信息，赋予其新的色彩值。利用 LUT 预设作为起始点对素材进行初步分类，之后仍可借助其他颜色调整工具进行更精细的分级处理。打开"输入 LUT"下拉列表可以选择 LUT 预设选项，如图 3-9 所示。

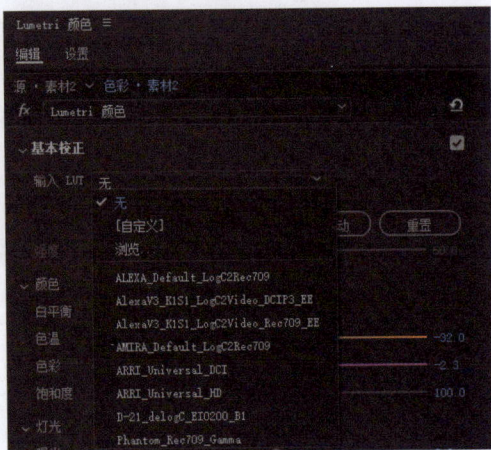

3.1.4　实操：匹配色调

Premiere Pro 中的匹配色调，可以让剪辑师更快地对视频进行调色处理。下面将通过一个案例讲解如何使用匹配色调功能，效果如图 3-10 所示，下面将介绍具体操作方法。

图 3-9

图 3-10

01　启动 Premiere Pro，按快捷键 Ctrl+O，打开文件夹"3.1.4 匹配色调"中的"3.1.4 匹配色调素材 .prproj"项目文件，进入工作界面。

02　在项目文件"3.1.4 匹配色调素材 .prproj"中的时间轴中可以看到两段素材分别为"复古素材 .mp4"和"匹配素材 .mp4"，本案例需要将"复古素材 .mp4"的色调匹配至"匹配素材 .mp4"中。

03　调整至"颜色"面板，或者直接选择并打开"Lumetri 颜色"窗口，选中"时间轴"面板中任意一个素材片段，再展开"色轮和匹配"选项，在"色轮和匹配"选项框中即可看到亮着的"比较视图"选项，如图 3-11 所示。

04　单击"比较视图"选项，则会出现"应用匹配"选项，如图 3-12 所示，同时在"节目"监视器面板中，会出现两个画面，如图 3-13 所示，左侧为参考画面，拖动下面的圆形滑块，可以调整到需要的画面，右侧为需要调色的画面，单击"应用匹配"选项，右侧的画面则会根据左侧的参考进行自动颜色匹配。

提示：如果不选中"时间轴"面板中的素材，直接展开"色轮和匹配"选项框，"比较视图"选项则为灰色。画面如果不理想，可以在基本校正中对画面进行微调。

图 3-11

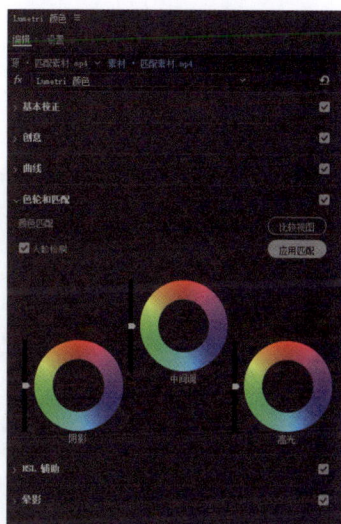

图 3-12

图 3-13

3.1.5　实操：解决曝光问题

在剪辑时，有时候可能会发现画面过亮，这可能是由于拍摄环境因素，如强烈阳光下或室内灯光不合理，以及相机设置不当，如错误的曝光参数等原因导致画面出现曝光问题，但这都可以通过后期剪辑进行调整。本案例将通过"Lumetri 颜色"窗口和"Lumetri 范围"面板介绍如何调整画面亮度，效果如图 3-14 所示，下面将介绍具体操作方法。

图 3-14

01　启动 Premiere Pro，按快捷键 Ctrl+O，打开文件夹中的"3.1.5 曝光素材 .prproj"项目文件，进入工作界面，在"项目"面板中导入"曝光素材.mp4"，再将"曝光素材.mp4"添加至"时间轴"面板中，如图 3-15 所示。

02 选中"曝光素材.mp4"，在左侧打开"Lumetri 范围"面板，观察"波形示波器（RGB）"，可以发现波形集中在 100 附近，由此可知该画面过曝，如图 3-16 所示。

图 3-15

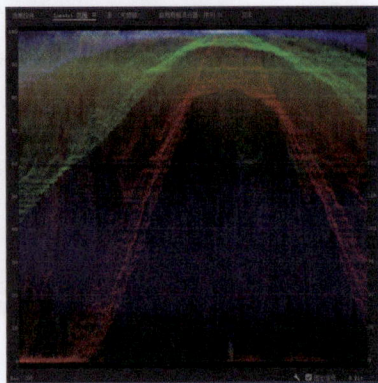

图 3-16

03 在右侧打开"Lumetri 颜色"窗口，可以通过调整"基本校正""曲线""色轮和匹配"和"HSL 辅助"关于明暗度的数值，将画面调暗。本案例将通过"曲线"解决本案例画面过曝问题。

04 展开"曲线"窗口，在"RGB 曲线"窗口中选择白色曲线，该曲线用于综合调整画面的明暗度，向左侧拖动画面将变亮，向右侧拖动画面将变暗。在白色曲线上标记 4 个点，将其向右侧拖动，如图 3-17 所示，这样画面过曝的问题就解决了。

> 提示：由于本案例是通过 RGB 曲线对画面进行整体明暗度调整，画面如果不够理想，还可以通过调整"色相饱和度曲线"对细节处进行调整。

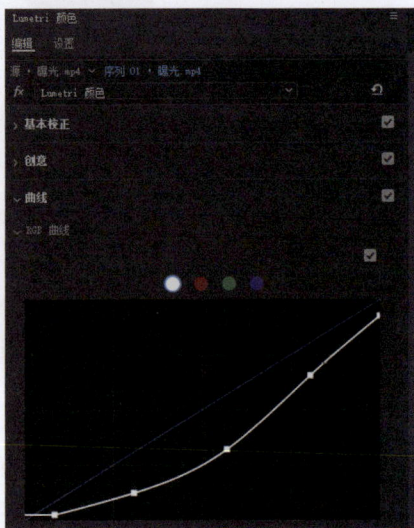

图 3-17

3.1.6 实操：使用曲线调色

曲线调色可以对视频的亮度、对比度和色彩进行精细调整。调整曲线形状可改变图像亮度区域的色彩和亮度，控制画面色调和氛围。上述案例简单介绍如何通过 RGB 曲线对画面明暗度进行调整，本案例将在此基础上对曲线调色进行更进一步介绍，效果如图 3-18 所示，下面将介绍具体操作方法。

图 3-18

1.RGB 曲线

RGB 曲线分别有白色、红色、绿色、蓝色 4 条曲线，对应调整画面中的相应颜色通道，改变画面亮度，右上角代表高光，左下角代表阴影，曲线上方的圆圈代表在调整哪个颜色通道。例如，提升红色曲线的亮部，可以让画面的亮部更偏向红色；降低蓝色曲线的暗部，可以减少画面暗部的蓝色调；白色就是 3 个颜色通道合起来的值。

创建"3.1.6 曲线调色 .prproj"项目文件并将导入的视频素材"曲线 .mp4"添加至"时间轴"面板，选中素材，展开"曲线"窗口，选择白色曲线，在白色曲线上添加 4 个标记点，将其调整成"S"形状，如图 3-19 所示，这样可以增加画面的对比度，使暗部更暗，亮部更亮。

图 3-19

2. 色相饱和度曲线

通过 RGB 对画面整体明暗度进行调整完成后，然后选择"色相饱和度曲线"对画面进行细节调整。

（1）色相与饱和度

对特定颜色进行色彩饱和度的调整，x 轴为颜色，y 轴为饱和度。

01　由于本案例"曲线 .mp4"画面偏灰，为了将画面色彩变得鲜明，选中右上角的"吸管"工具 🖊，依次吸取"节目"监视器画面中的天空、草地颜色，将其饱和度增加，如图 3-20 所示。

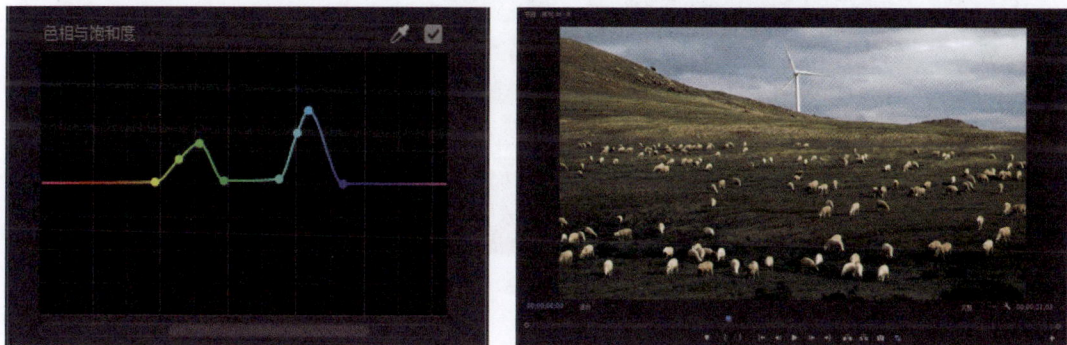

图 3-20

（2）色相与色相

该工具可选择色相范围并更改。

02　选中"色相与色相"右上角的"吸管"工具 🖊，吸取"节目"监视器画面中偏黄的小羊颜色，将其色彩微微向绿色偏移，如图 3-21 所示。

（3）色相与亮度

调整画面颜色亮度，x 轴为颜色，y 轴为亮度。

03　本案例为了将画面绿色调亮，选中"色相与亮度"右上角的"吸管"工具 🖊，吸取"节目"监视器画面中草地颜色，将其亮度调高，如图 3-22 所示。

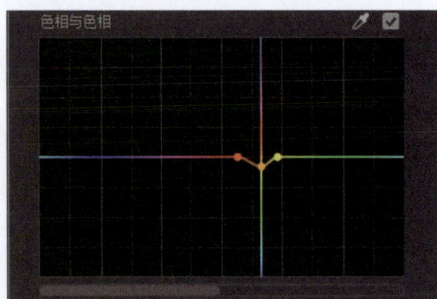

图 3-21

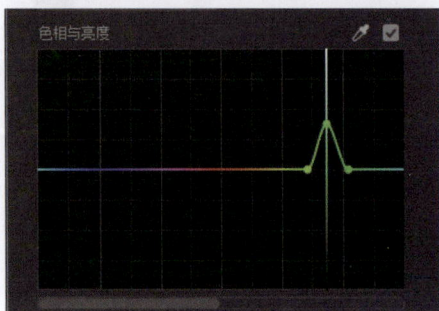

图 3-22

（4）亮度与饱和度

是指根据图像的色调来调整图像的饱和度。

04 选中"亮度与饱和度"右上角的"吸管"工具 ![吸管]，分别吸取"节目"监视器画面中草地、蓝天
等需要提高饱和度的颜色，将其饱和度提高，如图 3-23 所示。

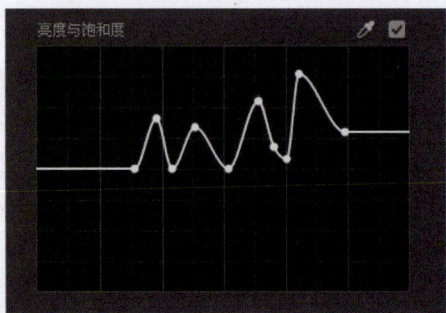

图 3-23

（5）饱和度和饱和度

利用此曲线，可以选择性地操纵图像饱和度。

3.1.7 实操：清新人像调色

小清新风格的人像调色由于其阳光梦幻，在摄影中是一种非常大众的滤镜效果。本案例将通过制作
复古小清新人像调色视频，向读者介绍如何综合使用 Premiere Pro 的调色功能，效果如图 3-24 所示，下
面将介绍具体操作方法。

01 启动 Premiere Pro，创建"3.1.7 人像 .prproj"项目文件并将导入的视频素材"人像素材 .mp4"添
加至"时间轴"面板中，选中素材，选择并打开"Lumetri 颜色"窗口。

02 首先展开"基本校正"窗口，对画面进行简单的调整，具体数值如图 3-25 所示。

图 3-24

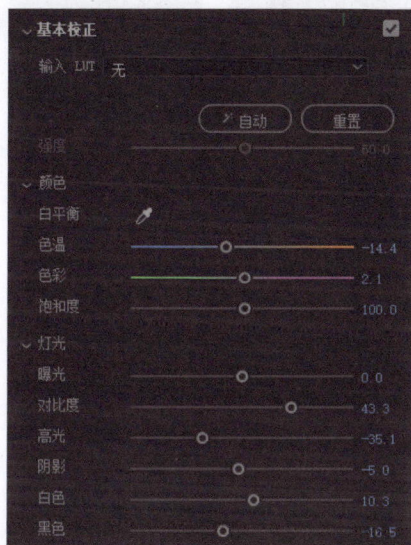

图 3-25

03　然后展开"曲线"窗口，对画面进行色彩调整，具体如图 3-26 所示。

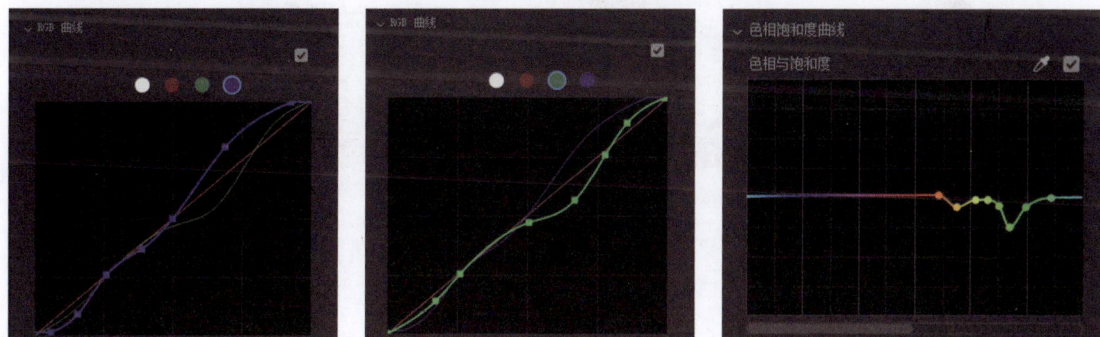

图 3-26

拓展案例：赛博朋克城市夜景调色

分析

本例讲解赛博朋克夜景调色的制作方法，最终效果如图 3-27 所示。

难度：★★

相关文件：第 3 章 \3.1\ 拓展案例 \ 赛博朋克 .prproj

视频：第 3 章 \3.1\ 拓展案例 \ 赛博朋克效果视频 .mp4

本例知识点

☐ 赛博朋克色调偏绿、蓝、黄和粉。

☐ 可以通过曲线调色中的"色相和色相"曲线对画面进行颜色修改。

图 3-27

3.2 视频叠加与抠像，秒变技术流

在影视后期制作过程中，叠加与抠像技术发挥着至关重要的作用。叠加技术通过融合不同的元素或图层，创造出丰富多彩的视觉效果，从而增强画面的层次感和表现力。抠像技术则致力于从复杂的背景中精确地提取出所需对象，为后期制作提供更大的灵活性和创意空间。

3.2.1 叠加与抠像技术概述

叠加技术允许剪辑者在同一个时间线上将多个素材层叠放置，以实现两个或多个画面同时出现的视觉效果。在 Premiere Pro 中，叠加通常通过调整素材在时间线上的轨道位置来实现，确保上层素材覆盖或部分覆盖下层素材。这种技术广泛应用于视频广告、MV 制作、电影特效等多个领域，可以创造出丰富的视觉层次和动态效果，如图 3-28 所示。

图 3-28

抠像技术则是一种将图像中指定区域的颜色去除，使其透明化，进而与其他素材进行合成的技术。在 Premiere Pro 中，抠像通常依赖于"键控"效果，这些效果包括"颜色键""超级键""亮度键"等多种类型。抠像技术常用于去除背景（如绿幕或蓝幕），以便将人物或物体放置到新的背景中，或者将多个素材无缝地融合在一起，如图 3-29 所示。

图 3-29

3.2.2　混合模式介绍

叠加与抠像技术往往紧密结合使用，可以实现更加复杂和精细的视觉效果。在 Premiere Pro 2025 中，剪辑师首先通过抠像技术将需要合成的素材中的背景去除，然后将其放置在另一个背景素材之上，通过调整叠加顺序和透明度等参数，使两个素材完美融合。

3.2.3　键控效果介绍

在 Premiere Pro 中，键控效果允许用户根据图像中特定像素的亮度或颜色信息来创建遮罩，进而实现复杂的图像合成效果。显示键控特效的操作很简单：打开项目，执行"窗口"|"效果"命令，弹出"效果"面板。在"效果"面板中搜索"键控"，即可找到"键控"文件夹，如图 3-30 所示，其中包含不同的抠像效果。

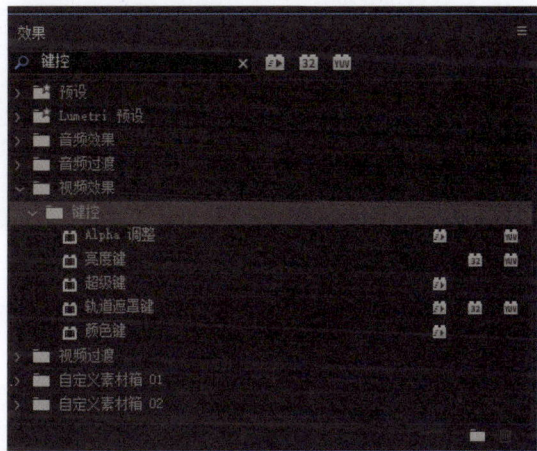

图 3-30

1.Alpha 调整

Alpha 调整是针对剪辑素材中已有的 Alpha 通道进行操作，包括忽略、反转该通道内容，或者仅将其作为蒙版来使用。这里的 Alpha 通道是指图像中的透明和半透明区域。Premiere Pro 有读取外部软件制作的 Alpha 通道的功能，这些软件包括 Photoshop 和 3D 图形软件等。并且，它还能够把 Illustrator 文件中的不透明区域转换为 Alpha 通道。不过，在使用 Alpha 调整时，画面内容元素应当较为简单，因为如果元素过多，Alpha 调整这个功能就很难发挥出应有的作用。

01 在导入的素材中输入一段文字，如图 3-31 所示。在"效果"面板中将"Alpha 调整"添加至时间轴轨道的文本素材中，然后会在"效果控件"面板中出现"Alpha 调整"及其参数，如图 3-32 所示。

图 3-31

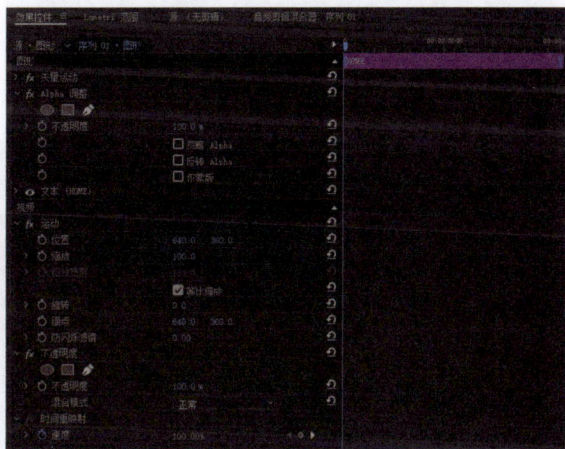

图 3-32

02 如果单击"Alpha 调整"中的"忽略"选项，"节目"监视器中只留下了文字，如图 3-33 所示，"忽略"就是忽略"Alpha 通道"，不让其产生其他效果画面，只对单独元素做出反应，用通俗的话来说，就是把"时间轴"面板中的文字素材单独抠出，在后期可作为单独文字素材导出，作为素材应用于其他剪辑中。

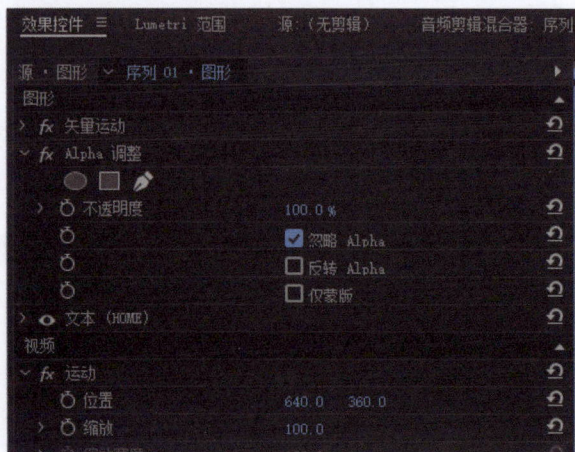

图 3-33

03 取消"忽略"选项，然后勾选"反转"选项，"Alpha 通道"会进行反转，做出了镂空文字效果，如图 3-34 所示。

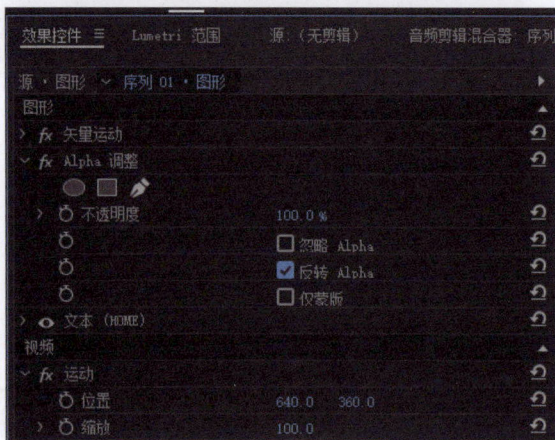

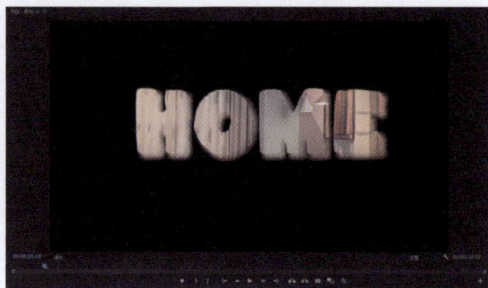

图 3-34

04 取消"反转"选项，勾选"仅蒙版"选项，"Alpha 调整"将对文字元素进行遮罩，文字变成了白色，如图 3-35 所示。

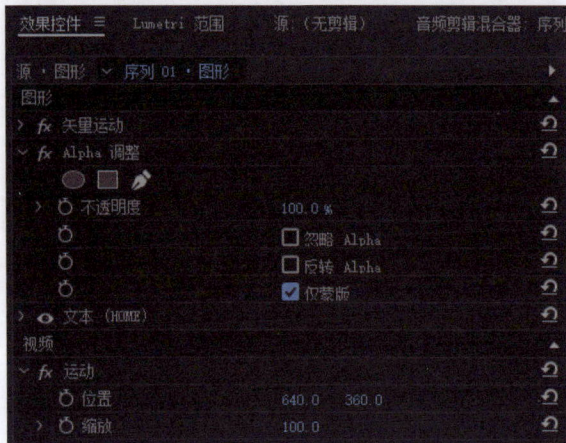

图 3-35

2. 亮度键

使用"亮度键"效果可以去除素材中较暗的图像区域，通过"阈值"和"屏蔽度"参数，可以微调效果，但需要注意的是，"亮度键"功能在明暗对比度较高的素材中作用最大。例如，导入一段背景素材，再在上方导入一个黑色背景发光圆圈素材和一个绿幕素材，分别使用"亮度键"功能，非常明显的黑色背景发光圆圈素材效果要更好，如图 3-36 所示。

图 3-36

3. 超级键

"超级键"（也被称作"极致键"）能够通过调整图像的容差值来使指定颜色的像素显示出图像透明度，同时，还可以利用它来修改图像的色彩显示。在了解"亮度键"相关内容时，我们得知绿幕素材无法使用"亮度键"功能进行抠图，而"超级键"则可以实现对绿幕素材的抠图操作，具体效果可参照图 3-37。

图 3-37

在添加了"超级键"效果后，可在"效果控件"面板中对其相关参数进行调整，如图 3-38 所示。

"超级键"参数介绍如下。

➢ 主要颜色：用于吸取需要被键出的颜色。

➢ 遮罩生成：展开该属性栏，可以自行设置遮罩层的各类属性。

4. 轨道遮罩键

"Alpha 调整"功能和"亮度键"功能都在"轨道遮罩键"中有一定的体现。"轨道遮罩键"是使用一个轨道上任意剪辑的亮度信息，或者"Alpha 通道"为叠加剪辑另一个遮罩，作为遮罩的素材需要置于上方轨道。效果可以创建移动或滑动蒙版效果。通常，蒙版是一个黑白图像，能在屏幕上移动，与蒙版上黑色相对应的图像区域为透明区域，与白色相对应的图像区域为不透明区域，灰色区域为混合效果，呈半透明效果。

"轨道遮罩键"的参数介绍如下。

➢ 遮罩：在右侧的下拉列表中，可以为素材指定一个遮罩。

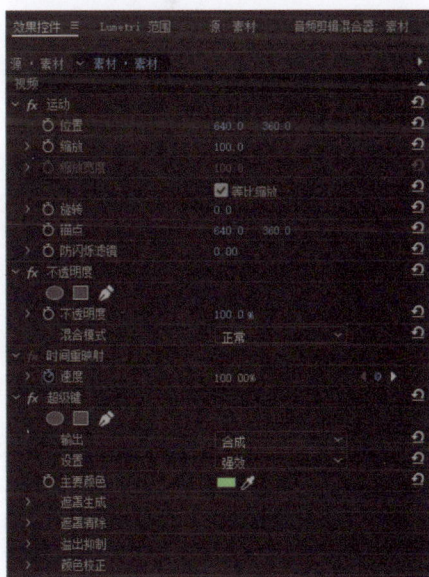

图 3-38

➢ 合成方式：用来指定应用遮罩的方式，在右侧的下拉列表中可以选择"Alpha 遮罩"和"亮度遮罩"选项。

➢ 反向：选中该复选框，可以使遮罩的颜色翻转。

5. 颜色键

"颜色键"与"超级键"功能类似，都是可以去掉素材图像中所指定颜色的像素，但该效果只会影响素材的 Alpha 通道。

添加"颜色键"至素材中，在"效果控件"面板中调整其数值，即可得到如图 3-39 所示的效果。

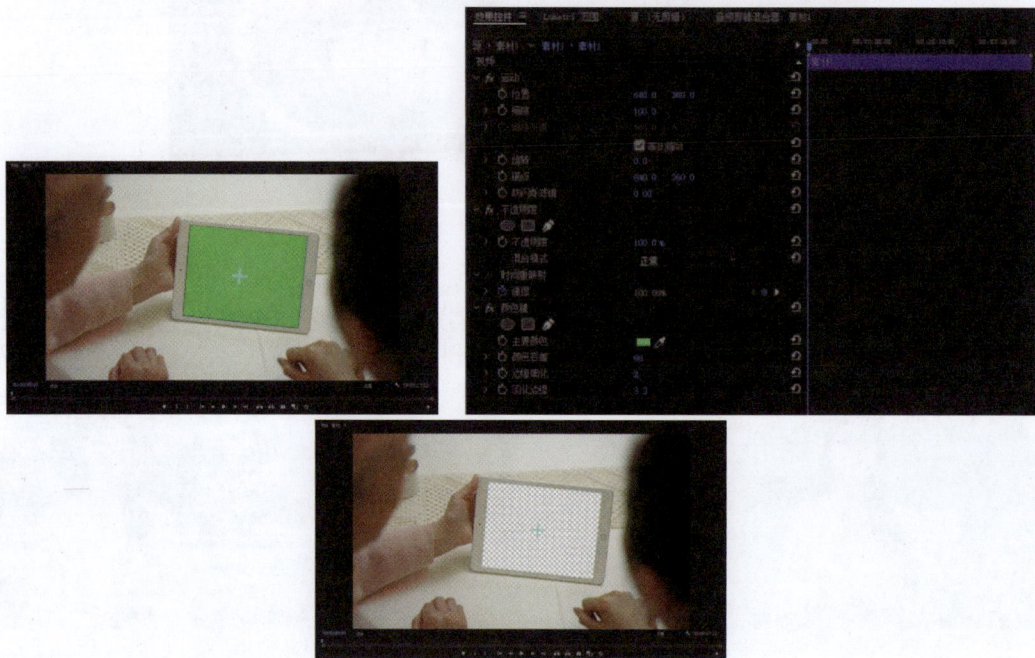

图 3-39

"颜色键"的参数介绍如下。

➢ 主要颜色：用于吸取需要被键出的颜色。

➢ 颜色容差：用于设置素材的容差度，容差度越大，被键出的颜色区域越透明。

➢ 边缘细化：用于设置键出边缘的细化程度，数值越小边缘越粗糙。

➢ 羽化边缘：用于设置键出边缘的柔化程度，数值越大，边缘越柔和。

3.2.4 实操：画面亮度抠像

在前文的基础功能介绍中，简单讲解了"亮度键"功能，了解到该功能可以去除素材中较暗的图像区域，画面亮度抠像正是应用了"亮度键"功能。本案例将通过一个视频案例向读者介绍如何使用"亮度键"对画面中的人物添加星光效果和如何制作转场效果，效果如图 3-40 所示，下面将介绍具体制作方法。

01 启动 Premiere Pro，按快捷键 Ctrl+O，打开文件夹"3.2.4 亮度抠像"中的"3.2.4 亮度抠像素材"项目文件，进入工作界面，本案例素材已经添加至"序列 01"中，如图 3-41 所示。

02 在"效果"面板中搜索并将"亮度键"功能添加至"素材 1.mp4"中，如图 3-42 所示。

图 3-40

图 3-41

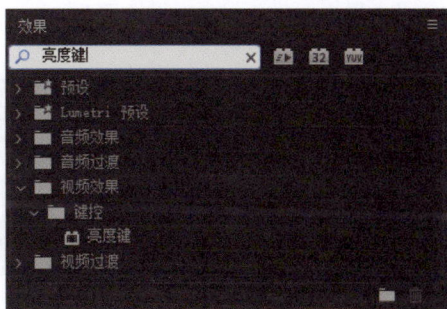

图 3-42

03　添加完"亮度键"功能后，在"效果控件"面板中将"亮度键"中的"阈值"数值调整为31.0%，如图 3-43 所示，至此为"素材 1.mp4"中的人物添加完成星光效果，如图 3-44 所示。

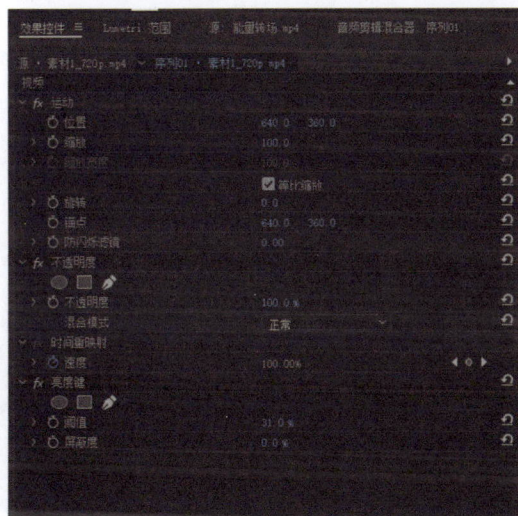

图 3-43

图 3-44

04　完成上述操作后，将"亮度键"添加至"能量转场 .mp4"中，在"效果控件"面板中将"亮度键"中的阈值调整为 100%，如图 3-45 所示，转场效果即制作完成，如图 3-46 所示。

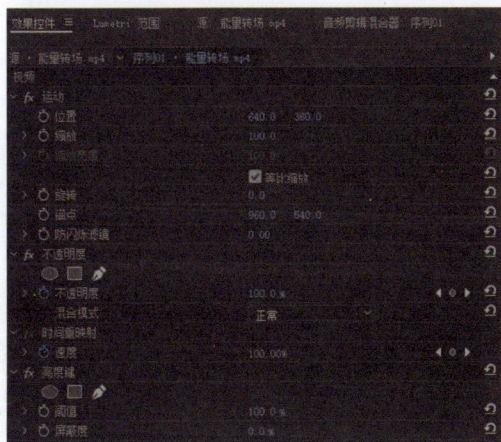

图 3-45

图 3-46

3.2.5 实操：制作文字遮罩效果

文字遮罩效果在视觉上可满足人们对于创意和个性化的追求，适用范围广。本案例将制作一个 Vlog 开场视频，介绍如何制作文字遮罩效果，效果如图 3-47 所示，下面将介绍具体操作方法。

图 3-47

01　启动 Premiere Pro，创建"3.2.5 文字遮罩 .prproj"项目文件，并将导入的视频素材"素材 1.mp4""素材 2.mp4"和"素材 3.mp4"添加至"时间轴"面板中。

02　在"素材 1.mp4"的开头添加文字"TRAVEL"，为了文字遮罩效果更好看，需要设置偏粗的字体，具体设置如图 3-48 所示。

图 3-48

03　添加完文字后，在文字素材中添加"Alpha 调整"，再勾选"反转 Alpha"，即可完成文字遮罩效果，如图 3-49 所示。

图 3-49

04　除了用"Alpha 调整"制作文字遮罩的效果，还可以用"轨道遮罩键"制作文字遮罩的效果。

3.3　神奇关键帧，让画面动起来

在 Premiere Pro 中，通过为素材的运动参数添加关键帧，可产生基本的位置、缩放、旋转和不透明度等动画效果，还可以为已经添加至素材的视频效果属性添加关键帧，来营造丰富的视觉效果。

关键帧是动画中的一个基本概念，它定义了一个对象在特定时间点的位置、大小、旋转、透明度或其他属性。在 Premiere Pro 中，通过在不同时间点上设置关键帧，并调整这些关键帧的属性值，可以创建出平滑的运动和过渡效果。两个关键帧之间的状态变化，由计算机通过特定的插值方法自动创建完成，这些自动生成的帧被称为"过渡帧"或"中间帧"。

3.3.1　关键帧设置原则

在 Premiere Pro 中设置关键帧时，遵循以下几项原则能够有效提升工作效率。

➢ 使用关键帧创建动画时，可在"时间轴"面板或"效果控件"面板中查看并编辑关键帧的属性。在"时间轴"面板中编辑关键帧，适用于只具有一维数值参数的属性，如素材的不透明度和音频音量等；而"效果控件"面板则更适合二维或多维数值的设置，如位置、缩放或旋转等。

➢ 在"时间轴"面板中，关键帧数值的变化会以图像的形式进行展现，因此可以更加直观地分析数值随时间变化的趋势。在"效果控件"面板中也可以图像化显示关键帧，一旦某个属性的关键帧功能被激活，便可以显示其数值及其速率图。

➢ 在"效果控件"面板中可以一次性显示多个属性的关键帧，但只能显示所选的素材片段的；而"时间轴"面板则可以一次性显示多个轨道、多个素材的关键帧，但每个轨道或素材仅显示一种属性。

➢ 音频的关键帧可以在"时间轴"面板或"音频剪辑混合器"面板中调节。

3.3.2　关键帧的具体操作

为了让读者对关键帧的添加和制作有一个系统的基础认识，本小节将从关键帧如何添加、如何移动、如何修改、如何复制 4 个维度进行讲解说明。

1. 关键帧的添加

为了使读者对关键帧的添加有一个基础的理解，本节将通过 3 个示例进行阐释。

（1）不透明度

01　启动 Premiere Pro 软件，导入所需素材，进入剪辑界面，选中时间轴中的素材。

02　添加不透明度关键帧有两种方法。第一种，在"效果控件"面板中找到"不透明度"选项，单击"不透明度"左侧的"切换动画"按钮■，然后在需要添加关键帧的位置，单击右侧"添加 / 移除关键帧"按钮■，再在数值区更改数值即可，这样关键帧效果即添加完成，如图 3-50 所示。

03　第二种，当完成步骤 02 后可以看到时间轴中素材中的折线变成了直线，如图 3-51 所示，由此可知，这根线代表着视频素材的不透明度，所以，我们可以直接在"时间轴"面板中为素材添加不透明度关键帧，这样可以大大减少视频剪辑的时间，让剪辑变得更快捷。

04　首先，单击"钢笔"工具■，然后，将"钢笔"工具■移动至需要添加关键帧的位置，在此处的线上单击，即可添加关键帧，添加关键帧后，长按关键帧，拖动关键帧向上或向下移动，即可更改不透明度数值，如图 3-52 所示。

05　为了更快捷剪辑，选择"钢笔"工具■或"选择"工具■时，在需要添加关键帧的位置使用"Shift+单击鼠标左键"快捷键，即可快速添加关键帧。将鼠标移动至关键帧位置，长按 Ctrl 键，即可发现鼠标光标变成了一个锐角，单击关键帧后拖动手柄（调杆），如图 3-53 所示，可切换贝塞尔曲线和连续贝塞尔虚线，贝塞尔曲线可单边调整手柄。

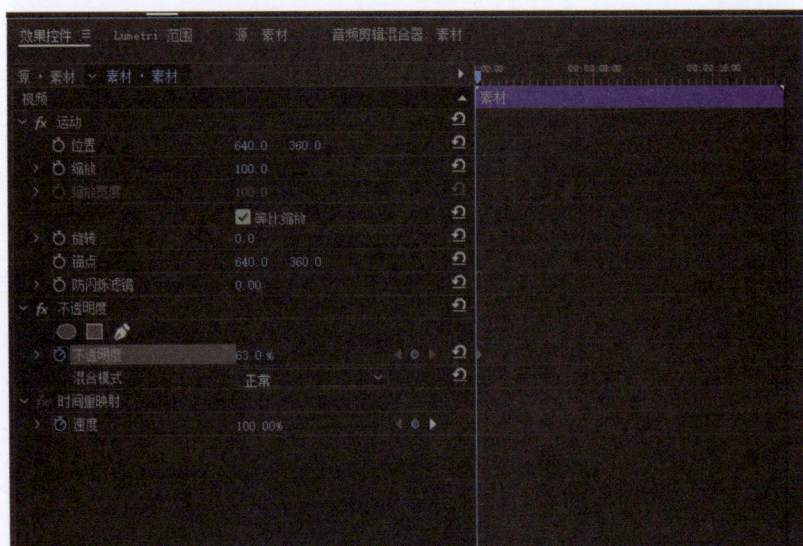

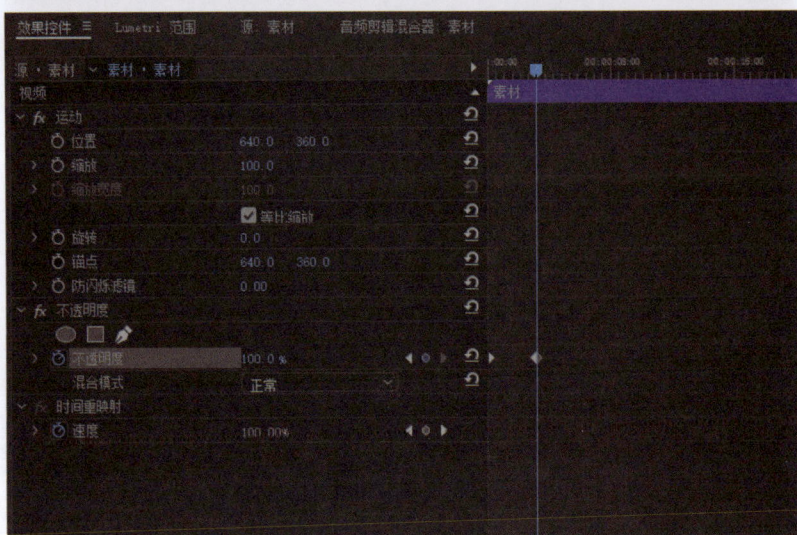

图 3-50

图 3-51

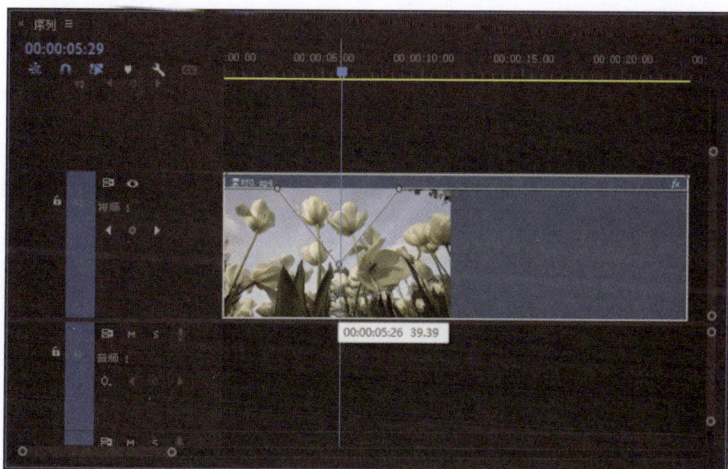

图 3-52

图 3-53

（2）运动

在了解了如何添加"不透明度"关键帧后，对关键帧的添加有了基础认识和了解，其实其余的关键帧设置原理基本一致，"运动"效果设置如图 3-54 所示。根据"不透明度"步骤 02 即可在"效果控件"面板中添加关键帧。

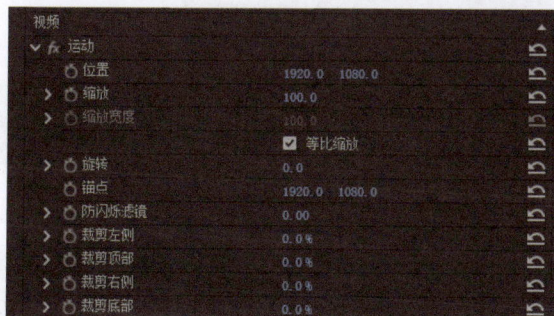

图 3-54

为了更快速地添加关键帧，我们还可以在"时间轴"面板中添加关键帧。

01　向右拖动"时间轴"面板下方放大缩小时间轴光标，缩小"时间轴"面板中素材显示大小，如

图 3-55 所示。

02 我们可以清楚地看到素材尾部的右上方有一个"fx"标识。在"fx"处单击鼠标右键会弹出一个快捷菜单栏，可以看出其中分了"运动""不透明度""时间重映射" 3 个大类别，最下方的"添加效果"为在"效果"面板中添加视频效果后，再次在"fx"处单击鼠标右键会出现的选项，如图 3-56 所示。

图 3-55

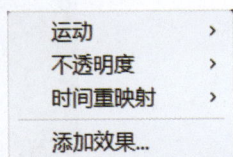

图 3-56

03 选中"运动"选项，其子选项如图 3-57 所示。时间轴中素材关键帧默认调节为不透明度，所以我们可以通过切换"fx"中的选项进行不同效果的调节。

04 "位置"和"锚点"无法直接通过"时间轴"面板进行关键帧的添加，以"缩放"选项为例，选中"缩放"选项，可以发现"时间轴"面板中素材的横线切换至了下方。

05 根据"不透明度"步骤 04 或步骤 05，在需要调整素材画面大小的地方打上关键帧，然后移动关键帧的位置，由于"缩放"的横线偏下，且数值跨度较大，在移动关键帧时可以根据右下方显示的数值进行调整，或者在"效果控件面板"中进行精确调整，"缩放"关键帧的设置即完成，如图 3-58 所示。

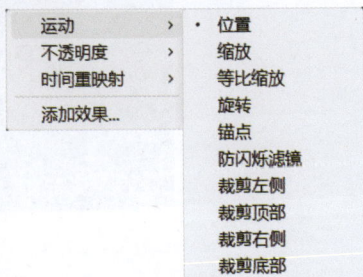

图 3-57

图 3-58

提示：选中所需素材后，单击鼠标右键，在弹出的菜单中选择"显示剪辑关键帧"选项。这一操作的原理与单击"fx"并单击鼠标右键选择切换关键帧选项是相同的。

（3）时间重映射

"时间重映射"的选项为速度，通过速度关键帧的添加，可以进行变速调节，这是 Premiere Pro 剪辑中常用的关键帧技巧之一。

01　将鼠标光标移动至"fx"的位置，单击鼠标右键，执行"时间重映射"|"速度"命令，如图 3-59 所示。时间轴中的素材将会切换为如图 3-60 所示。

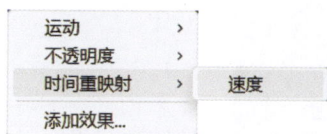

图 3-59

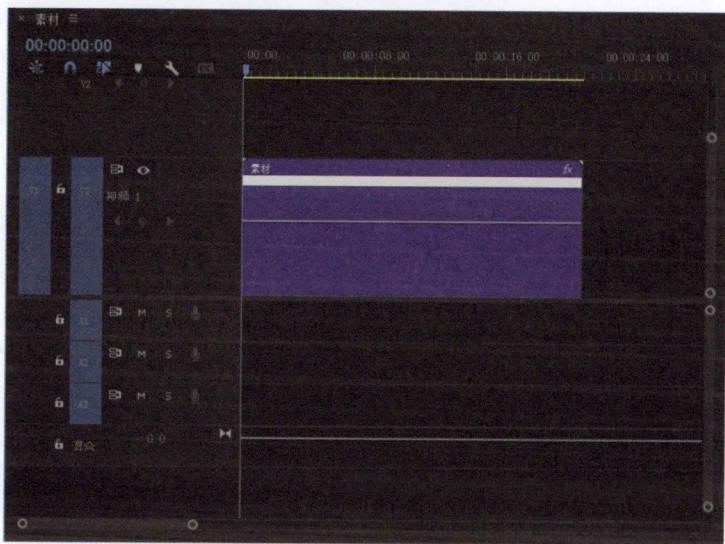

图 3-60

02　与其他选项不同的是，当添加"速度"关键帧后，时间轴中的关键帧不是圆点，而是类似于箭头的光标，如图 3-61 所示。

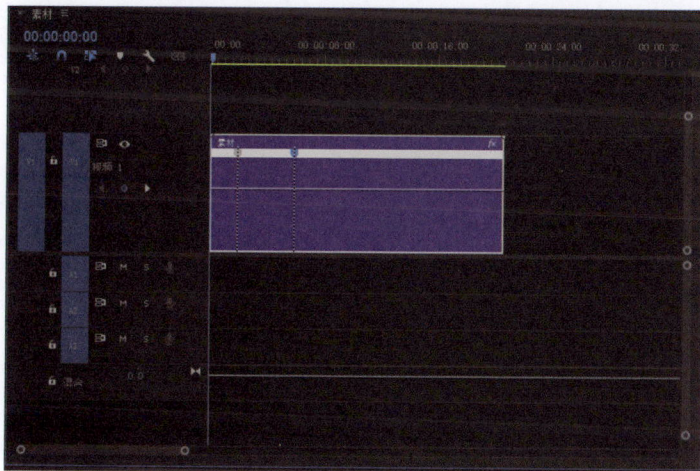

图 3-61

03　同时，当调整速度时需要拖动素材中间的横线，如图 3-62 所示，这样中间的速度就变快了。

04　但是，只完成上述操作会让变速看起来有些生硬不顺滑，以右侧关键帧为例，会发现速度关键帧是由两个光标素材，向右拖动最右侧光标，可以发现，原本的直线下降，变成了倾斜坡度下降，这样素材变速的时候就会有一个过渡的过程，如图 3-63 所示。

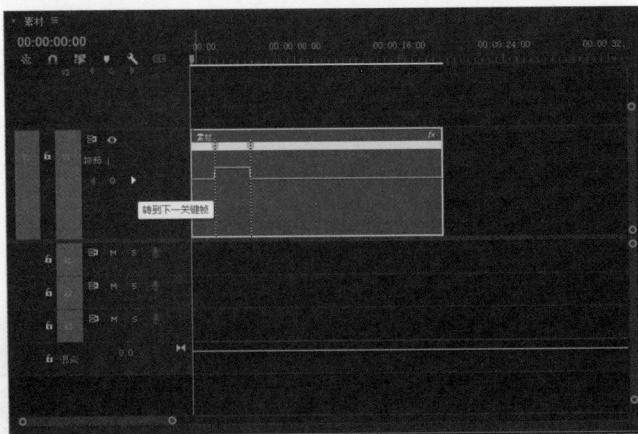

图 3-62

图 3-63

05 我们还可以单击右侧关键帧两个光标中间的位置，此时会出现一个蓝色扳手的标记，如图 3-64 所示，长按蓝色扳手的箭头可以进行左右拉动，这样原本的直线坡度变成了一条丝滑的曲线，如图 3-65 所示。

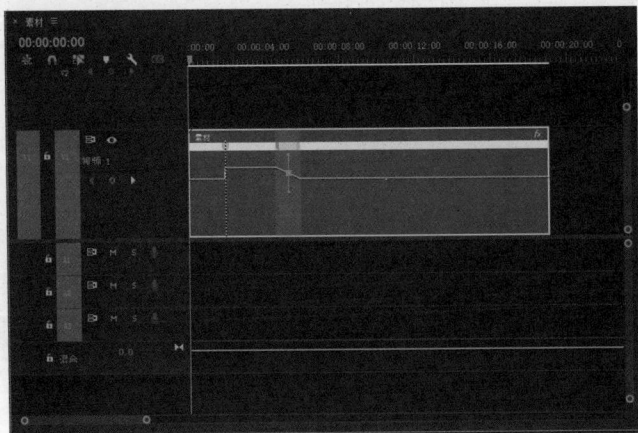

图 3-64

06 左侧的关键帧设置同理。当速度变慢时，可能出现掉帧的情况，为了避免此情况，我们可以执行 Ctrl+R 快捷键，打开速度调节器，在"时间插值"中选择"光流法"，如图 3-66 所示。

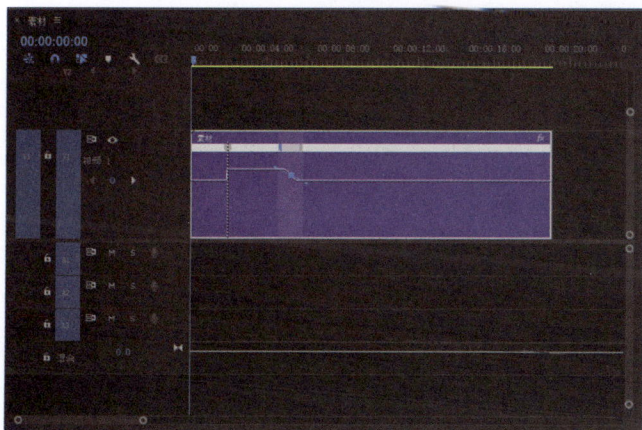

图 3-65

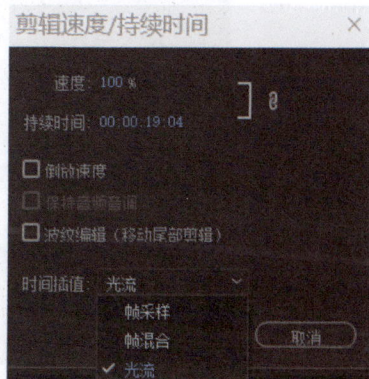

图 3-66

2. 关键帧的移动

在我们添加关键帧后，想要移动关键帧的位置，有以下几种方法完成此操作。

（1）单个关键帧

当只需移动一个关键帧时，可以直接在时间轴里，用"选择"工具▶拖动关键帧的位置。或者在"效果控件"面板中，展开已经制作完成的关键帧效果，将鼠标光标放在需要移动的关键帧上方，按住鼠标左键左右移动，当移动到合适的位置时，释放鼠标左键，即可完成移动操作。

（2）多个关键帧

该项操作在"效果控件"面板中完成。按住鼠标左键将需要移动的关键帧进行框选，接着将选中的关键帧向左或向右进行拖曳，即可完成多个关键帧的移动操作，如图 3-67 所示。

3. 关键帧的修改

在实际操作过程中，我们可能会在素材中无意添加了一些不必要的关键帧。这些关键帧不仅没有实际作用，还会使动画变得复杂。因此，我们必须删除这些多余的关键帧。下面将介绍几种常用的删除关键帧的方法。

（1）使用快捷键快速删除关键帧

在"时间轴"面板或"效果控件"面板中，使用"选择"工具▶选中想要删除的关键帧，然后在键盘上按下 Delete 键即可。

（2）使用"添加 / 移除关键帧"按钮删除关键帧

在"效果控件"面板中，将时间指示器拖至需要删除的关键帧上，然后单击已启用的"添加 / 移除关键帧"按钮◀ ◇ ▶，即可删除关键帧，如图 3-68 所示。

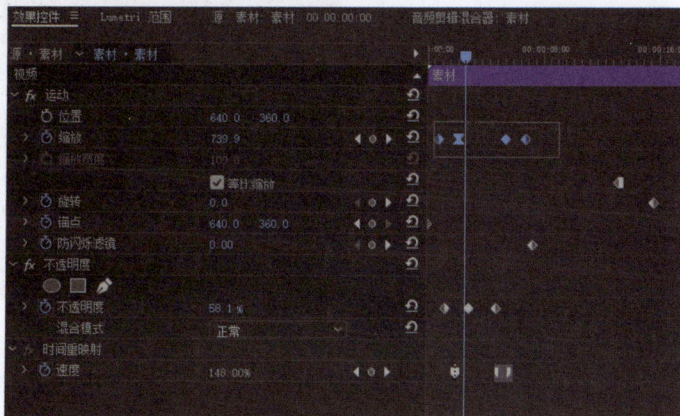

图 3-67

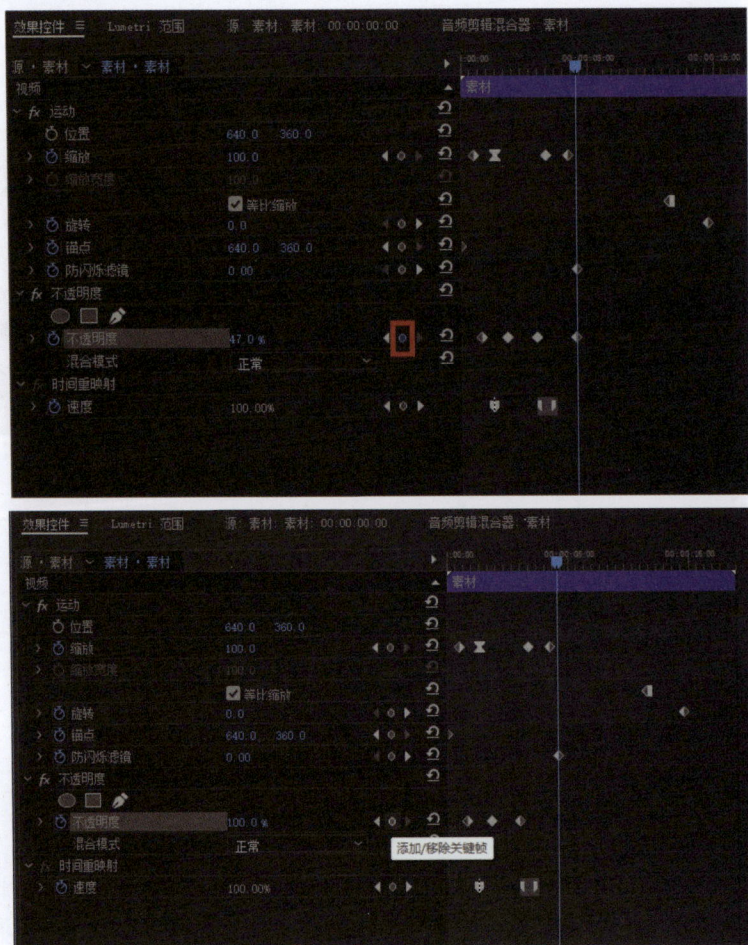

图 3-68

（3）在快捷菜单中清除关键帧

在"效果控件"面板中，右击需要删除的关键帧，在弹出的快捷菜单中选择"清除"选项，即可删除所选关键帧，如图3-69所示。

4. 关键帧的复制

➤ 使用 Alt 键复制：在"效果控件"面板中选择需要复制的关键帧，然后按住 Alt 键将其向左或向右拖曳进行复制。

➤ 使用快捷键复制：使用"选择"工具，在"时间轴"面板中或者"效果控件"面板中，单击选中需要复制的关键帧，然后按住快捷键 Ctrl+C 复制，接着将时间指示器移至相应位置，按住快捷键 Ctrl+V 粘贴。

➤ 在快捷菜单中复制：在"效果控件"面板中单击鼠标右键需要复制的关键帧，在弹

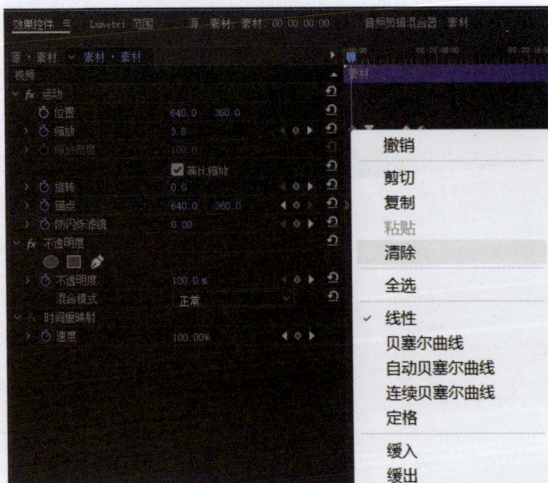

图 3-69

出的快捷菜单中，选择"复制"选项。再将时间指示器移动到合适位置并单击鼠标右键，在弹出的快捷菜单中，选择"粘贴"选项，此时复制的关键帧会出现在播放指示器所处位置。

3.3.3　关键帧插值

关键帧插值是在动画制作或视频编辑过程中，计算机在两个或多个已知的关键帧之间自动计算并填充未知数据（即中间帧）的过程。这些中间帧的生成使得动画或视频中的属性变化（如位置、颜色、透明度等）能够平滑过渡，从而增强视觉效果的真实感和连贯度。在 Premiere Pro 中，关键帧插值可以分为两大类，如图 3-70 所示。

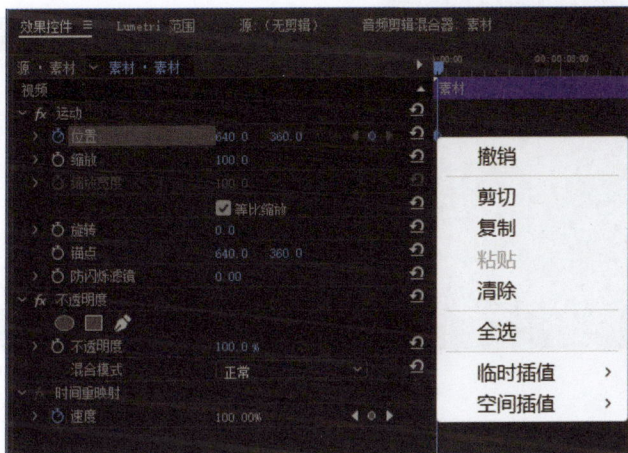

图 3-70

1. 临时插值

关注时间属性的变化。在临时插值中，可以对进出关键帧的方式进行精确调整，如设置缓入缓出效果，以改变属性数值随时间变化的速率，使动画过渡更加自然。临时插值快捷菜单如图 3-71 所示，下面对其中的各个选项进行具体介绍。

（1）线性

"线性"插值是指在两个关键帧之间创建统一的变化率，使动画看起来具有机械效果，但变化较为均匀。首先在"效果控件"面板中针对某一属性添加两个或两个以上的关键帧，然后右击添加的关键帧，在弹出的快捷菜单中执行"临时插值"|"线性"命令，拖动时间线，当时间线与关键帧位置重合时，该关键帧由灰色变为蓝色 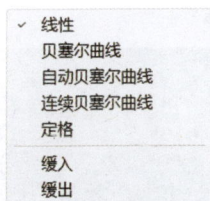，此时的动画效果更为匀速平缓，如图 3-72 所示。

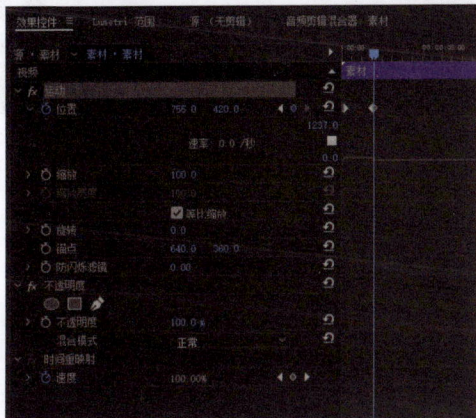

图 3-72

（2）贝塞尔曲线

通过调整贝塞尔曲线的控制点来控制属性变化的速率和形状，实现更加自然和流畅的动画效果。在

快捷菜单中执行"临时插值"|"贝塞尔曲线"命令后，拖动时间指示器，当时间指示器与关键帧位置重合时，该关键帧状态变为 $\mathbb{I}$，并且可在"节目"面板中通过拖动曲线控制柄来调节曲线两侧，从而改变动画的运动速度，如图 3-73 所示。在调节过程中，单独调节其中一个控制柄，同时另一个控制柄不发生变化。

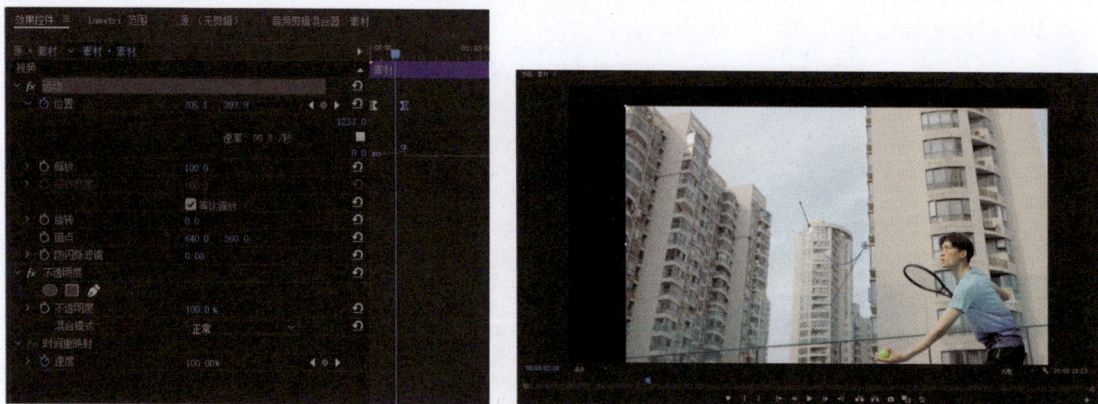

图 3-73

（3）自动贝塞尔曲线

"自动贝塞尔曲线"插值可以调整关键帧的平滑变化速率。执行"临时插值"|"自动贝塞尔曲线"命令后，拖动时间指示器，当它与关键帧位置重合时，该关键帧样式为 $\mathbb{O}$。在曲线节点的两侧，会出现两个没有控制线的控制点。通过拖动这些控制点，可以将自动曲线转换为弯曲的贝塞尔曲线状态，如图 3-74 所示。

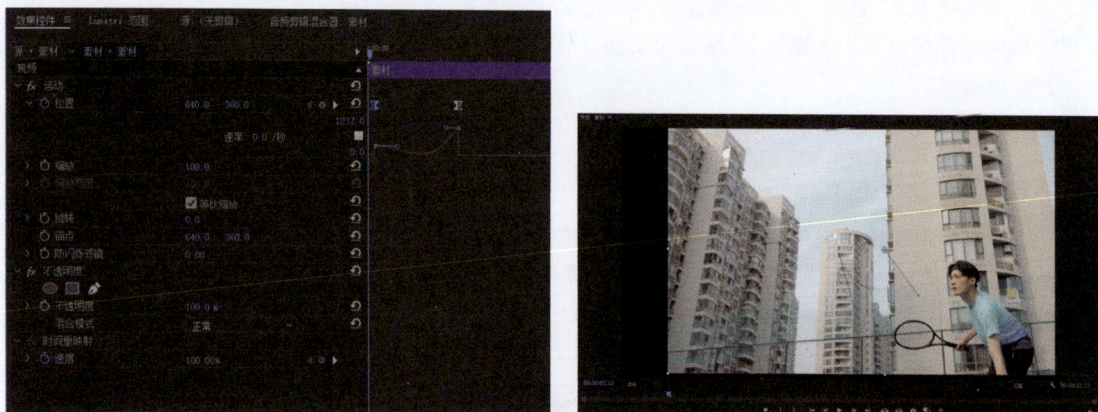

图 3-74

（4）连续贝塞尔曲线

相对于其他类型的插值方法（如线性、自动贝塞尔曲线等），连续贝塞尔曲线允许用户更细致地调整关键帧之间的曲线形状，以实现更加平滑和自然的动画效果。执行"临时插值"|"连续贝塞尔曲线"命令，拖动时间指示器，当它与关键帧位置重合时，该关键帧样式为 $\mathbb{I}$。双击"节目"面板中的画面，此时会出现两个控制柄，通过拖动控制柄来改变两侧的曲线弯曲程度，从而改变动画效果，如图 3-75 所示。

（5）定格

"定格"插值不产生变换运动的过程，是一个直接从 A 跳转到 B 的过程。执行"临时插值"|"定格"命令，拖动时间指示器，当它与关键帧位置重合时，该关键帧样式为 $\blacktriangleleft$，如图 3-76 所示。

图 3-75

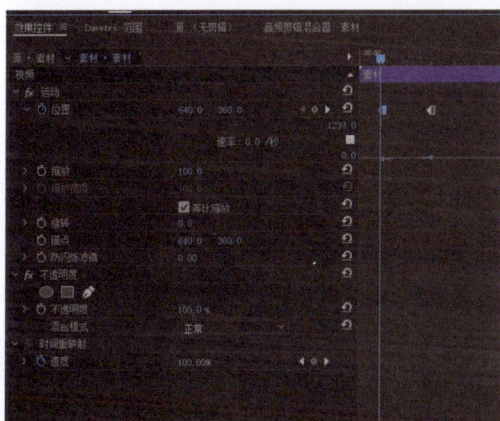
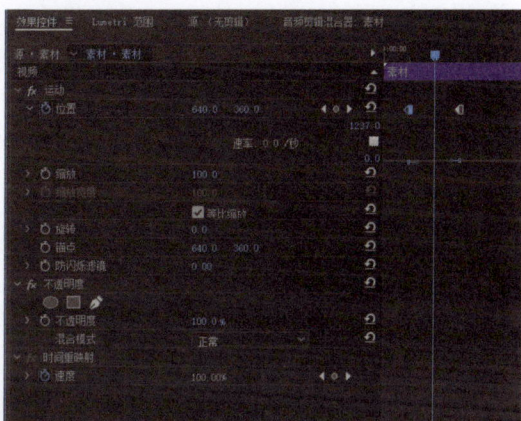

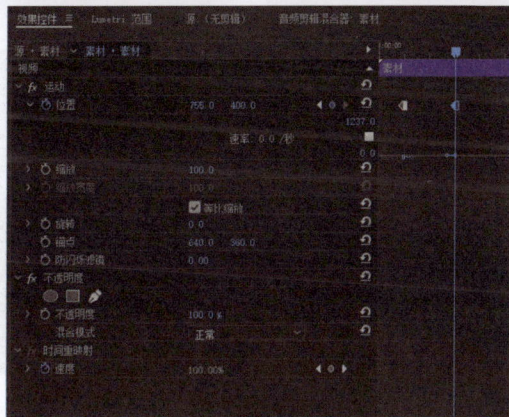

图 3-76

（6）缓入和缓出

"缓入"插值可以减慢进入关键帧的值变化。速率曲线节点前面将变成缓入的曲线效果。当拖动时间线播放动画时，动画在进入该关键帧时速度逐渐减缓，消除因速度波动大而产生的画面不稳定感。

"缓出"插值可以逐渐加快离开关键帧的值变化。速率曲线节点后面将变成缓出的曲线效果。当播放动画时，可以使动画在离开该关键帧时速率减缓，同样可消除因速度波动大而产生的画面不稳定感。

2. 空间插值

当对图层的位置、旋转等空间属性进行动画处理时，空间插值就显得尤为重要。它允许剪辑师调整关键帧之间属性变化的路径和形状，如使用线性插值创建均匀变化的效果，或使用贝塞尔曲线插值实现更加平滑和复杂的过渡效果。空间插值快捷菜单如图 3-77 所示，下面对其中的各个选项进行简单介绍。

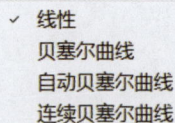

| ✓ 线性 |
| 贝塞尔曲线 |
| 自动贝塞尔曲线 |
| 连续贝塞尔曲线 |

图 3-77

（1）线性

➢ 特点

关键帧之间的运动呈直线变化，速度均匀。

过渡较为生硬直接，没有加速或减速的过程。

➢ 适用场景

当需要精确控制运动的速度和方向，且不希望有任何平滑过渡效果时，可以使用线性插值。例如，机械运动的模拟或者需要严格按照特定轨迹移动的物体。

（2）贝塞尔曲线

➢ 特点

提供了更多的控制选项，可以调整关键帧两侧的手柄来改变运动的速度和加速度。

可以创建平滑的加速和减速效果，使运动更加自然。

➢ 适用场景

人物或物体的自然运动模拟，如行走、跑步等，需要有起步、加速、减速和停止的过程。制作动画效果时，想要创造出更加细腻和富有变化的运动轨迹。

（3）连续贝塞尔曲线

➢ 特点

与贝塞尔曲线插值类似，但在关键帧之间的过渡更加平滑连续。

自动调整相邻关键帧的手柄，以确保运动的连贯性。

➢ 适用场景

当需要多个关键帧之间的运动无缝连接，且不希望出现明显的转折或突变时，非常适合使用连续贝塞尔曲线插值。例如，长镜头的动画跟踪或者复杂的物体运动路径。

3.3.4 实操：使用关键帧模拟运镜效果

在视频制作中，通常不会总是使用一个固定镜头，在拍摄时会人为地进行一些运镜拍摄，例如推镜头、摇镜头、移镜头等。但是在如今自媒体广泛普及的时代，由于条件有限，一个人往往无法做到以上拍摄，所以需要通过后期剪辑模拟运镜效果，让视频更丰富、不单调。伪运镜剪辑手法最常应用于舞蹈类的视频中，所以本案例将通过一段舞蹈视频来介绍如何使用关键帧制作模拟运镜效果，效果如图 3-78 所示，下面将介绍具体操作方法。

图 3-78

01 启动 Premiere Pro，打开 "3.3.4 关键帧模拟运镜 .prproj" 项目文件，并将导入的视频素材 "素材 1.mp4" 和音乐素材 "Dodgy C Flutey Loop Beatz_ccMixter.mp3" 添加至 "时间轴" 面板中。

02 在为视频素材 "素材 1.mp4" 添加关键帧前，首先观察和了解清楚视频中的舞蹈动作结构，和背景音乐的鼓点。然后，根据动作拆分成三段式关键帧。例如，找到第一个动作的重点，一般为一个动作的中间点，打上位置和缩放关键帧，再在动作开始前打上位置和缩放关键帧，在动作结束的地方打上位置和缩放关键帧，再回到重点关键帧，可以放大画面和移动画面位置，如图 3-79 所示，这样第一个动作的模拟运镜即制作完成。后续可以根据此方法为每一个动作添加三段式关键帧，这样一个完整的舞蹈伪运镜视频即制作完成。

3.3.5　实操：使用关键帧调节音量

在处理多个音频剪辑时，就需要对音频进行不同音量大小平衡调节。本案例将制作一个春日出游Vlog，以此介绍在剪辑时如何使用关键帧调节音量，效果如图 3-80 所示，下面将介绍具体操作方法。

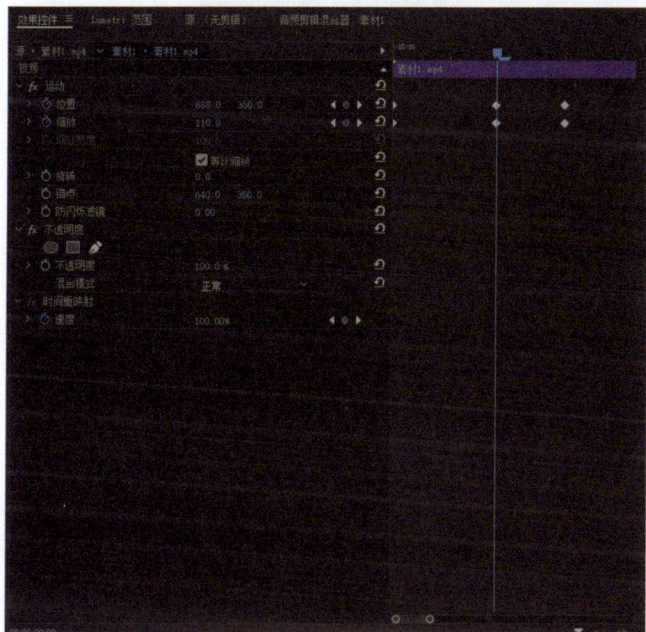

图 3-79

图 3-80

01　启动 Premiere Pro，按快捷键 Ctrl+O，打开"3.3.5 关键帧调节音量"文件夹中的"3.3.5 闪白素材 .prproj"项目文件。进入工作界面后，可以看到"时间轴"面板中已经添加好的素材，如图3-81 所示。

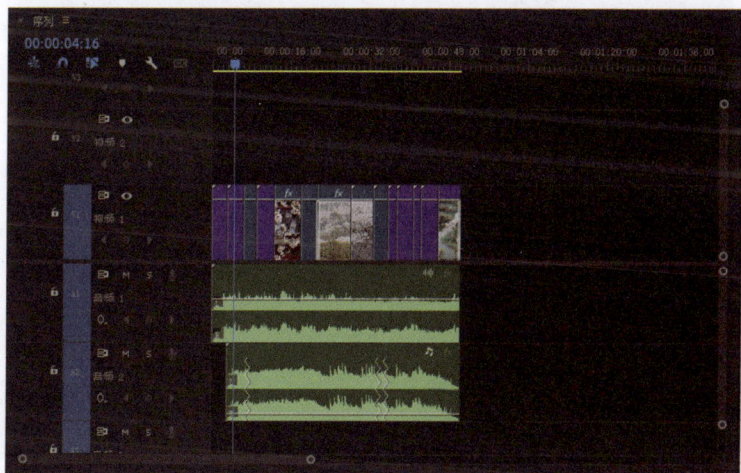

图 3-81

02　音频轨道 A1 为环境音"嘈杂声 .mp3"，A2 为背景音乐"渴望 .mp3"。为了使开头有一个渐渐引导的效果，将环境音"嘈杂声 .mp3"放置在开头，在"素材 2.mp4"的位置左右放置背景音乐"渴望 .mp3"。为了让两段音频有更丝滑的过渡效果，选中"嘈杂声 .mp3"，使用钢笔工具在"渴望 .mp3"即将开始的位置打上一个关键帧，在"渴望 .mp3"开始的位置再打上一个关键帧，将第二个关键帧后的直线向下移动，如图 3-82 所示，这样使用关键帧调节音量就完成了。

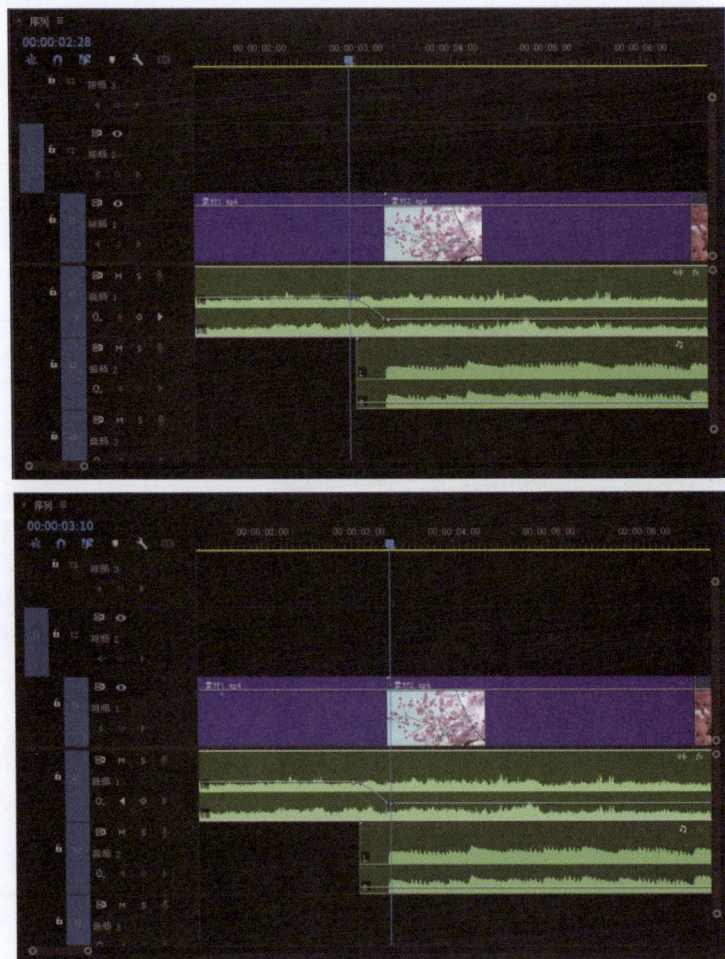

图 3-82

提示：后续的音频可以根据需求进行调整。

拓展案例：制作色彩渐变效果

分析

本例简单讲解色彩渐变效果的制作方法，最终效果如图 3-83 所示。

图 3-83

难度：★

相关文件：第 3 章 \3.3\ 拓展案例 \ 颜色渐变效果 .prproj

视频：第 3 章 \3.3\ 拓展案例 \ 颜色渐变效果视频 .mp4

本例知识点

☐ 画面变灰：可以通过将所有色彩饱和度降低达到画面变灰的效果。

☐ 通过添加饱和度关键帧，可以制作视频色彩渐变的效果。

3.4　创意片头片尾，打造个性化短视频

本节内容将通过展示 4 个案例视频，并配合 1 个扩展练习，展示如何在视频剪辑中创造一些引人入胜的效果，从而使得视频内容更加丰富多彩和富有创意。

3.4.1　实操：制作电影帷幕拉开效果

电影帷幕拉开效果是视频开场中常见的视觉效果，其操作过程相对简单。在本小节中，我们将通过一个具体案例来展示如何制作电影帷幕拉开效果，效果如图 3-84 所示，下面将介绍具体操作方法。

图 3-84

01　启动 Premiere Pro，按快捷键 Ctrl+O，打开文件夹"3.4.1 电影帷幕拉开效果"中的"3.4.1 电影帷幕拉开效果素材 .prproj"项目文件。进入工作界面后，可以看到"时间轴"面板中已经添加好的素材。

02　选中"素材 .mp4"，添加"裁剪"效果，如图 3-85 所示。

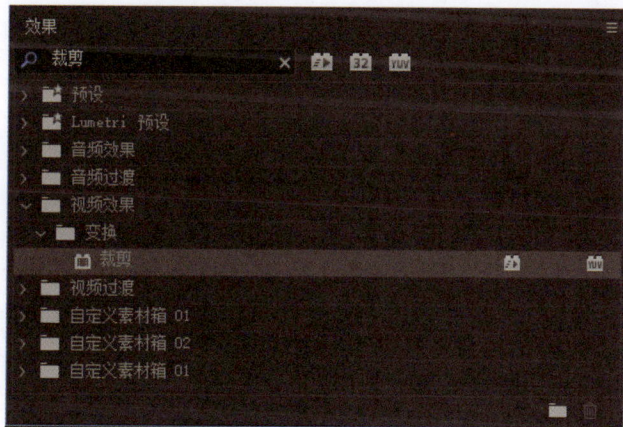

图 3-85

03　在"效果面板"的"时间轴视图"中，首先将时间线移动至 00:00:03:00 的位置，分别打上顶部和底部关键帧，数值不变，然后将时间线移动至开始的位置，分别打上顶部和底部关键帧，数值改为 50.0%，如图 3-86 所示。为了让画面更好看，将羽化值改为 30。

103

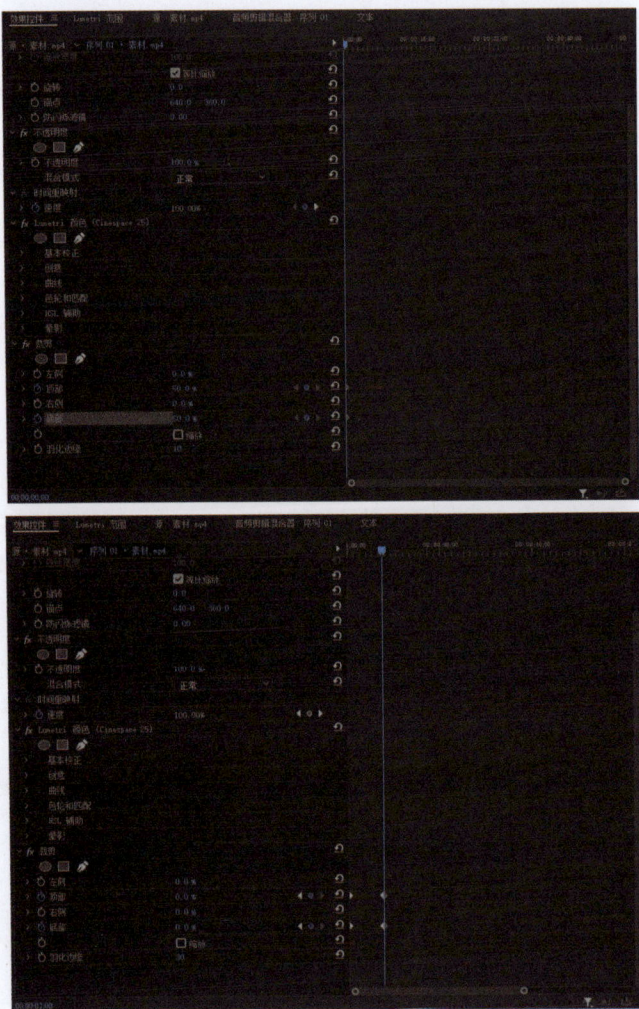

图 3-86

3.4.2 实操：制作Vlog搜索框动画片头

用搜索框动画做 Vlog 片头可以突出主题，快速吸引观众的眼光，增强互动感。本案例将制作一个搜索框动画片头，效果如图 3-87 所示，下面将介绍具体操作方法。

01 启动 Premiere Pro，创建"3.4.2 搜索框动画片头 .prproj"项目文件，并将导入相应的素材添加至"时间轴"面板中。

02 首先，我们需要制作一个搜索框。将时间线移动至开始的位置，单击工具栏中的"矩形工具" ▣，在"节目"监视器面板的画面中添加两个四角为弧形的矩形，其中一个为蓝色，另一个为白色，其中蓝色矩形需要勾选"描边"，描边宽度为 12.0，具体样式如图 3-88 所示。

图 3-87

03 然后选中白色矩形，在"效果控件"面板中添加蒙版，具体样式如图 3-89 所示，这样搜索框雏形就完成了。

04 搜索框雏形制作完成后，为了让整体更好看、更有代表性，可以添加"搜索"文字和放大镜图标。放大镜图标同样可以用"矩形工具" ▣ 和"圆形工具" ● 制作完成，然后再添加一些可爱的图标动画，最后效果如图 3-90 所示。

图 3-88

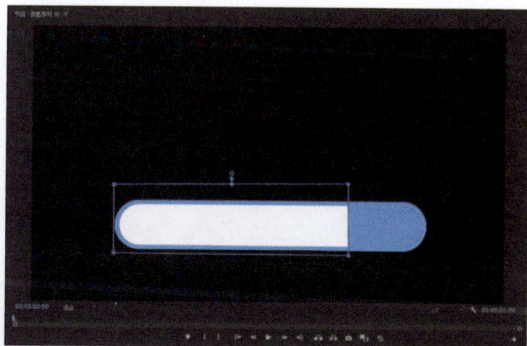

图 3-89

图 3-90

05　搜索框制作完成后，需要添加类似打字效果的文字。将时间轴面板中的时间线移动至
　　00:00:00:26 的位置，在 V3 轨道创建一个文字图层，如图 3-91 所示。

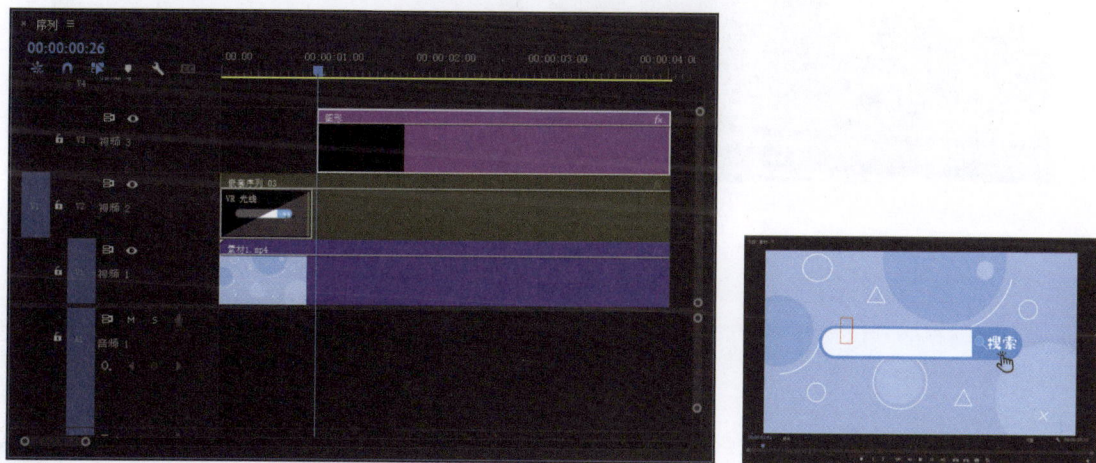

图 3-91

06　然后在"效果控件"面板中展开"文本"，勾选"源文本"的"切换动画"按钮，在"时间轴视图"
　　中，将时间线移动至开始的位置，打上一个"源文本"关键帧，使用快捷键 Shift+→，向前移
　　动 5 帧，在此处再打上一个"源文本"关键帧，并输入第一个文字，如图 3-92 所示。

07　然后再按 Shift+→快捷键，向前再前进 5 帧，打上关键帧，输入第二个文字，如图 3-93 所示。

08　根据此方法将后续的文字一一输入，为了让效果更真实，在输入文字的下方添加"打字音
　　效 .mp3"，这样 Vlog 搜索框动画开头效果即制作完成。

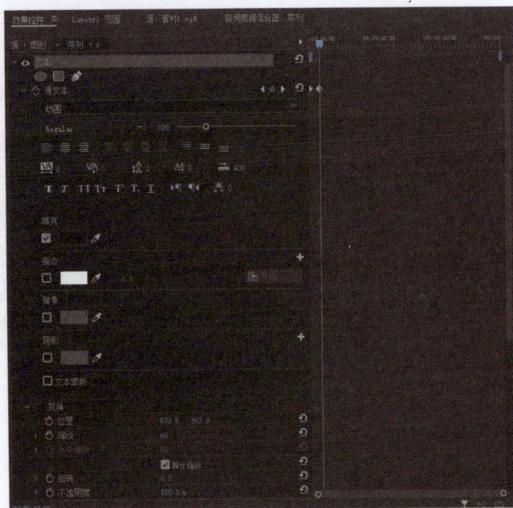

图 3-92

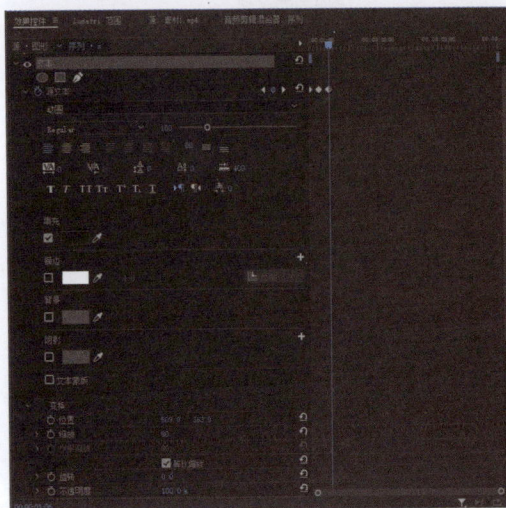
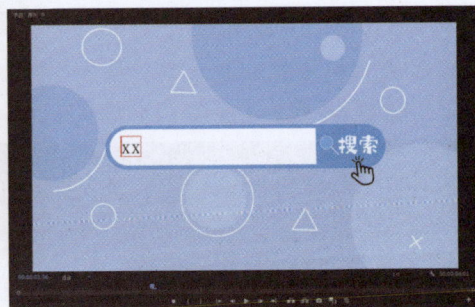

图 3-93

3.4.3 实操：制作抖音专属求关注片尾

一个个性化的结尾是每一位自媒体博主不可缺少的必要一环，抓住观众的眼球，寻求关注，转化为粉丝。本案例将制作一个抖音专属求关注片尾，效果如图 3-94 所示，下面将介绍具体操作方法。

01 启动 Premiere Pro，创建"3.4.3 抖音片尾 .prproj"项目文件，并将相应素材添加至"项目"面板中。在项目面板中创建一个竖屏画面序列，如图 3-95 所示，这样就与抖音画面比例一致了。

图 3-94

02 选中"头像 .mp4"，单击鼠标右键，选择"设为帧大小"或者"缩放为帧大小"，让人物完整地出现在画面上，如图 3-96 所示。

03 在"头像 .mp4"视频轨道下方 V1 和 V2 视频轨道中添加"白色背景 .mp4"和"黑色背景 .mp4"，如图 3-97 所示。

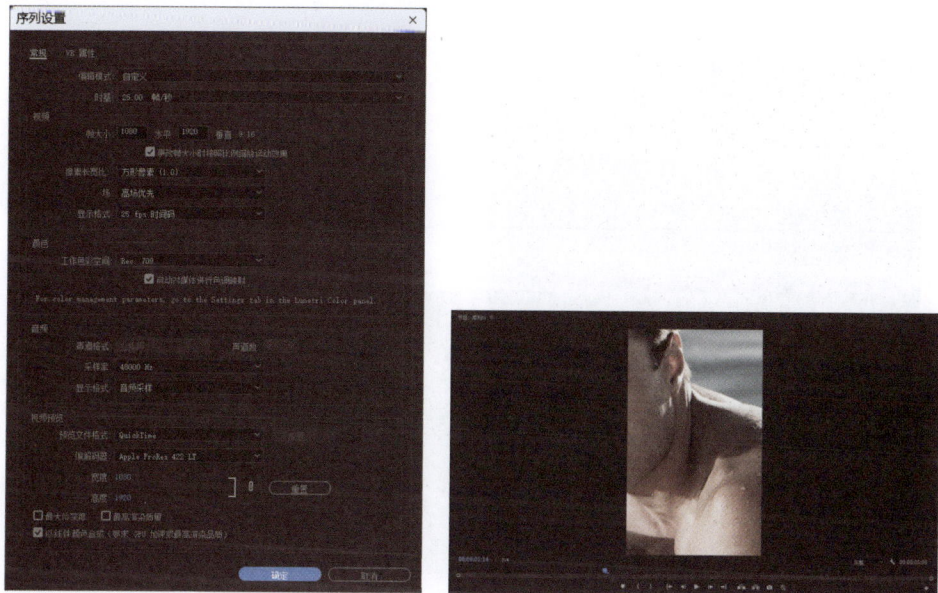

图 3-95

图 3-96

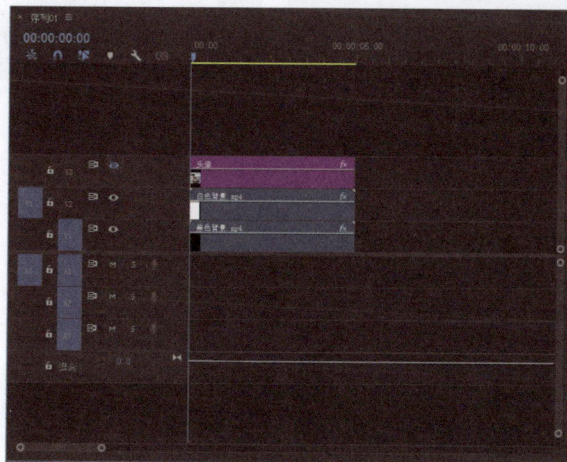

图 3-97

04　首先关闭"头像.mp4"所在的 V3 视频轨道，选中"白色背景.mp4"，在"效果控件"面板中添加圆形蒙版，最终效果如图 3-98 所示。

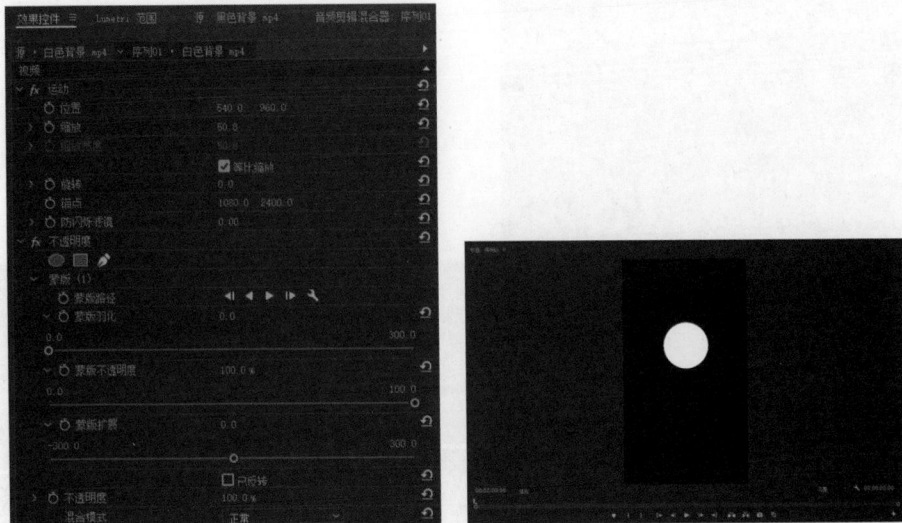

图 3-98

05 然后打开 V3 视频轨道，将"头像 .mp4"缩小，并与添加圆形蒙版后的"白色背景 .mp4"相适配，
    如图 3-99 所示。

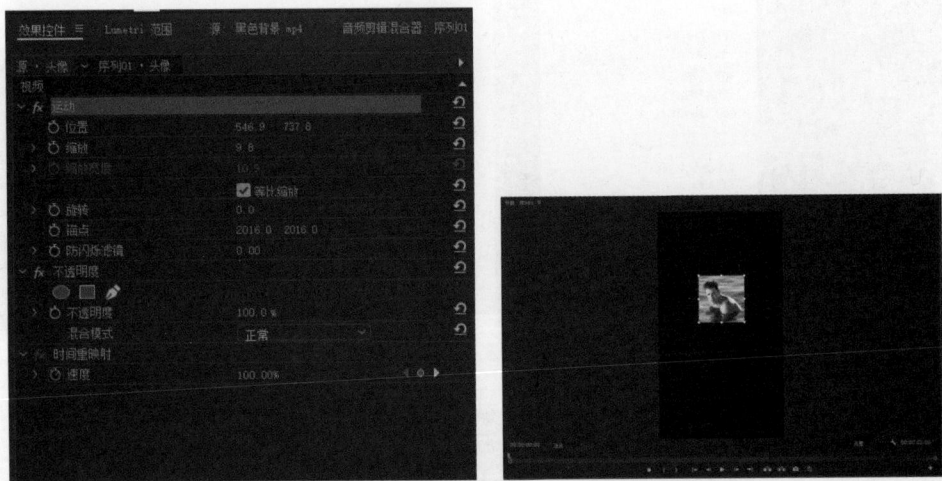

图 3-99

06 然后为"头像 .mp4"添加圆形蒙版，蒙版需要小于"白色背景 .mp4"的圆形蒙版，以预留一个
    白色的圆形边框，如图 3-100 所示，这样抖音结尾头像部分制作完成。

图 3-100

07　接下来，制作求关注的动画效果。首先在 V4 轨道上制作一个白色圆形，如图 3-101 所示。

图 3-101

08　然后在 V5 轨道上制作一个时长为 00:00:04:24 红色的"+"号，如图 3-102 所示。

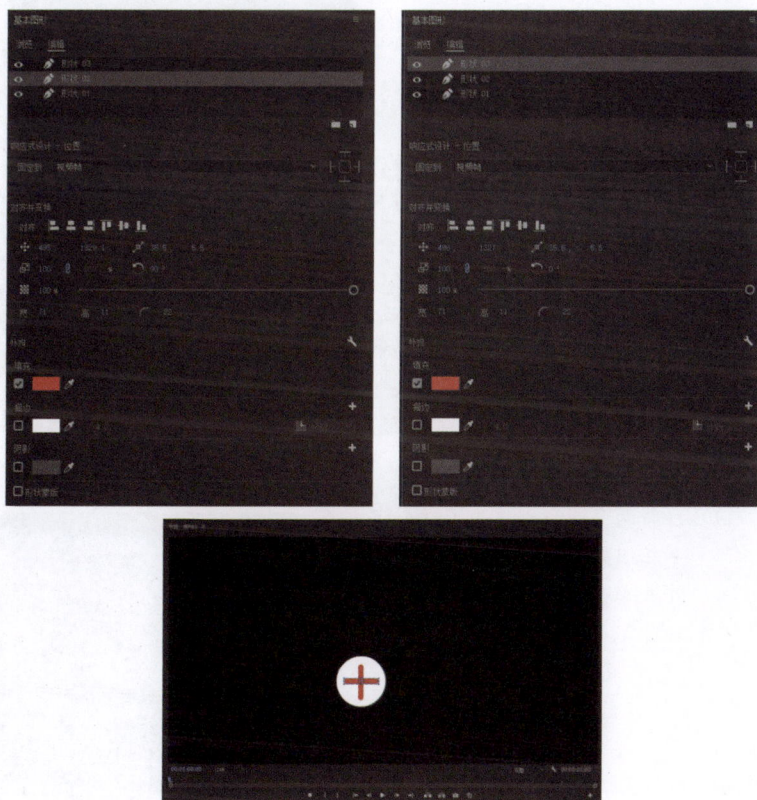

图 3-102

09　接着，选中"+"号图形素材，添加一个与白色圆形大小一致的圆形蒙版。由于"+"号有两个矩形制作完成，将两个图形创建为一个组，如图 3-103 所示。

10　创建完成后，选中"+"号图形素材，选择"剃刀工具"，在 00:00:02:00 的位置切割。然后分别为"形状 02"和"形状 03"在 00:00:01:05 的位置添加旋转的关键帧，在结尾处再分别添加旋转关键帧，将结尾处的数值分别更改为730°和640°，如图3-104所示。

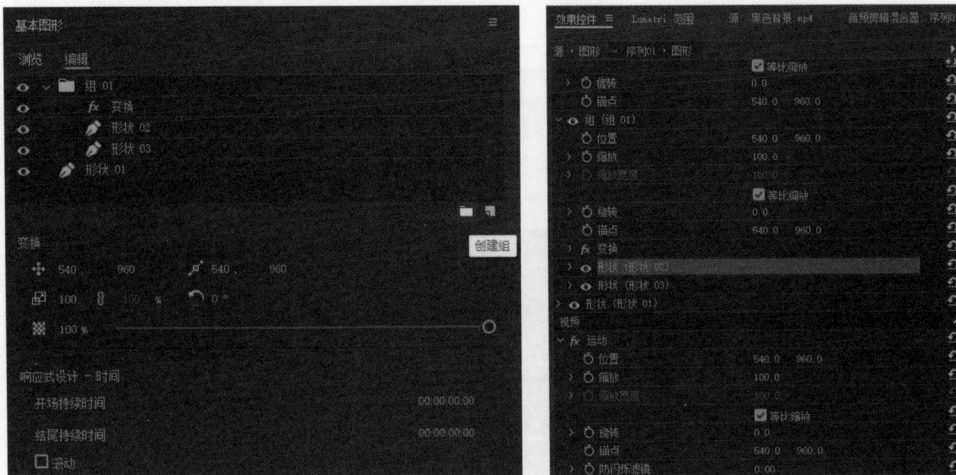

图 3-103

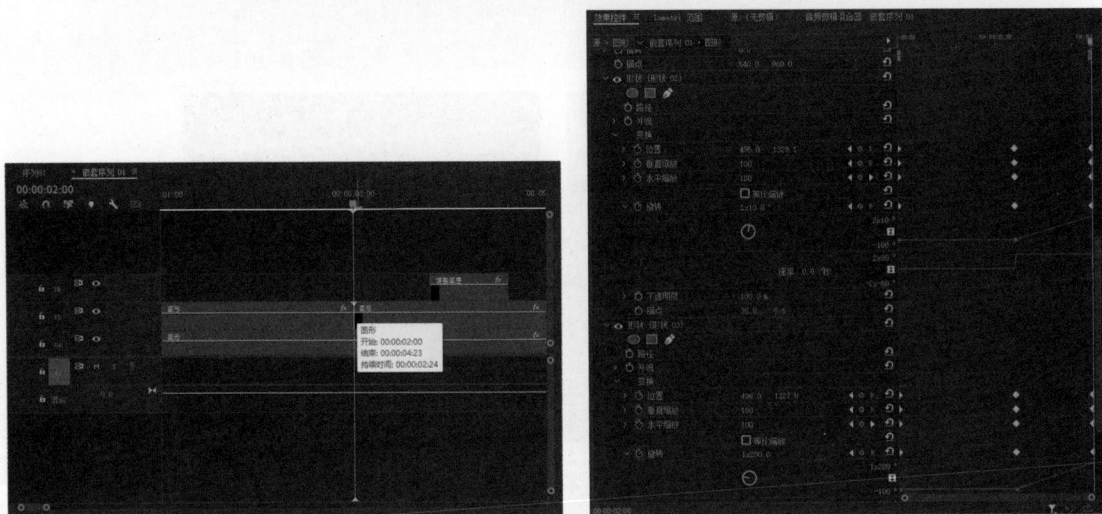

图 3-104

11 由于步骤09已经将两个图形创建为了一个组，将"变换"效果添加在组的上方，这样就可以同时为两个图形制作效果。在与步骤10同样的时间点打上两个位置关键帧，结尾处的位置关键帧如图3-105所示，并将关键帧修改为缓入缓出，这样"+"号缓出动画制作完成。

12 按照同样的方法，选中切割"+"号图形素材，首先将时间线移动至素材开始的位置，打上一个位置关键帧，然后将时间线移动至00:00:02:10的位置，再打上一个关键帧，最后将时间线移动至00:00:02:20的位置，再打上一个关键帧，具体如图3-106所示。

13 完成整体位置设置后，还需完成"+"变成"√"

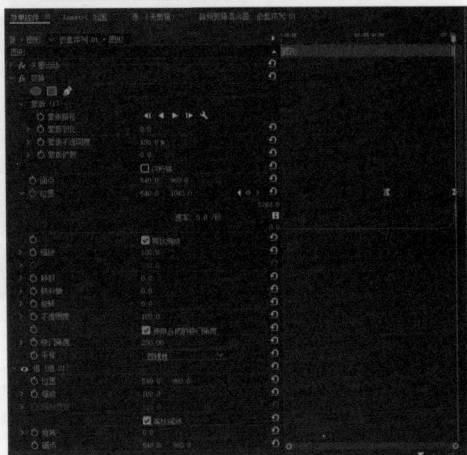

图 3-105

的动画，在"效果控件"面板中，找到"形状 02"和"形状 03"，在 00:00:02:10 的位置分别打
上位置、垂直缩放、水平缩放和旋转关键帧，然后在 00:00:02:20 的位置再打上位置、垂直缩放、
水平缩放和旋转关键帧，具体设置如图 3-107 所示。

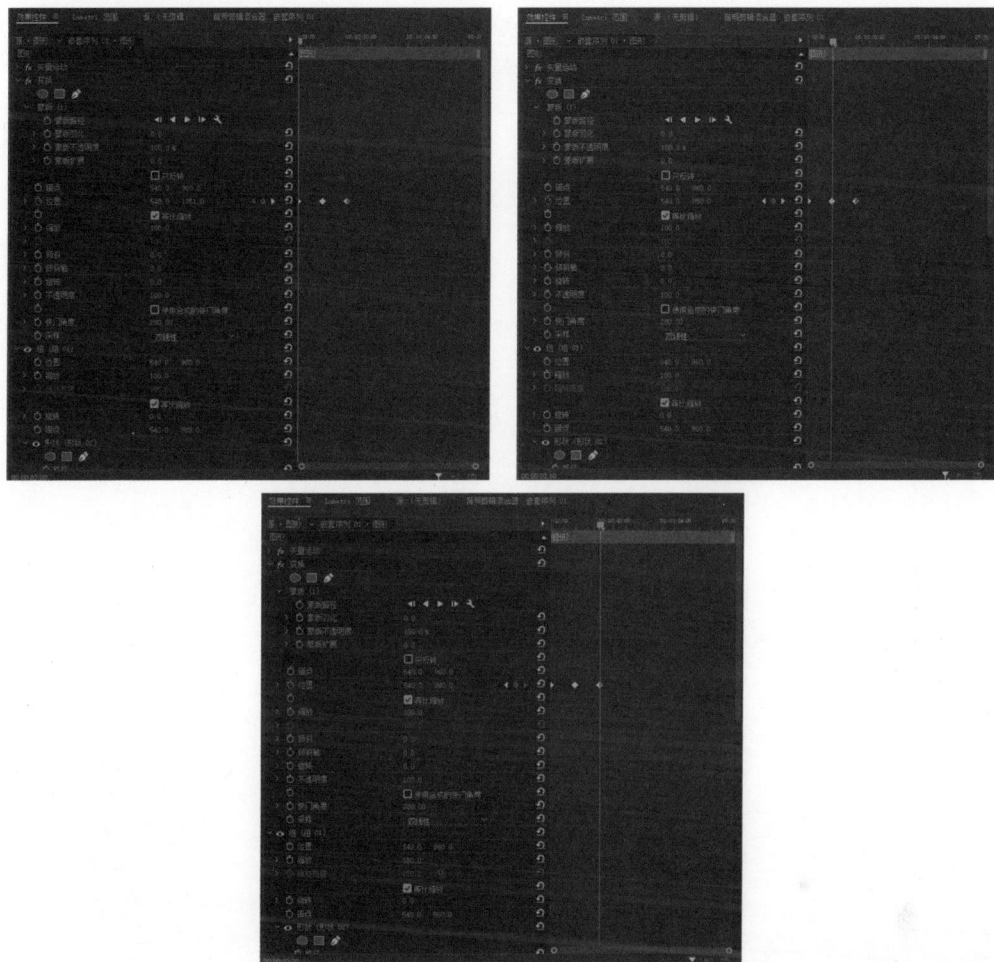

图 3-106

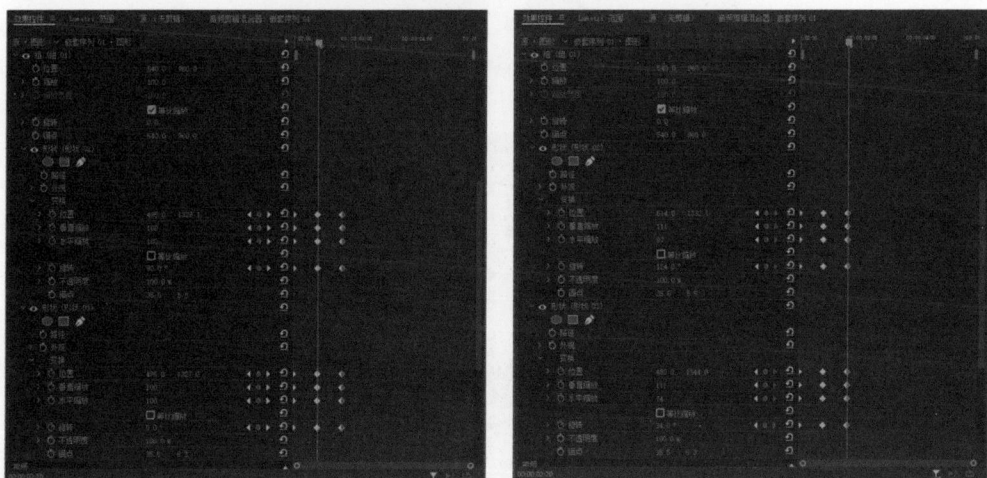

图 3-107

14 为了动画过渡更自然，当"+"变成"√"时动态效果更引人注目，将时间线移动至 00:00:02:10 的位置，添加一个 10 帧的调整图层，添加"高斯模糊""减少交错闪烁""RGB 颜色校正器"，按照三联帧的方法，在开头结尾和中间添加关键帧，如图 3-108 所示。

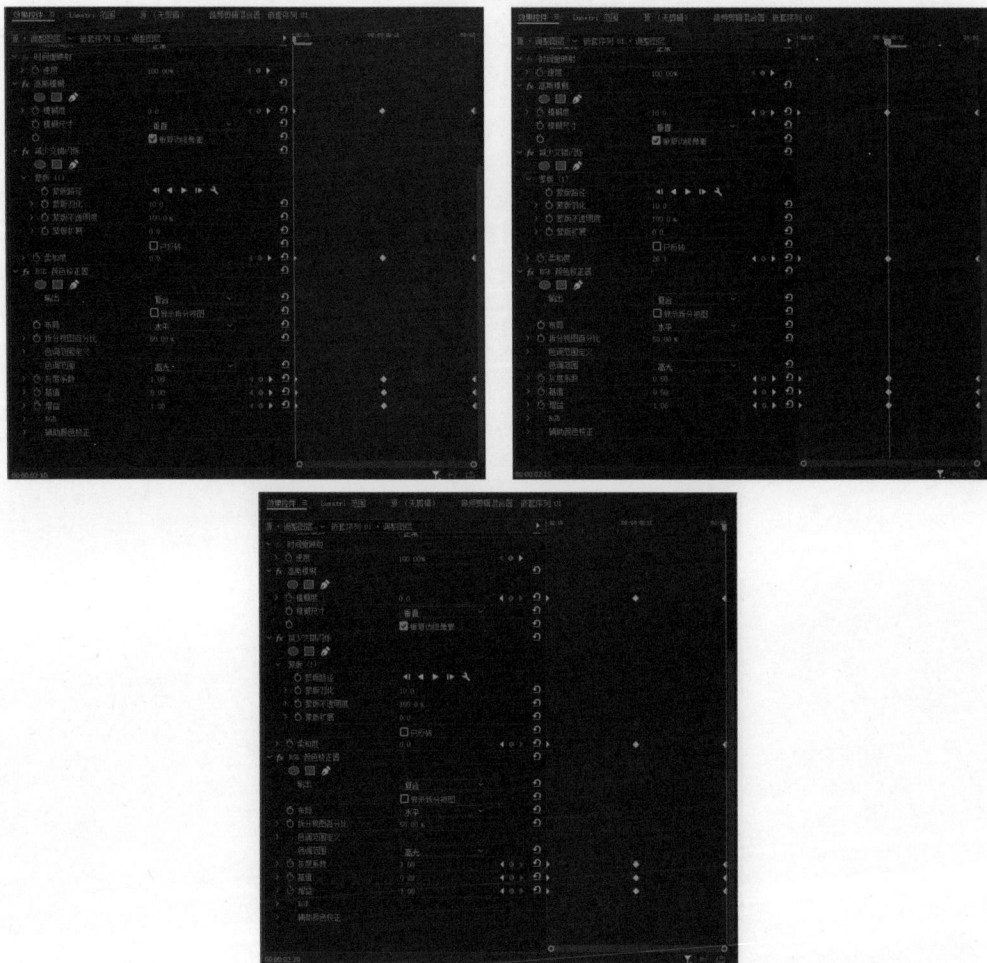

图 3-108

15 完成上述操作后，选中动画效果，进行渲染，然后将动画效果嵌套，如图 3-109 所示。然后将嵌套后的图形移动至头像正下方，至此，结尾求关注动画制作完成。为了丰富画面，还可以在下方空白处添加"求关注"的文字。

图 3-109

提示：完成所有效果后，需要将整体内容再渲染一次，然后导出。

3.4.4　实操：制作闭眼效果片尾

闭眼效果片尾可以为视频添加一种朦胧梦幻的感觉，让观众带入第一视角观看视频。本案例将制作一个闭眼效果片尾，该效果制作原理与电影帷幕拉开效果类似，效果如图 3-110 所示，下面将介绍具体操作方法。

图 3-110

01　启动 Premiere Pro，创建"3.4.4 闭眼效果 .prproj"项目文件，并将导入的相应素材添加至"时间轴"面板中。

02　与"3.4.1 制作电影帷幕拉开效果"不同的是，闭眼效果需要模拟眼睛看到的效果，上下需要有弧形，所以需要我们通过"圆形"蒙版配合关键帧制作模拟眼睛的效果。

03　将时间线移动至 00:00:03:22 的位置，使用"剃刀工具"，在此处进行切割，选中切割后的第二段素材，添加"圆形"蒙版，将"圆形"蒙版修改成椭圆的形状，与画面适配，并在此处打上第一个蒙版路径和蒙版扩展关键帧，同时提高蒙版羽化值，具体如图 3-111 所示。

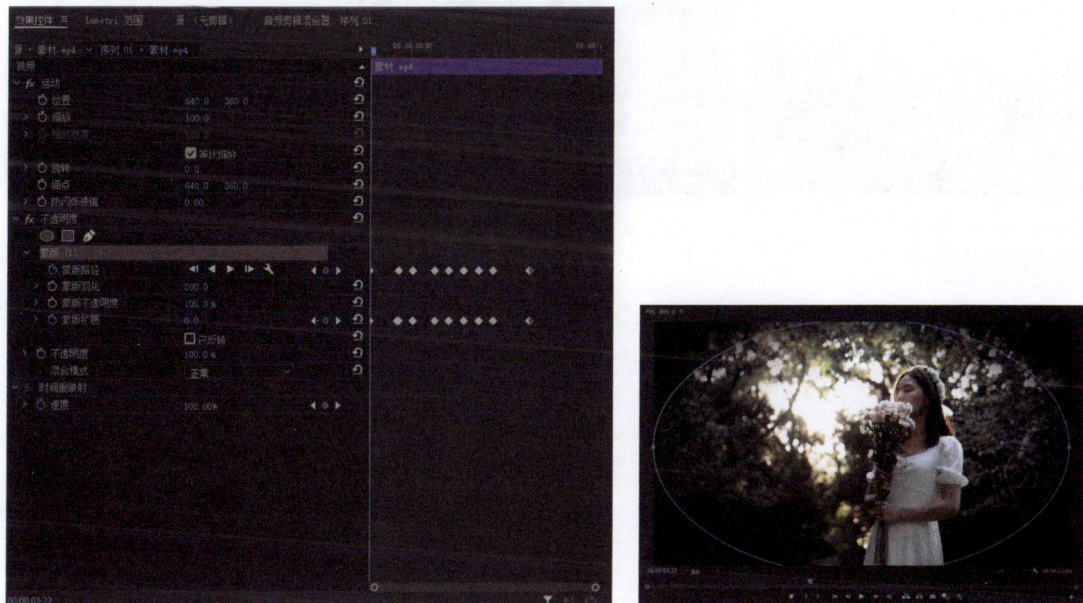

图 3-111

04　将时间线向后移动 20 帧，再打上蒙版路径和蒙版扩展关键帧，具体如图 3-112 所示，这样一个闭眼效果就制作完成了。

05　后续可以重复几次闭眼的过程，模拟出闭眼前的挣扎感，让结尾变得更加生动有代入感。

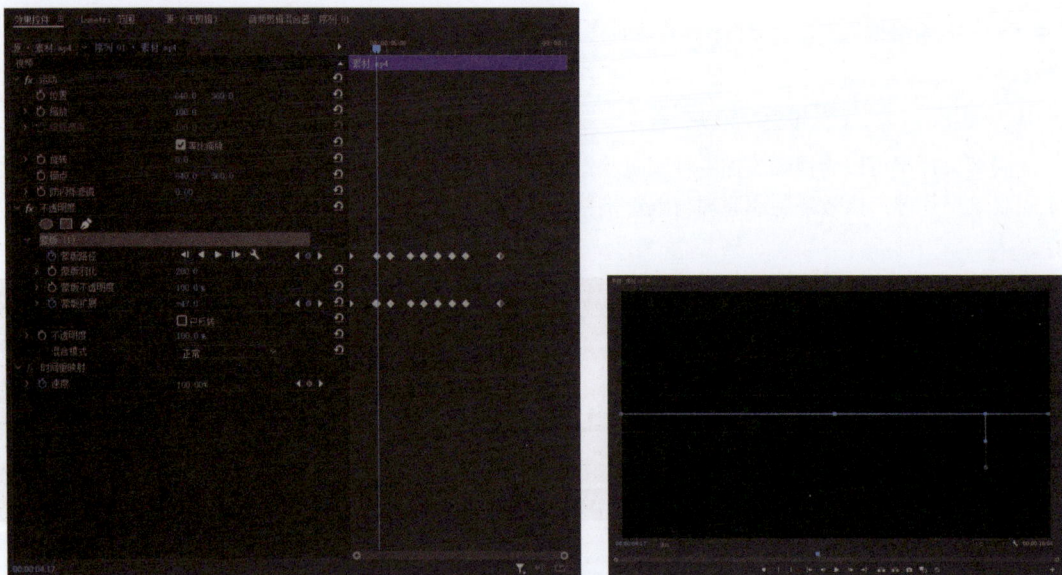

图 3-112

拓展案例：制作蒙版文字开场效果

分析

本例简单讲解蒙版文字开场效果的制作方法，最终效果如图 3-113 所示。

图 3-113

难度：★★

相关文件：第 3 章 \3.4\ 拓展案例 \ 蒙版文字 .prproj

视频：第 3 章 \3.4\ 拓展案例 \ 蒙版文字效果视频 .mp4

本例知识点

❑ 首先创建一个黑色背景、白色字体的文字视频。

❑ 文字视频与黑场视频使用"裁剪"效果，分别作用于画面的上方和下方，并配合关键帧，形成
动画效果，让画面过渡不生硬。

❑ 在文字视频素材中添加"颜色键"效果，提取白色，对文字视频进行抠像，蒙版文字即制作完成。

04

第4章

学会流行剪辑技法，
掌握爆款短视频的秘诀

本章导读

在前面的章节中，我们已经深入学习了 Premiere Pro 的基础操作、高效编辑技巧、音频与字幕的精细处理，以及调色与特效制作的简单介绍。这些技能为我们打下了坚实的剪辑基础，但要想继续精进剪辑技术，掌握流行剪辑技法与爆款秘诀至关重要。本章将围绕短视频创作的三大核心要素——速度变化、创意转场与高级卡点展开，通过基础讲解和一系列实战案例，教你如何运用这些技法打造出既符合潮流又具个性化的视频作品。

4.1 快慢皆宜，万物皆可变速

掌握速度变化技巧对提升剪辑作品的表现力至关重要，它能改变观众的时间感知并强化情绪传达。本节课程将向读者介绍如何在 Premiere Pro 中调整速度，涵盖基础剪辑速度修改、比率拉伸工具的使用，以及高级时间重映射技术。通过实践，学会根据视频内容和情感需求选择合适的变速策略，为短视频增添创意和动感。

4.1.1 更改剪辑的速度或持续时间

在 Premiere Pro 中更改素材的速度十分简单。选中需要调速的素材，单击鼠标右键，在弹出的菜单栏中执行"速度/持续时间"的命令，然后会弹出"剪辑速度/持续时间"窗口，如图 4-1 所示。

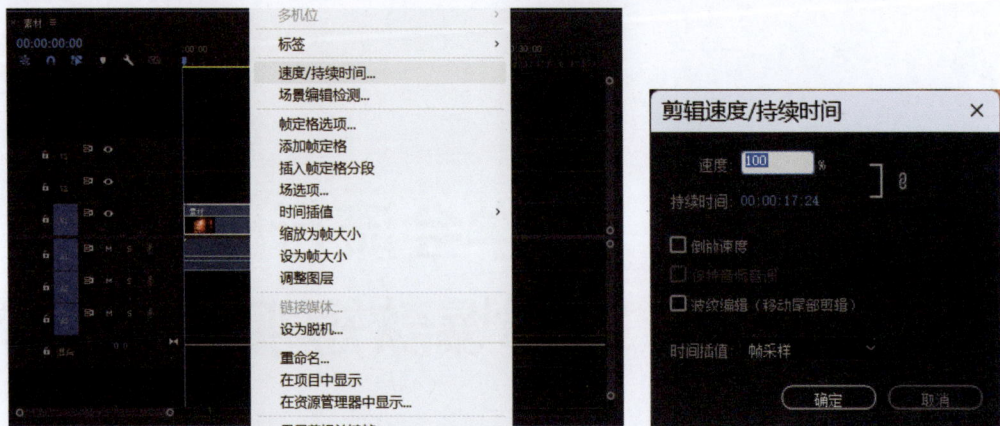

图 4-1

"剪辑速度/持续时间"的参数介绍如下。

➤ 速度：可直接输入数值更改素材播放速度。

➤ 持续时间：与"速度"是联系在一起的，当更改素材播放速度时，素材时间也会发生变化，可以根据持续时间辅助更改素材播放速度。或者单击取消链接按钮 🔗，按钮将会变成 🔗，这样"速度"和"持续时间"可以单独调整数值。

➤ 倒放速度：勾选"倒放速度"选项，素材将进行倒放处理，倒放的速度由"速度"的数值决定。

➤ 保持音频音调：当需要对有音频的素材进行变速处理时，勾选"保持音频音调"选项，声音则不会随着视频的变速而在音调上发生改变。

➤ 波纹编辑（移动尾部编辑）：勾选之后，当需要变速的素材由于速度变化导致时长变化，下一段素材会自动跟上，不会有空隙。

➤ 时间插值：包含"帧采样""帧混合""光流法"。"帧采样"是指直接抽取现有的帧来填补视频，这种渲染最快，但是视频不够流畅，是系统默认的效果。"帧混合"是指混合上下两帧，生成新的帧，就会有动态模糊的效果。"光流法"是指根据前后帧推算移动轨迹，自动生成新的帧。

4.1.2 使用比率拉伸工具更改速度和持续时间

在前面介绍 Premiere Pro 常用的工具时，简单介绍过"比率拉伸工具（R）" ⬚，我们知道，使用"比率拉伸工具（R）" ⬚我们可以直接在"时间轴"面板中更改素材播放速度和时长。对于一些需要简单处理变速的素材，可以直接使用"比率拉伸工具（R）" ⬚进行调整，如图 4-2 所示。但是一些需要特殊处理或精细化处理的素材，还是需要通过"剪辑速度/持续时间"进行修改。

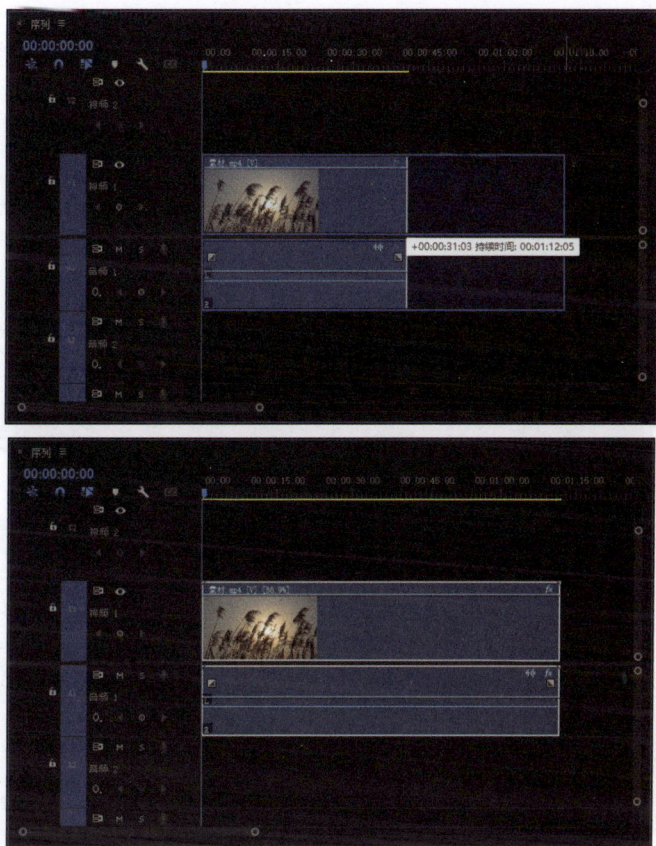

图 4-2

4.1.3　用时间重映射更改速度和持续时间

在前面介绍"关键帧"时，我们已经介绍了时间重映射对于素材播放速度变化的作用。在时间轴面板中通过选中素材，单击素材右键执行"显示关键帧"|"时间重映射"|"速度"命令，或者用鼠标右键单击时间轴面板素材中的"fx"，执行"时间重映射"|"速度"命令，时间轴中的素材将会切换为如图 4-3 所示。

然后，可以直接通过上下拖动素材中的横线，调整素材的速度和持续时间，如图 4-4 所示。或者在横线上添加关键帧，设置曲线变速，如图 4-5 所示。

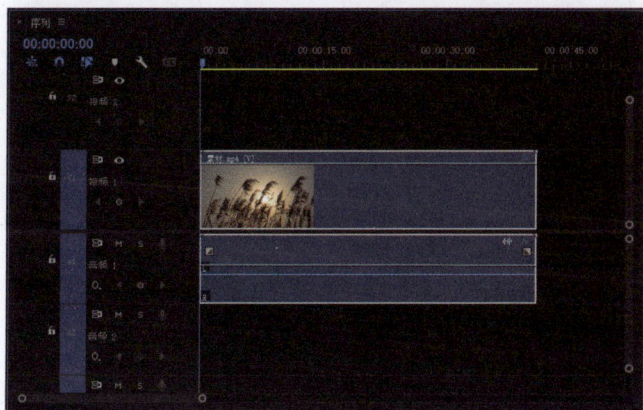

图 4-3

图 4-3（续）

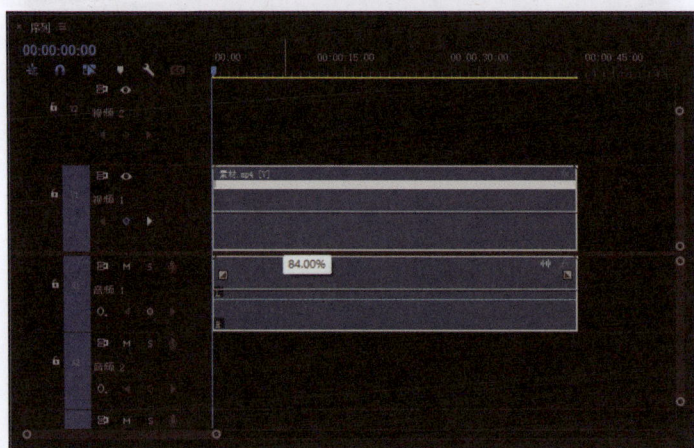

图 4-4

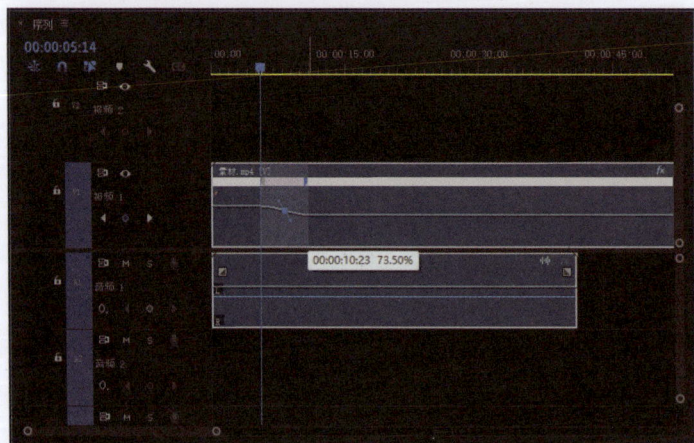

图 4-5

4.1.4 实操：制作慢动作效果

在视频制作中，有时候我们需要通过一段慢动作起到强调的效果。本案例将在前文基础上通过一段滑板视频，介绍如何制作慢动作效果，效果如图 4-6 所示，下面将介绍具体操作方法。

图 4-6

01　启动 Premiere Pro，创建"4.1.4 慢动作 .prproj"项目文件，并将导入的相应素材添加至"时间轴"面板中。

02　选中"素材 .mp4"，将鼠标光标移动至"fx"的位置，单击鼠标右键，执行"时间重映射"|"速度"命令，如图 4-7 所示。

03　然后在 00:00:04:16 的位置添加一个关键帧，将该关键帧后面的素材播放速度调整为 30.0%，如图 4-8 所示。

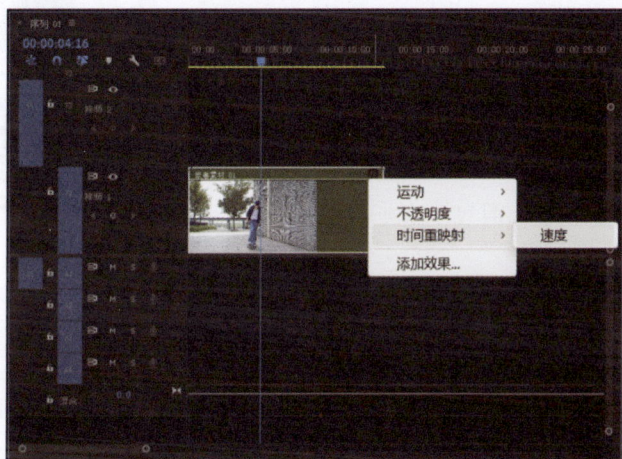

图 4-7

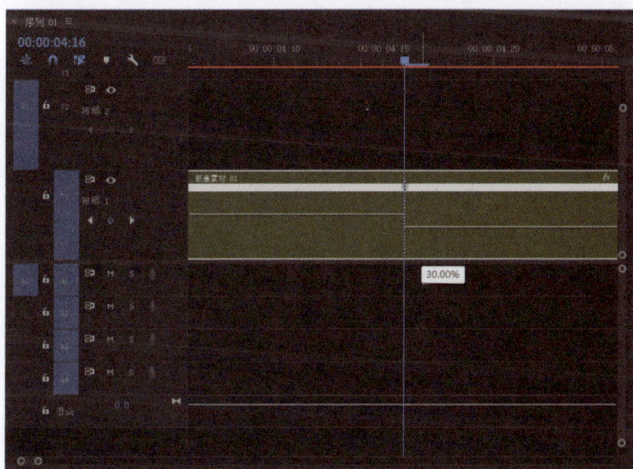

图 4-8

04　由于本案例只需一个片段速度变慢，所以将时间线移动至 00:00:06:21 的位置再添加一个关键帧，将该关键帧后面的素材调整回原来的速度，如图 4-9 所示。

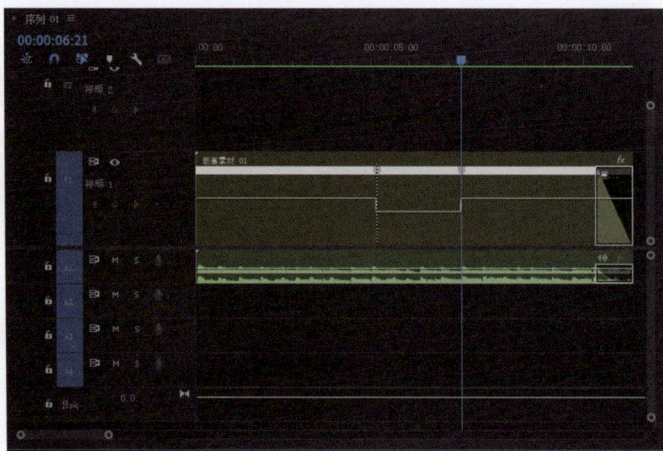

图 4-9

4.1.5　实操：制作曲线变速视频

在掌握了制作基础慢动作效果的方法之后，接下来我们将学习如何制作曲线变速视频。曲线变速视频通过精确调整播放速度，打破了传统匀速播放的单一性，使得影像在时间的流动中展现出丰富多彩的变化，这种变化的不可预测性给观众带来了强烈的视觉冲击。本案例将通过一段女生回眸视频，介绍如何制作曲线变速视频，效果如图 4-10 所示，下面将介绍具体操作方法。

图 4-10

01 启动 Premiere Pro，创建"4.1.5 曲线变速 .prproj"项目文件，并将导入的相应素材添加至"时间轴"面板中。

02 由于原本的素材播放速度偏慢，首先将素材调整至 180.00%，然后设置为"嵌套序列 01"，选择"嵌套序列 01"，将鼠标光标移动至"fx"的位置，单击鼠标右键，执行"时间重映射" | "速度"命令，然后在画面中女生将要回头的位置添加一个关键帧，在画面中女生回过头的位置再添加一个关键帧，将两个关键帧中间的速度调整为 42.00%，如图 4-11 所示。

03 从前面关于关键帧的介绍中可知，速度关键帧由两个光标组成，类似于箭头形状，将两个光标稍微移开，可以看见中间出现一个斜坡，移动斜坡中间的蓝色扳手，这样原本的直线坡度变成了一条丝滑的曲线，至此，曲线变速即制作完成，如图 4-12 所示。

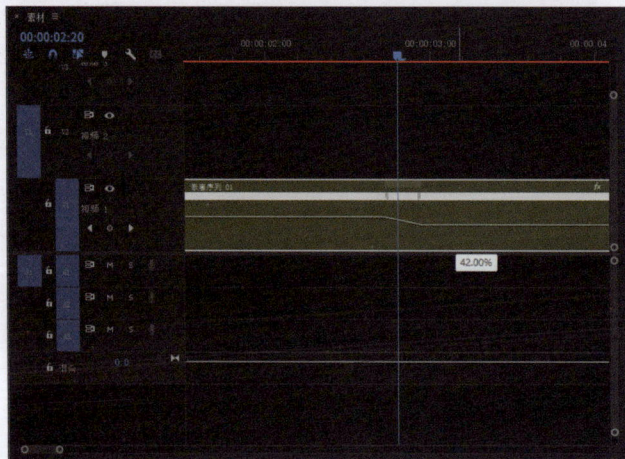

42.00%

图 4-11

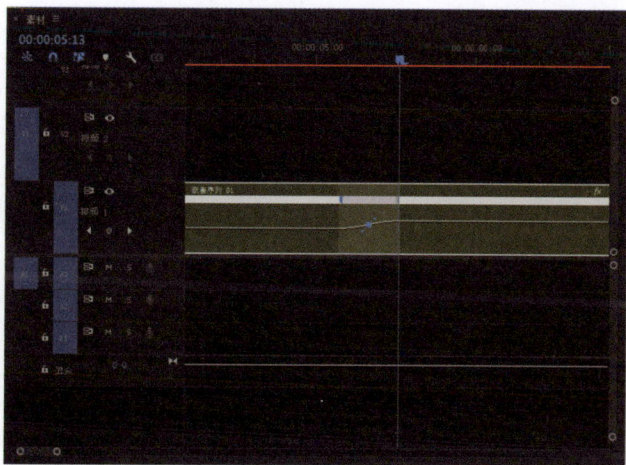

图 4-12

4.2　一学就会，创意转场好看又好用

在影视作品制作中，转场不仅是片段间的简单过渡，更是提升视觉连贯性与故事讲述能力的重要手段。本节不仅聚焦于传统转场效果的制作，如画面切割、遮罩过渡等，更深入挖掘了现代短视频中流行的创意转场方式，如粒子消散、水墨晕染等。通过实际操作，将学会如何运用 Premiere Pro 的强大功能，将普通的视频片段衔接得既自然又富有新意，为观众带来前所未有的视觉体验。这不仅是为了让视频看起来更加专业与流畅，更是为了增强故事的情感表达，使每一次画面的切换都成为情感传递的桥梁。

4.2.1　实操：制作唯美粒子转场视频

粒子转场一直是各类视频制作中备受青睐的剪辑手法。本案例将通过一个案例，介绍两种粒子转场的方法，效果如图 4-13 所示，下面将介绍具体操作方法。

图 4-13

01　启动 Premiere Pro，按快捷键 Ctrl+O，打开素材文件夹中的"4.2.1 粒子转场素材 .prproj"项目文件。进入工作界面后，可以看到"时间轴"面板中已经添加好的素材。

02　在"时间轴"面板中将时间线移动至"素材 1.mp4"和"素材 2.mp4"的中间位置，在上方 V2 轨道中添加一个时长为 40 帧的调整图层，如图 4-14 所示。

03　在该调整图层中添加"VR 数字故障"视频效果，然后根据三联帧方法添加关键帧，具体设置如图 4-15 所示。

04　"VR 数字故障"视频效果制作完成后，在"素材 1.mp4"和"素材 2.mp4"中间添加"交叉溶解"视频过渡效果，粒子转场即制作完成。

05　除了直接制作粒子转场，还可以导入一段粒子转场素材。在"素材 6.mp4"和"素材 3.mp4"的中间上方 V2 轨道添加"粒子转场特效 .mp4"，选择"滤色"混合模式，即可达到粒子转场效果。

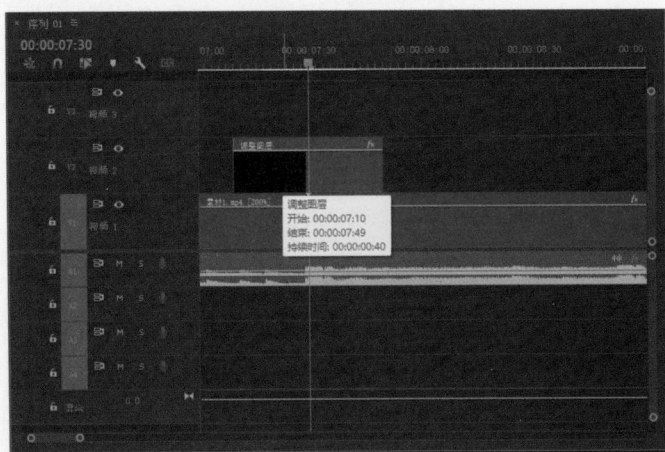

图 4-14

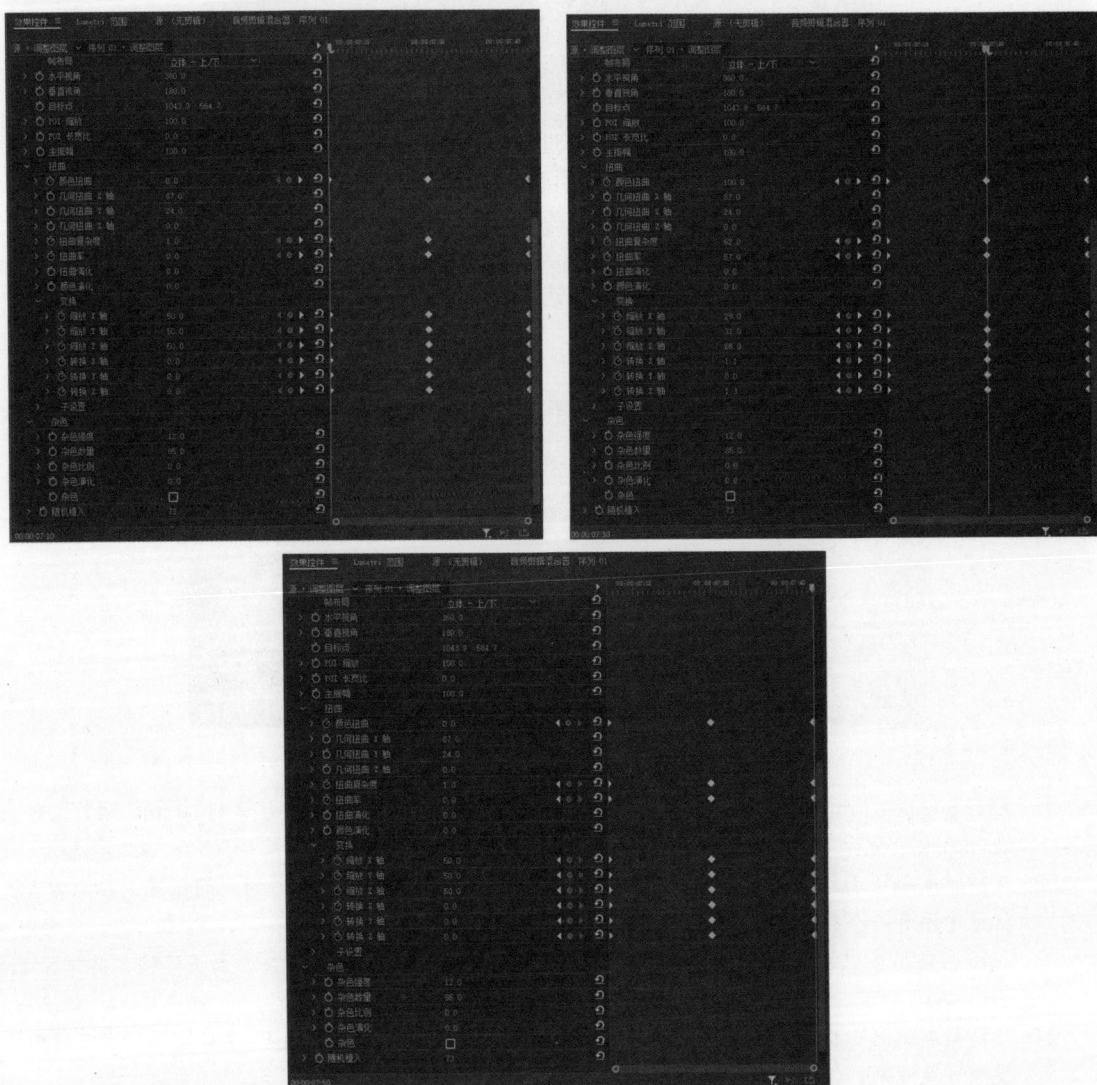

图 4-15

4.2.2　实操：制作古风水墨转场视频

古风类的视频受众一直十分广泛，尤其是年轻一代对这种充满传统文化韵味的内容更是情有独钟。本案例将通过一个古风视频，介绍如何制作古风水墨转场效果，效果如图 4-16 所示，下面将介绍具体操作方法。

01　启动 Premiere Pro，按快捷键 Ctrl+O，打开文件夹"4.2.2 古风水墨转场"中的"4.2.2 古风水墨转场素材 .prproj"项目文件。进入工作界面后，可以看到"时间轴"面板中已经添加好的素材，如图 4-17 所示。

图 4-16

02　由于导入的转场素材"水墨转场 .mp4"在结束后无法逐渐消散，为了过渡更自然，选中"时间轴"面板中的"水墨转场 .mp4"，添加蒙版关键帧，通过蒙版的扩大达到让转场素材"水墨转场 .mp4"逐渐消散的效果，具体设置如图 4-18 所示。

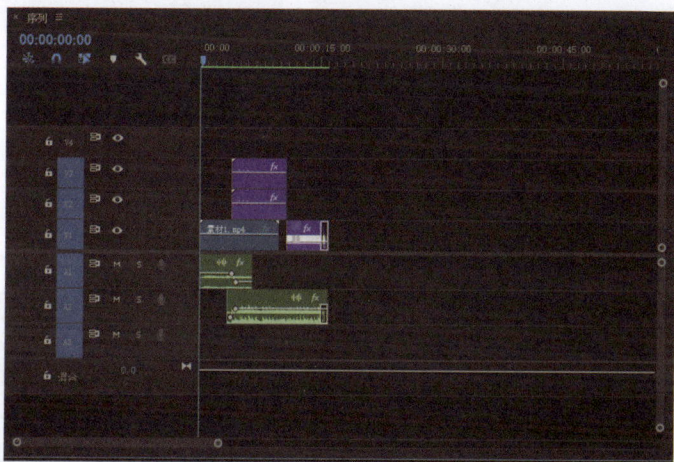

图 4-17

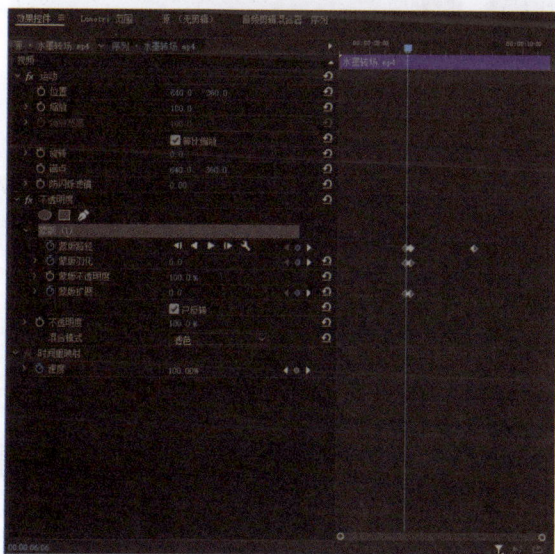

图 4-18

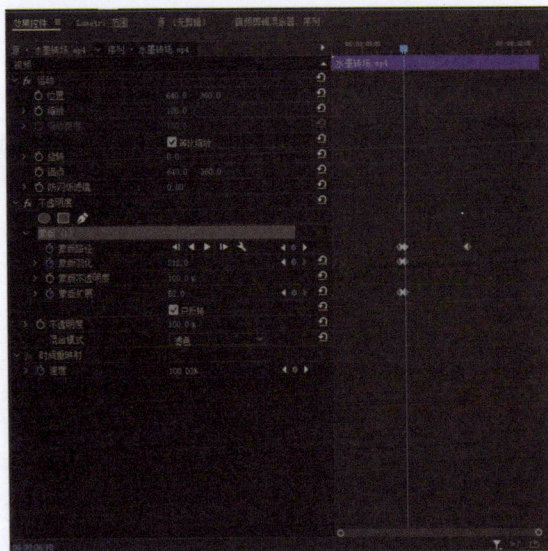

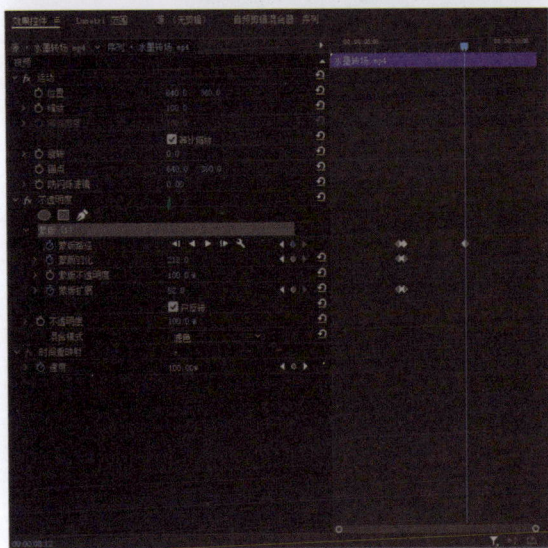

图 4-18（续）

4.2.3　实操：制作画面切割转场效果

切割转场凭借其简练高效、强调关键、提升韵律感的优势，迅速实现场景切换，有效吸引观众，广泛应用于快闪及宣传影片之中。本案例将详细介绍如何制作画面切割转场效果，效果如图 4-19 所示，下面将介绍具体操作方法。

图 4-19

01　启动 Premiere Pro，按快捷键 Ctrl+O，打开文件夹 "4.2.3 画面切割转场" 中的 "4.2.3 切割转场素材.prproj" 项目文件。进入工作界面后，可以看到 "时间轴" 面板中已经添加好的素材，如图 4-20 所示。

02　将时间线移动至 "素材 2.mp4" 开头的位置，在上方轨道 V3 中添加 "白场 .mp4"，选中 "白场 .mp4"，在 "效果控件" 面板中选择 "矩形" 蒙版，在画面中制作一条白色的斜线，如图 4-21 所示。

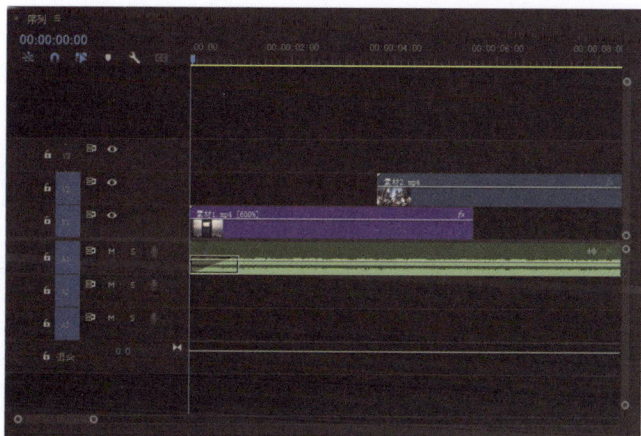

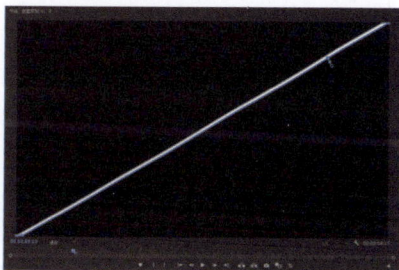

图 4-20　　　　　　　　　　　　　　　　　图 4-21

03　为了制作出切割效果，在"时间轴视图"中，将时间线移动至"白场 .mp4"开始的位置，添加一个蒙版路径关键帧，将时间线向前移动 22 帧，再添加一个蒙版路径关键帧，蒙版样式均不变，再将时间线向前移动 35 帧，添加一个蒙版路径关键帧，在"节目"监视器画面中将矩形扩展开来，如图 4-22 所示。

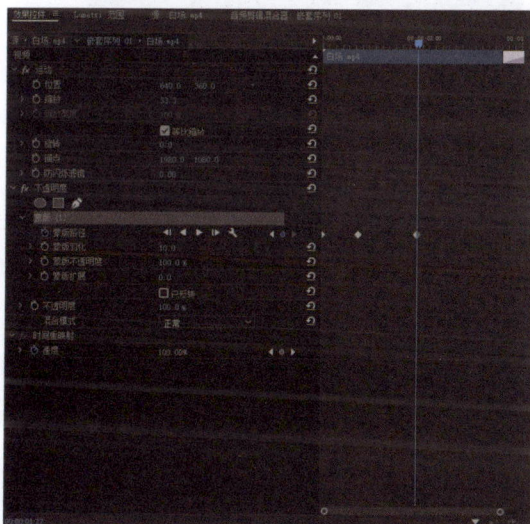

图 4-22

04　完成上述操作后，选中"素材 2.mp4"和"白场 .mp4"，单击鼠标右键，执行"嵌套"命令，创建"嵌套序列 01"，位于时间轴 00:00:03:20 的位置。

05　为了让切割转场动作更加完整，选中"嵌套序列 01"，在视频开始的位置添加一个蒙版路径关键帧，路径如图 4-23 所示。再将时间线移动至 00:00:04:12 的位置，再添加一个蒙版路径关键帧，具体蒙版路径如图 4-24 所示。

图 4-23　　　　　　　　　　　　　　图 4-24

06 完成上述操作，画面切割转场效果即全部制作完成。

提示：可以适当添加文字丰富画面效果。

4.2.4 实操：制作物体遮罩转场效果

物体遮罩转场是影视制作中常用的技巧之一，其玩法多种多样。这不仅能够锻炼剪辑技巧，同时在视频整体解构、搭建素材寻找方面也构成了巨大的挑战。本案例将制作一个简单的物体遮罩转场效果，效果如图 4-25 所示，下面将介绍具体操作方法。

01 启动 Premiere Pro，创建"4.2.4 遮罩转场 .prproj"项目文件，导入相应的素材并添加至"时间轴"面板中。

02 将时间线移动至遮罩物体开始出现的位置，选中"素材 1.mp4"，为需要进行遮罩的物体添加蒙版，本案例中遮罩物体为人，如图 4-26 所示。

03 遮罩是运动的，所以我们需要添加"蒙版路径"关键帧，根据物体移动的位置，我们添加关键帧。根据物体形状的不同，所添加的关键帧数量也会有所差异。本案例选择的遮罩为人，由于人有动作变化，所以需要有耐心一帧一帧比对，根据实际情况，添加"蒙版路径"关键帧，如图 4-27 所示。

图 4-25

图 4-26

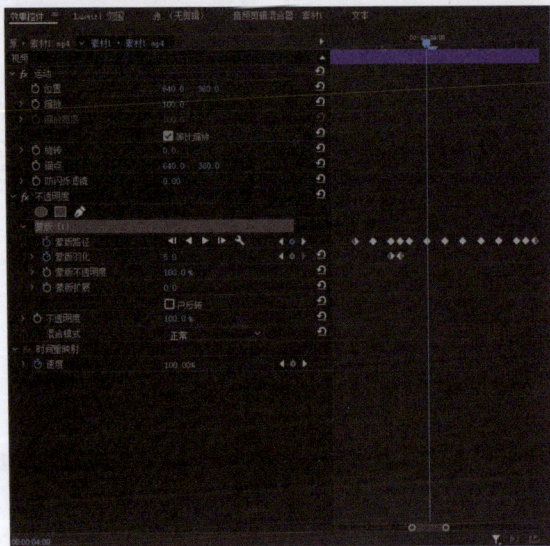

图 4-27

04 为了后续转场更生动，将时间线移动至 00:00:03:21 的位置添加一个"蒙版羽化"关键帧，数值更改为 0.0，再将时间线移动至 00:00:03:22 的位置，将"蒙版羽化"值更改为 5.0，如图 4-28

所示。

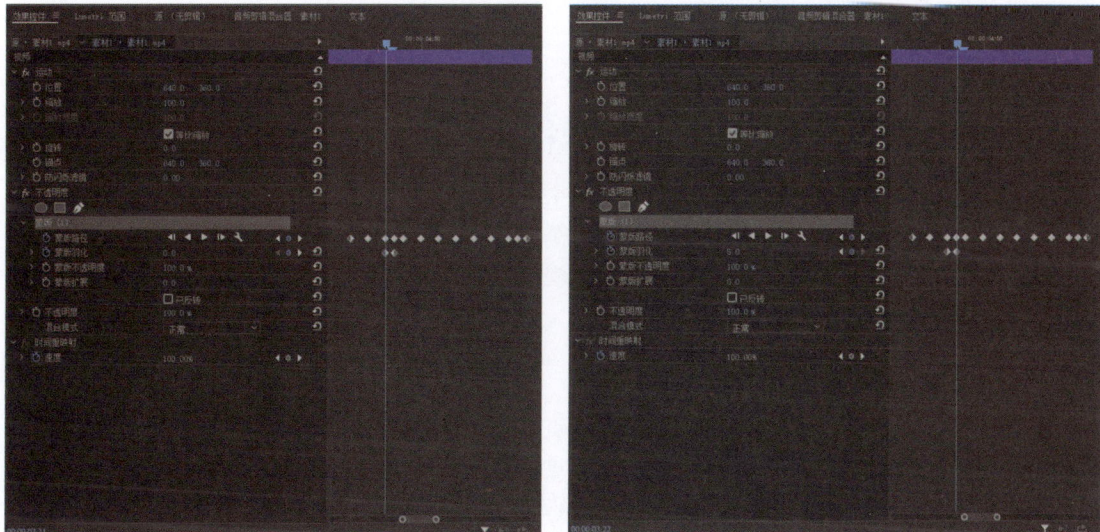

图 4-28

05　关键帧添加完成后，将"素材 1.mp4"拖动至 V2 视频轨道，将 V1 轨道中的"素材 2.mp4"移动至蒙版开始的位置，如图 4-29 所示，遮罩转场效果即制作完成。

提示：在制作遮罩转场效果时，我们更倾向于自行拍摄素材，思考应该使用哪些遮罩物，以创造独一无二的遮罩转场效果。

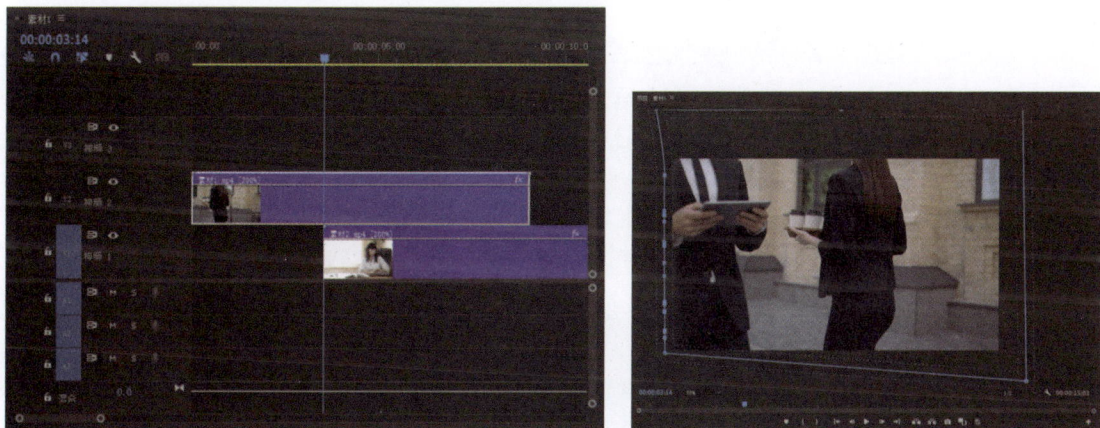

图 4-29

拓展案例：制作瞳孔转场效果

分析

本例简单讲解瞳孔转场效果的制作方法，最终效果如图 4-30 所示。

难度：★★

相关文件：第 4 章 \4.2\ 拓展案例 \ 瞳孔转场 .prproj

视频：第 4 章 \4.2\ 拓展案例 \ 瞳孔转场效果视频 .mp4

本例知识点

❑ "素材 1.mp4"需要添加缩放关键帧，让瞳孔转场效果更自然。

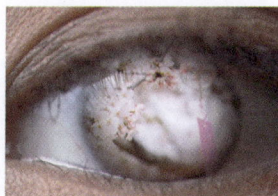

图 4-30

127

❑ 为"素材 2.mp4"添加圆形蒙版，通过应用蒙版路径和蒙版羽化关键帧，实现瞳孔的平滑过
渡效果。

4.3 高级卡点，跟着音乐一起摇摆

在短视频制作中，音乐与画面的完美融合是打造爆款作品不可或缺的一环。本节正是为了深化这一
创作理念，并运用 Premiere Pro 的剪辑工具将这些节点与视频画面进行无缝对接，实现音乐与画面的同
步律动。通过高级卡点技术的运用，不仅能够增强视频的动感与节奏感，还能使观众在享受视觉盛宴的
同时，深刻感受到音乐所传递的情感与氛围。

4.3.1 音频"鼓点"对齐的作用

所谓音频"鼓点"对齐，也就是日常所说的卡点，鼓点是音乐节奏的基础，通过精确对齐音频中的
鼓点，可以确保整首音乐的节奏感强烈且统一，通过精确匹配视频画面与音频中的鼓点节奏，使视频与
音频达到高度的同步与协调，从而增强视频的视听效果，提升观众的观看体验。

具体来说，音频鼓点对齐可强化视频节奏感，使画面与音乐节拍同步，创造动态、紧张的视觉效果。
这种同步性让视频更流畅、连贯，并增强观众情感共鸣，提升观看体验。

此外，音频鼓点对齐还能够凸显视频中的关键节点或高潮部分，通过音乐节奏的强化来引导观众的
注意力，使他们对视频内容的理解和记忆更加深刻。同时，它也能够使视频整体风格更加统一和协调，
避免因音画不同步而产生的违和感或不适感。

综上所述，音频鼓点对齐在视频剪辑中具有不可忽视的重要作用，是提升视频质量和观看体验的重
要手段之一。

4.3.2 音频"鼓点"对齐的操作思路

音频"鼓点"对齐，也就是为音频添加合适的节拍点，
在 Premiere Pro 中，可以通过使用"添加标记点（M）"，为
音频添加节拍点，如图 4-31 所示。

制作卡点视频的第一步是选好音频。制作卡点视频所需
要的音频有很多种类型，但主流卡点视频的音乐需要以下几
个风格特征：

➢ 流行音乐与摇滚音乐居多；

➢ 节奏中等偏快，节拍明晰、有力。

> 提示：当然也可以选取其他风格类型的音乐，比如
> Ballad、古风等，但前提是，该曲子有非常明
> 显的鼓点段落。

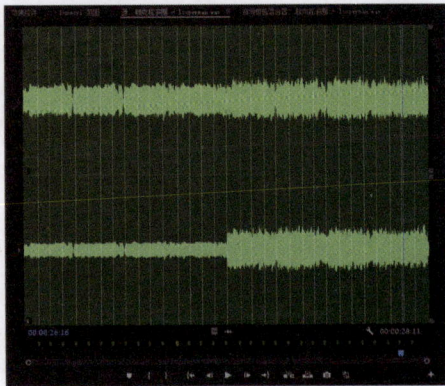

图 4-31

卡点视频的两种主流内容逻辑为单一混剪与拼盘混剪。单一混剪围绕单个主体的卡点混剪，内容
力求丰富，融入围绕这个作品的不同侧面，使观众全方位认知到视频所传达的信息又不至于感到单
调枯燥。

拼盘混剪不限主体，但是需要保持内容的一致性或相似性，例如本案例为汽车混剪视频，可以不找
同一辆车的视频素材，但也需要找寻和车相关的素材，然后混剪成一个全新的视频。

搜集混剪素材有两个方法，第一个方法是自行剪辑素材，第二个方法是下载成片素材。无论是采用
哪一种方法，找素材都会花费混剪视频的 70% 左右的时间。

经验丰富的剪辑师，一定曾经看过无数的素材。从自己熟悉的题材、内容开始寻找素材，是适合初

学者的练习方法。

做好前期准备工作后，开始为音频添加鼓点，也就是节拍点，添加节拍点的方式有多种。

1. 在 Premiere Pro 中直接添加节拍点

01　在 Premiere Pro 中创建项目"鼓点 .prproj"，导入一段选取好的音乐，在"项目"面板中双击音乐，在"源"面板中将显示音乐素材预览，如图 4-32 所示。

02　我们可以通过调整下方的放大缩小光标，将"源"面板中的素材放大，然后观察"源"面板中的音频波形。通过观察音频波形，可以发现落差较大，说明这是一首节奏感明显的音乐，我们可以根据该音乐的波形单击"添加标记点（M）"按钮，或者使用快捷键 M，添加节拍点，如图 4-33 所示。

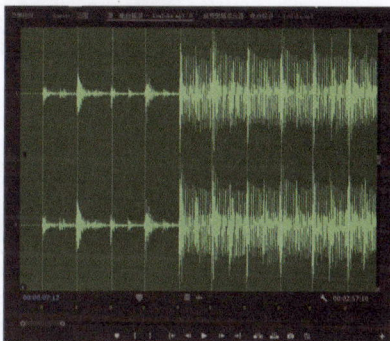

图 4-32　　　　　　　　　　　　　　　　　图 4-33

03　节拍点添加完成后，即可将素材导入时间轴面板，同时时间轴面板中的素材将会自动显示节拍点，如图 4-34 所示。

04　除了直接通过波形进行节拍点的添加，为了更精准地添加节拍点，还可以通过添加的插件进行节拍点的添加。

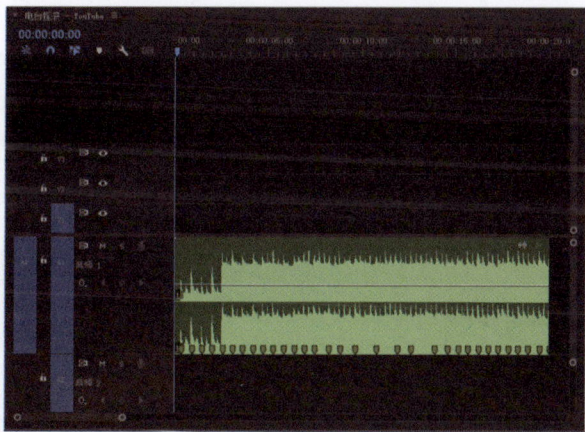

图 4-34

05　将没有添加标记的音频文件导入 Premiere Pro 中，正确安装踩点插件 Beat Edit 后，选中没有标记的音频，然后执行"窗口"|"扩展"|"Beat Edit-MG"命令，打开 Beat Edit 面板，如图 4-35 所示。

06　选择音频，在 Beat Edit 面板中单击"Load Music"按钮，将音频导入至面板中，如图 4-36 所示。在左上角选择"Clip Markers"选项，单击▼按钮，如图 4-37 所示。稍等片刻，Beat Edit 会自动为音频添加标记。

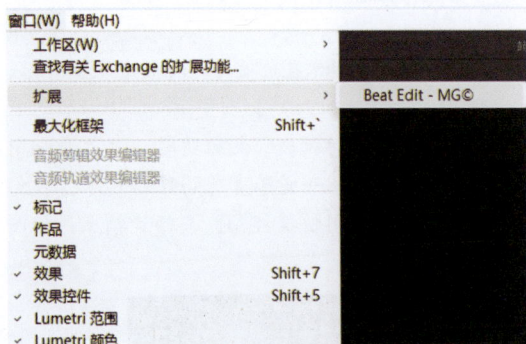
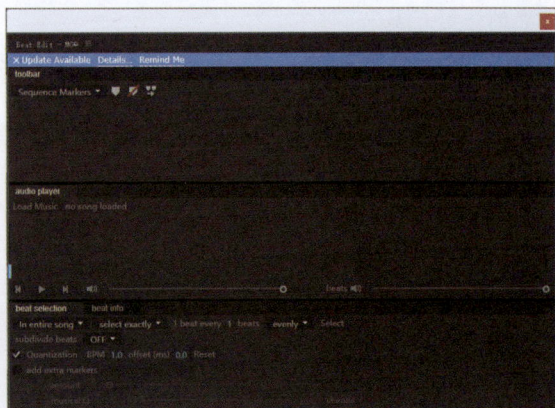

图 4-35

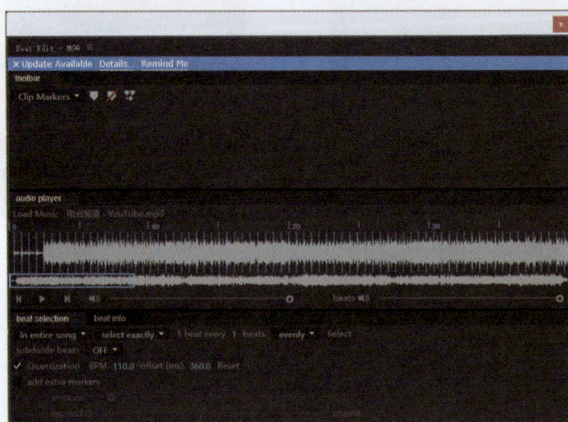

图 4-36

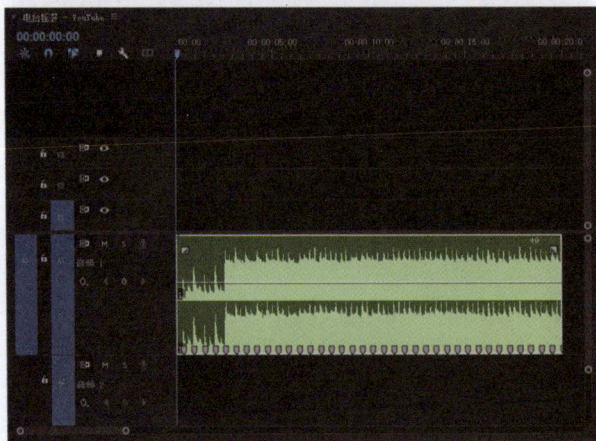

图 4-37

07　虽然 Beat Edit 非常方便快捷，但是为了训练对音乐节奏的敏感度，剪辑师还是应该手动打节拍标记，增强对音乐节奏的把握能力，有助于提高剪辑技巧。

> 提示：音频的波形指的是声波在时间维度上的表现形式，它通过图形化的方式展示了声音的振动特性。波形图是一种常见的视觉工具，每个波形的峰值代表声音的振幅，即声音的响度，而波形的频率（即波峰和波谷的重复次数）则对应声音的音调。

2. 在 Adobe Audition 中添加节拍点

Adobe Audition 是一款专业的音频编辑与处理软件，以其强大的音频处理功能、直观的操作界面以及广泛的兼容性为特点。它专为音频后期制作、录音室编辑、广播节目制作以及多媒体音频创作而设计，能够满足从简单音频剪辑到复杂音频效果处理的各种需求。

通过 Adobe Audition（AU）内置的节拍器功能，可以更为精准地添加节拍点，同时对音乐节奏有更深刻的认识。

01　在 Adobe Audition（AU）中添加音乐素材后，打开"多轨编辑器"如图 4-38 所示。

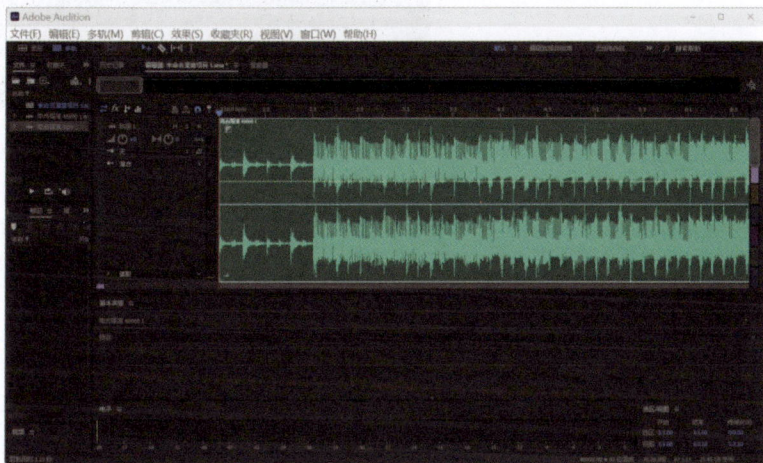

图 4-38

02　在音频轨道上方空白处单击鼠标右键，在弹出的菜单中选择"时间显示"|"编辑节奏"选项，如图 4-39 所示，打开"首选项"对话框。

03　通过将该音乐将音乐上传至可以测量节拍的音乐编辑网站或软件，可以快速得到测试结果，该音乐节奏（BPM）为 110。在"节奏"选项中输入 110，如图 4-40 所示，单击"确定"按钮关闭对话框。

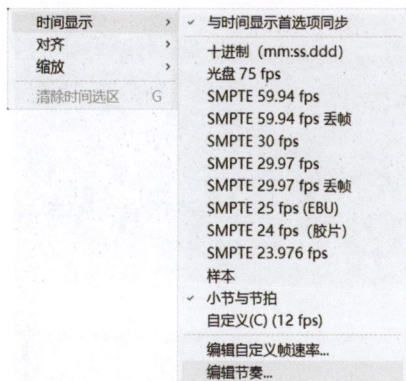

图 4-39

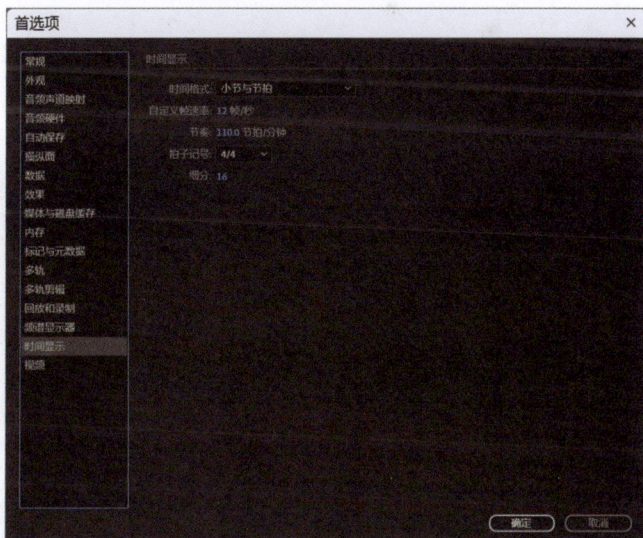

图 4-40

04　然后执行"时间显示"|"小节与节拍"命令，如图 4-41 所示。观察音轨上的数字变化，如图 4-42 所示。这些数字，以及数字后面跟着的小数就是这个音乐的节拍。

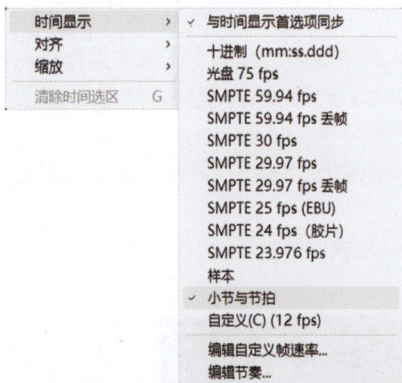

图 4-41

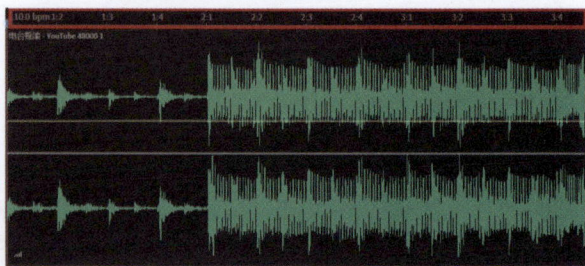

图 4-42

05 每一个大刻度代表一个小节，后面跟着的小数就是代表他这个小节里面的拍。一个小节由 4 拍构成，每一个拍刚好对应一个节奏点。将轨道的时间线拉长，就可以在轨道中看到清晰的节拍。播放音乐，根据节奏点按下 M 键就可以在该位置创建一个标记，如图 4-43 所示。

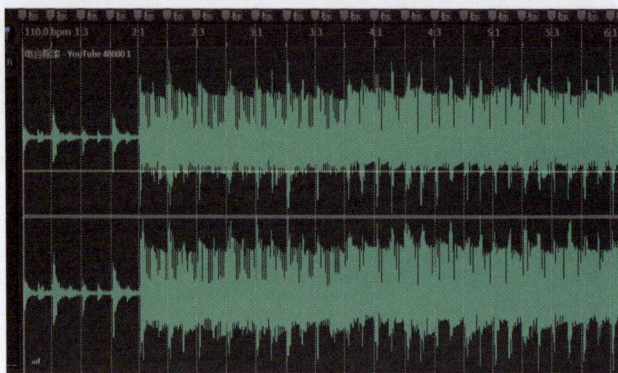

图 4-43

06 添加标记的操作结束后，执行"文件"|"导出"|"多轨混音"|"整个会话"命令，在打开的对话框中设置名称及存储路径，单击"确定"按钮导出音频，如图 4-44 所示。

07 回到 Premiere Pro 中的项目"鼓点 .prproj"，在"项目"面板中导入步骤 05 导出的音乐，然后把该音乐添加至时间轴面板中，如图 4-45 所示，由此可看出节拍点已自动添加进素材中。

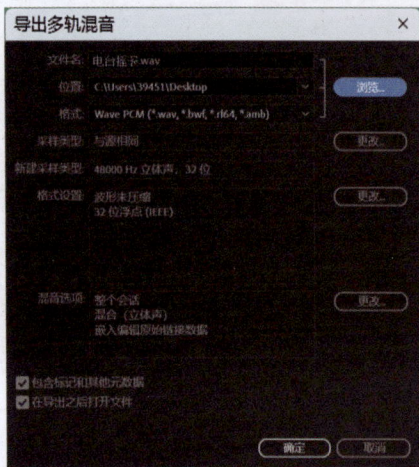

图 4-44

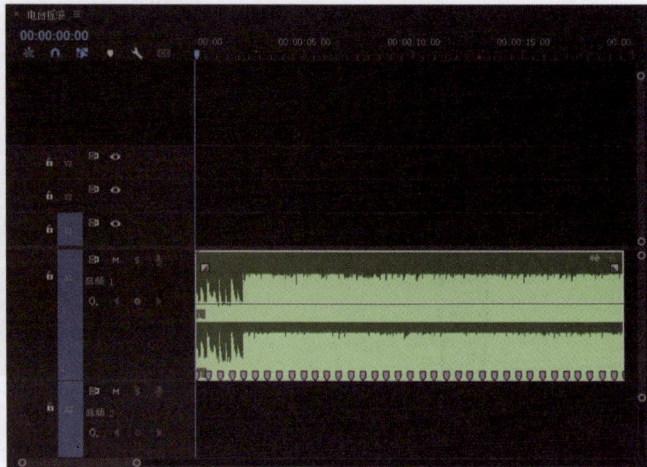

图 4-45

Adobe Audition 版本相较于之前的版本，工作界面的外观发生了很大的变化，同时在"基本声音"面板中可以自动添加标记点。

4.3.3　实操：制作百叶窗音乐卡点效果

百叶窗音乐卡点效果是旅拍视频常用的表现形式。本案例将介绍如何配合音乐节拍点制作百叶窗音乐卡点视频，效果如图 4-46 所示，下面将介绍具体操作方法。

图 4-46

01　启动 Premiere Pro，创建"4.3.3 慢动作 .prproj"项目文件，并将导入相应的素材添加至"时间轴"面板中。

02　制作音乐卡点视频的第一步是把背景音乐从头到尾听一次，可以通过插件 Beat Edit 自动添加节拍点，然后根据需求在"源"监视器面板中对节拍点进行修改，或者直接在"源"监视器面板和 Adobe Audition（AU）中手动添加节拍点皆可。

03　节拍点添加完成后，将"素材 1.mp4"在上方轨道复制 6 次，并根据节拍点依次排列，如图 4-47 所示。

04　排列完成后依次为"素材 1.mp4"添加矩形蒙版，制作百叶窗效果，如图 4-48 所示。

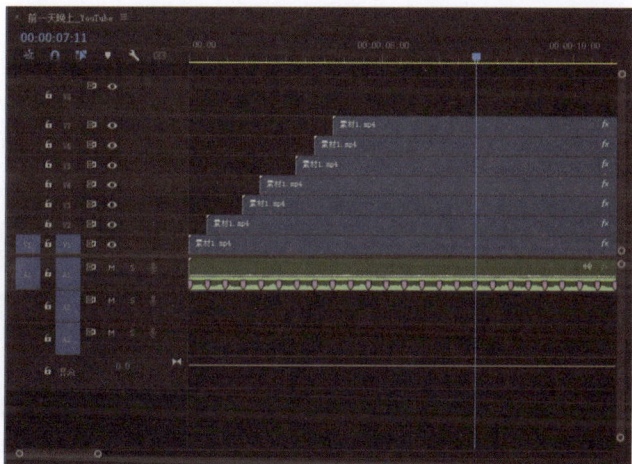

图 4-47

图 4-48

05　蒙版添加完成后，在每一段素材的开头位置和前 5 帧添加不透明度关键帧，制作渐显效果，让素材出场过渡更自然，如图 4-49 所示，至此简单的百叶窗音乐卡点效果就制作完成了。

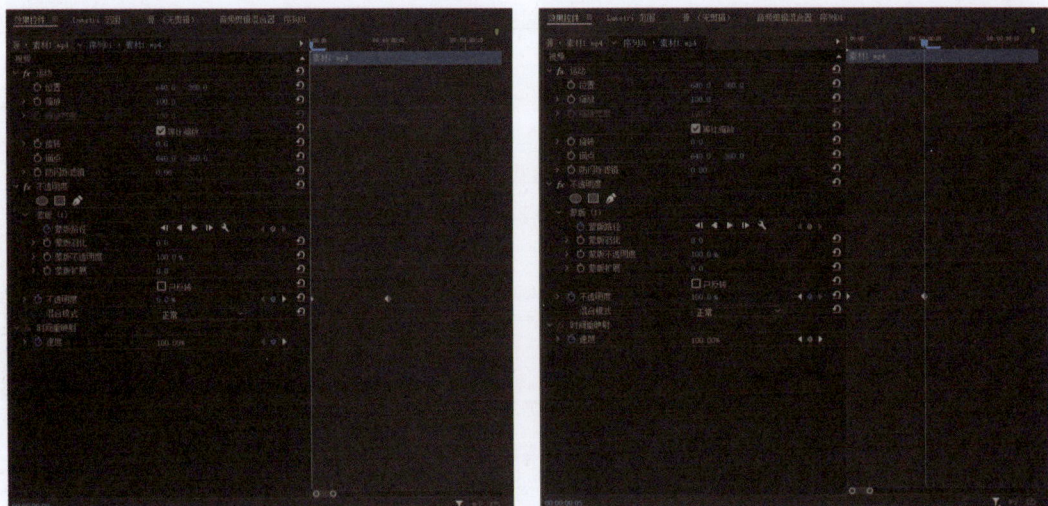

图 4-49

> 提示：（1）为了让画面更丰富，可以在每段素材开始的位置添加10帧的白场视频，使用三联帧的方
> 法制作闪白效果。
> （2）在"节目"监视器中单击鼠标右键执行"显示参考线"命令，更方便添加矩形蒙版。

4.3.4 实操：制作坡度变速卡点效果

图 4-50

坡度变速卡点效果是曲线变速应用效果中的一种，十分简单，通常应用于旅拍视频中。本案例将介绍如何制作坡度变速卡点效果，效果如图 4-50 所示，下面将介绍具体操作方法。

01 启动 Premiere Pro，按快捷键 Ctrl+O，打开素材文件夹中的"坡度变速卡点素材 .prproj"项目文件。进入工作界面后，可以看到"时间轴"面板中已经添加好的有节拍点的音乐素材，如图 4-51 所示。

02 在"时间轴"面板中导入"素材 1.mp4"，将时间线移动至第 5 个节拍点位置，选择"剃刀工具"🗡️，在此处进行切割，如图 4-52 所示，将剩余的视频素材删除。

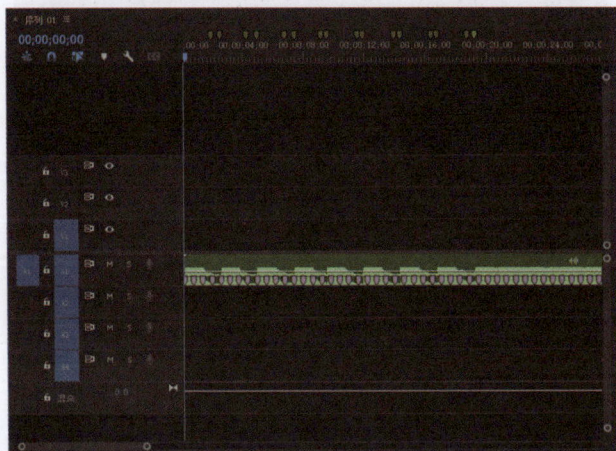

图 4-51

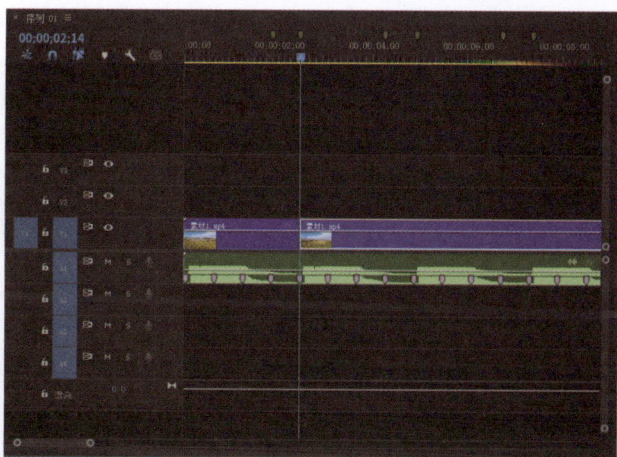

图 4-52

03　选中裁切好后的"素材 1.mp4"，单击鼠标右键执行"显示关键帧"|"时间重映射"|"速度"命令，然后在第 3 个节拍点和第 4 个节拍点位置添加两个速度关键帧，如图 4-53 所示。由于速度变化会使素材时长发生变化，所以可以先适当将后面的素材稍微延长，如图 4-54 所示。

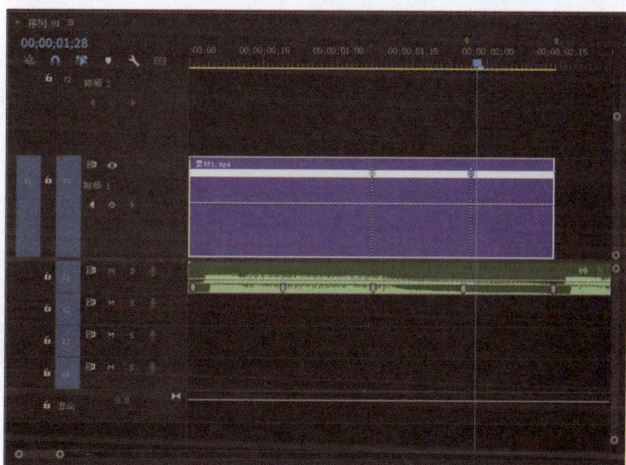

图 4-53

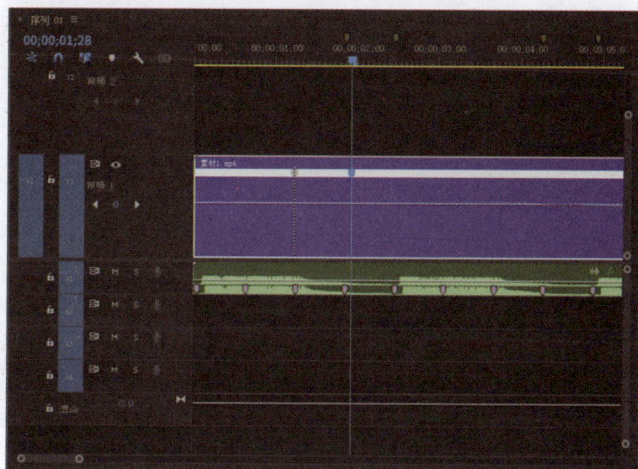

图 4-54

04 将第一个关键帧前面的速度提高，将第二个关键帧后面的速度提高，如图4-55所示。

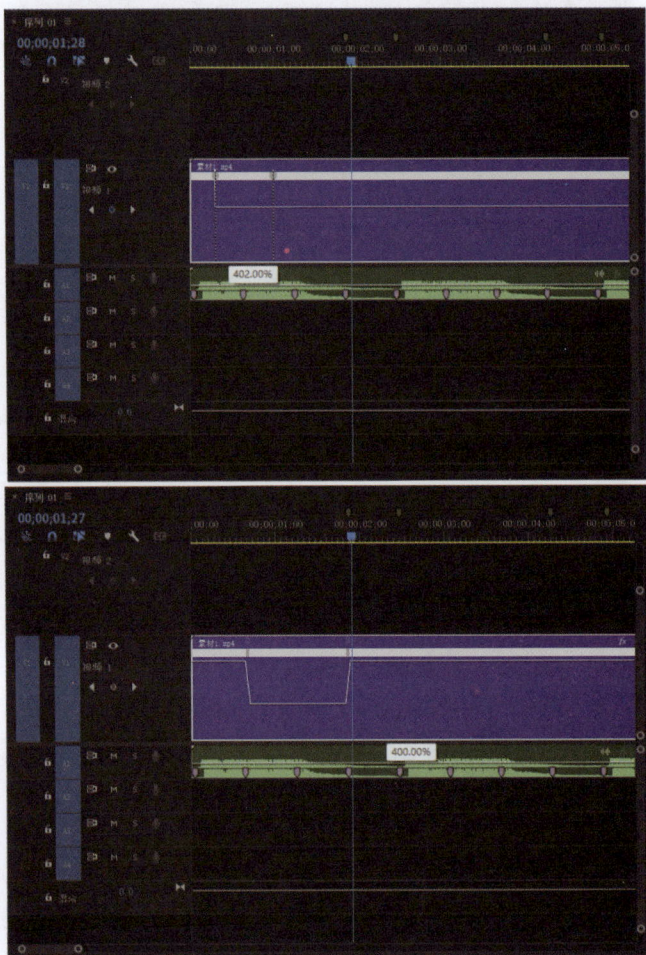

图4-55

05 根据前文介绍的曲线变速方法，将两个关键帧之间的速度曲线变为光滑的曲线，如图4-56所示。

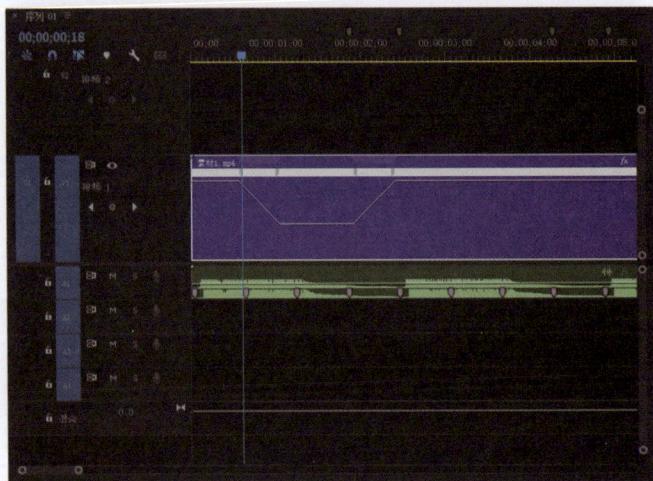

图4-56

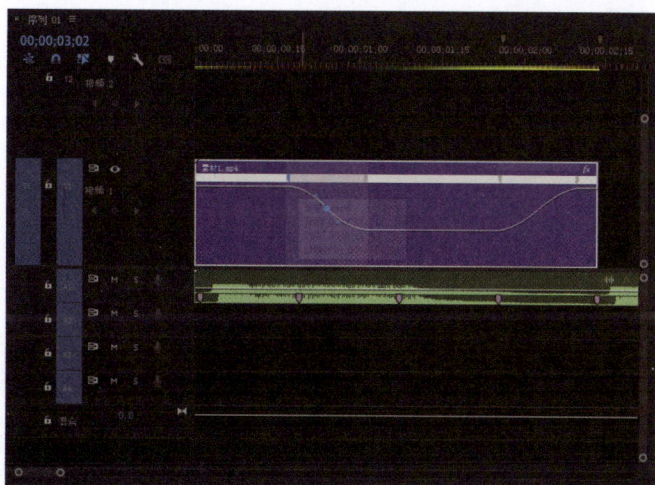

图 4-56（续）

06　为了让画面更流畅，执行 Ctrl+R 快捷键，打开速度调节器，
　　在"时间插值"中选择"光流法"，如图 4-57 所示。

4.3.5　实操：制作闪白卡点效果

闪白卡点效果一直是卡点视频中常见的剪辑手法，它能够突出视频的重点内容，丰富画面的层次，使视频呈现出更加炫酷的效果。因此，在许多舞蹈视频中，闪白卡点剪辑手法被频繁使用。本小节将通过一个舞蹈卡点视频，介绍如何制作闪白卡点效果，效果如图 4-58 所示，下面介绍具体操作方法。

01　在 Premiere Pro 中创建项目"4.3.5 闪白卡点 .prproj"，并将导入的相应素材添加至"时间轴"面板中。

02　本案例需要通过边听音乐边看视频，根据舞蹈动作和音乐鼓点分析需要卡点的位置，然后在"时间轴"面板中添加标记点，如图 4-59 所示。

03　将时间线移动至第一个节拍点，导入"白场 .mp4"，时长为 4 帧，然后根据三联帧方法添加不透明度关键帧，如图 4-60 所示，这样第一个闪白效果即完成。

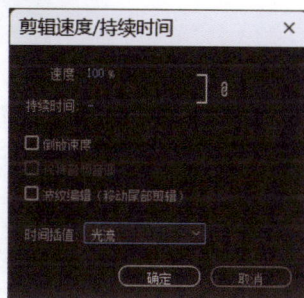

图 4-57

图 4-58

图 4-59

04 后续可以根据上述方法依次在节拍点处添加闪白效果。

05 为了让画面动态感更强，可以制作残影效果。首先将闪白效果放置在V3轨道中，然后在V2轨道中复制并粘贴"素材.mp4"。根据闪白出现的位置对V2轨道中的"素材.mp4"进行裁剪，并且确定好视频结尾处，最终效果如图4-61所示。

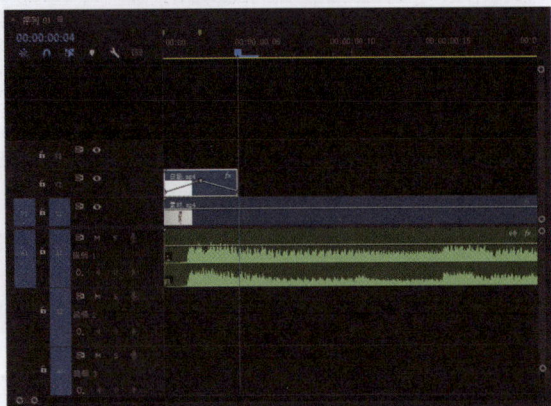

图 4-60

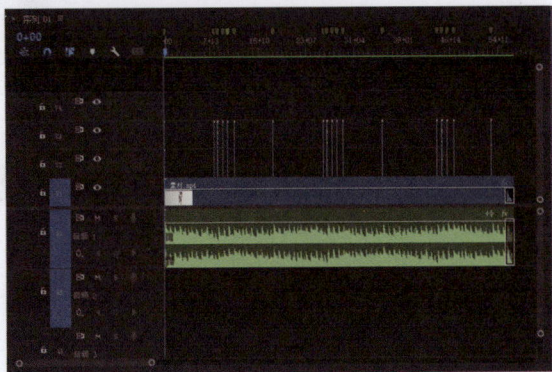

图 4-61

06 裁剪完成后，选中裁剪完成后的第一段素材，添加"变换"效果，在其中的位置和缩放处，需要打上关键帧，这样残影效果即制作完成，为了让画面动态感更佳，在添加完"变换"效果下的关键帧后，再添加"运动"效果下缩放关键帧，具体如图4-62所示。

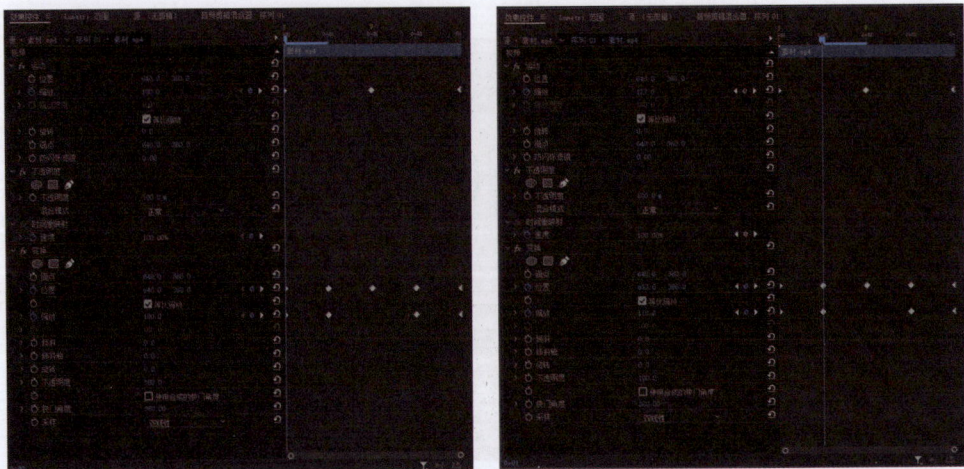

图 4-62

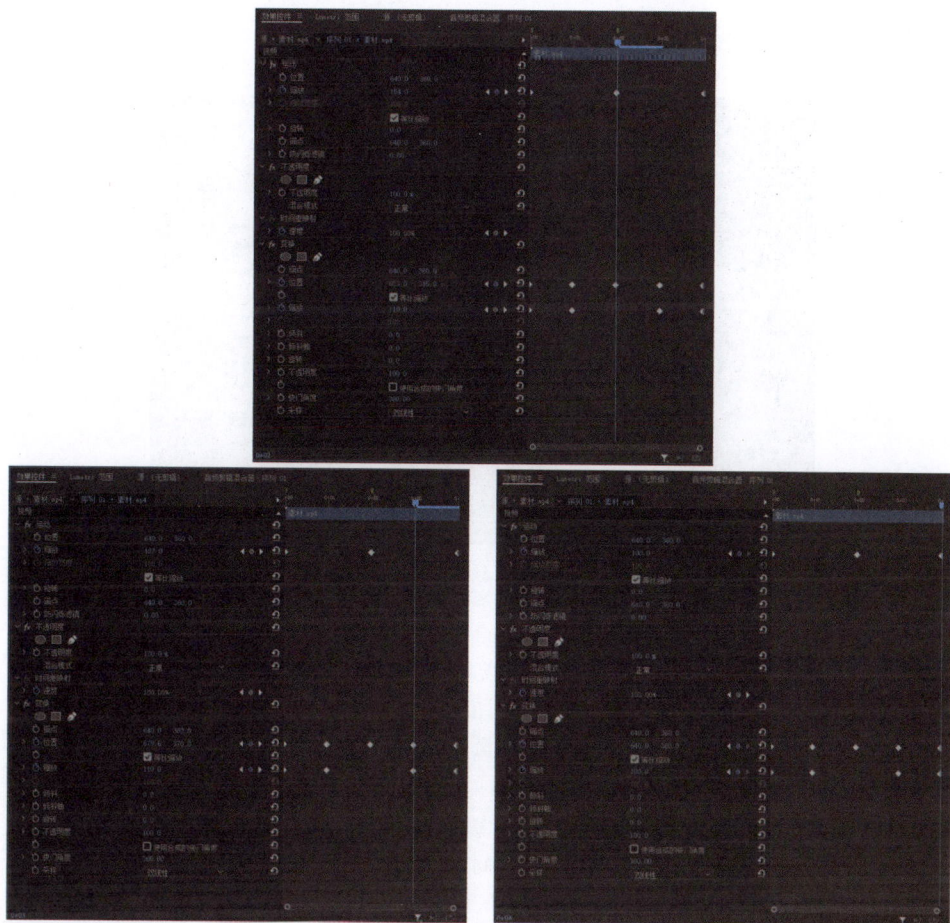

图 4-62（续）

07　完成上述操作后，选中这段素材，单击鼠标右键执行"复制"命令，如图 4-63 所示。然后选择后续的所有 V2 轨道中裁剪好的"素材 .mp4"，单击鼠标右键执行"粘贴属性"命令，在弹跳出的"粘贴属性"窗口中单击下方"确定"按钮，如图 4-64 所示，这样后续的片段效果可直接添加第一段素材设置的残影效果。

图 4-63

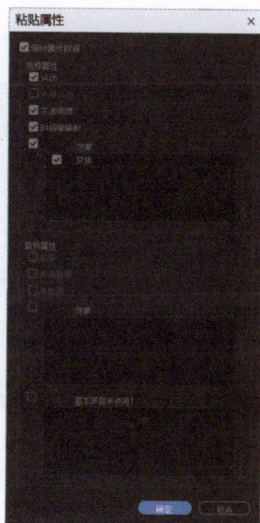

图 4-64

> 提示：在制作后续闪白效果时，最好将"白场.mp4"的中间与节拍点对齐，这样卡点更为准确，如图 4-65所示。

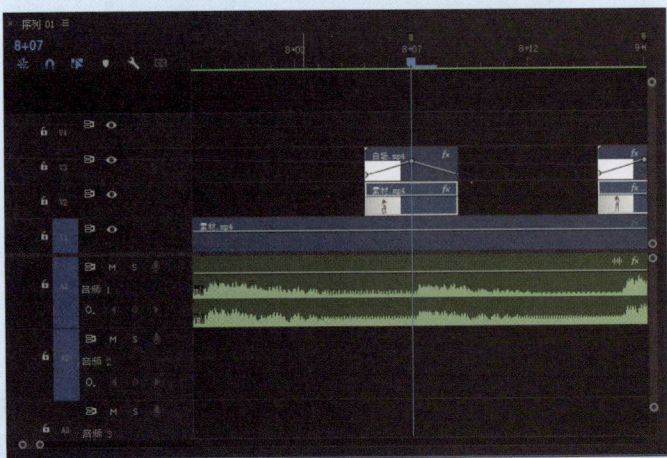

图 4-65

4.3.6 实操：制作动感相册

在社交平台上分享照片时，单纯的图片分享可能显得单调。为了使我们的照片展示更加生动有趣，本案例将向读者展示如何制作一个动感相册视频，效果如图 4-66 所示，下面将介绍具体操作方法。

图 4-66

01 启动 Premiere Pro，创建"4.3.6 动感相册.prproj"项目文件，并将导入的图片素材添加至"时间轴"面板中，选中"时间轴"面板中的所有图片素材，单击鼠标右键执行"速度/持续时间"命令，将持续时间改为 00:00:03:00，并勾选"波纹编辑选项"，如图 4-67 所示。

02 然后选中 V1 轨道中的所有图片素材，在上方 V2 轨道中复制并粘贴所有图片素材，如图 4-68 所示。

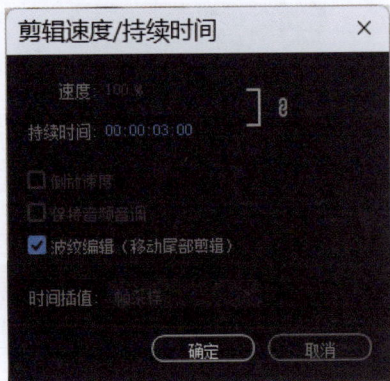

图 4-67

图 4-68

03 为所有 V1 轨道中的图片素材添加"高斯模糊"效果，具体数值如图 4-69 所示。

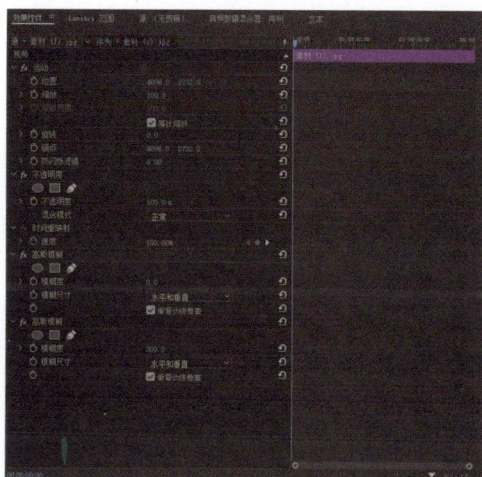

图 4-69

04　再选中 V2 轨道中的"素材（1）.jpg"，将其大小更改为如图 4-70 所示。

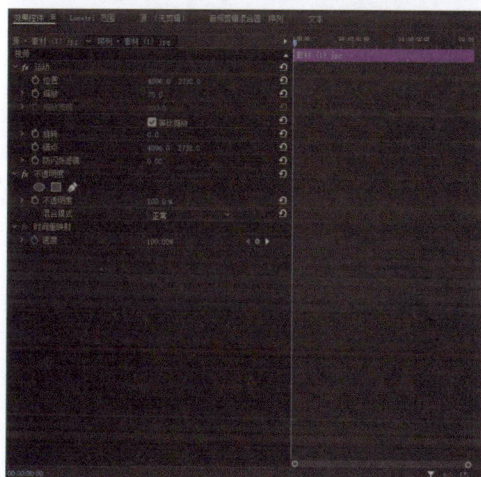

图 4-70

05　再为 V2 轨道中的"素材（1）.jpg"添加"径向阴影"和"阴影"效果，具体数值如图 4-71 所示。

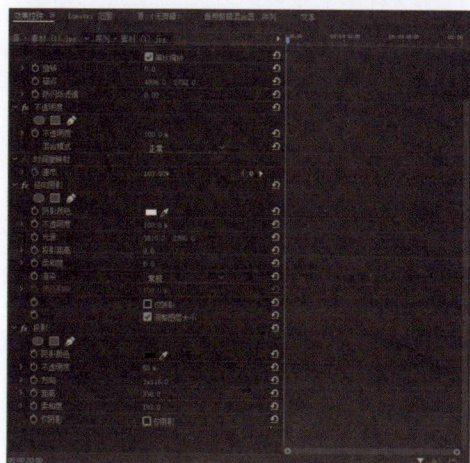

图 4-71

06 为了让图片有动态效果，添加"基本 3D"效果，并在开头和结尾分别打上"运动"效果中的"缩放"和"旋转"关键帧及"旋转"和"倾斜"关键帧，具体设置如图 4-72 所示。

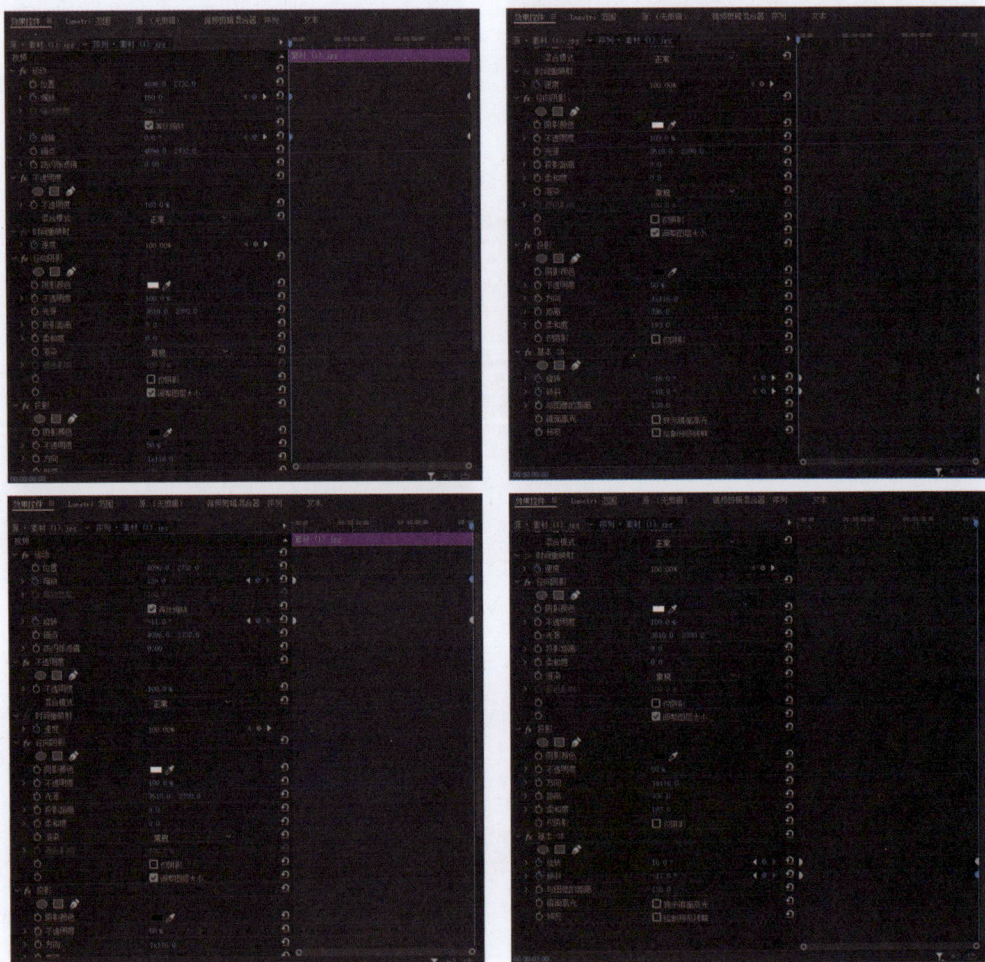

图 4-72

07 完成 V2 轨道中的"素材（1）.jpg"动态照片设置后，单击鼠标右键执行"复制"按钮，再选中 V2 轨道中剩余的图片素材，单击鼠标右键执行"粘贴属性"命令，将 V2 轨道中的"素材（1）.jpg"的效果设置应用在所有素材上即可。

--- 拓展案例：制作文字快闪视频 ---

分析

本例简单讲解文字快闪效果的制作方法，最终效果如图 4-73 所示。

图 4-73

难度：★★★

相关文件：第 4 章 \4.3\ 拓展案例 \ 文字快闪 .prproj

视频：第 4 章 \4.3\ 拓展案例 \ 文字快闪效果视频 .mp4

本例知识点

❏ 导入一段鼓点非常明显且节奏十分快的卡点背景音乐"震撼节拍卡点 .mp3"。

❏ 思考一段非常有趣的文案，并拆分成几个字，根据鼓点节奏放在画面中。

❏ 一般画面切换时间比较短，一个节拍切换一个画面。

05

第5章

视频画面太单调怎么办，手把手教你做特效

本章导读

　　本章将深入讲解特效制作，进一步提升视频创作水平。你将全面掌握Premiere Pro功能，包括视频效果和动态特效，以创造惊人的视觉效果。此外，本章还将讲授如何制作字幕特效，使文字转变成视觉艺术，为你的视频增添独特的韵味。模仿影视级别的特效并创新也是本章的亮点之一，这将有助于提高你的创作水平和市场竞争力。

5.1　添加视频效果，让画面生动又有趣

作为本章的第一节，我们将深入探索视频效果的魅力所在，通过视频效果，让每一个镜头都充满故事性和吸引力。通过本节的学习，你将学会如何灵活运用视频效果，让视频画面从静态走向动态，从单调变得生动。这不仅仅是对视频外观的简单美化，更是对观众情感体验的深刻触动。

5.1.1　视频效果的管理方法

视频效果管理是指对视频素材进行后期处理，通过调整各种效果提升质量和观众体验。这些效果包括色彩分级、剪辑、慢动作、光影和特殊效果等。它是一个重要的后期制作过程，主要利用技术手段和工具增强视频的视觉表现和观赏性。

制作视频效果的方法有很多种，最基础的则为直接在"效果"面板中搜索并添加想要的效果至时间轴面板中的素材上，如图 5-1 所示。但是只是将效果直接添加至素材中往往无法达到剪辑中想要的效果，甚至有时还需叠加多个效果，所以这时就需要用到我们的视频效果管理方法：添加"调整图层"。

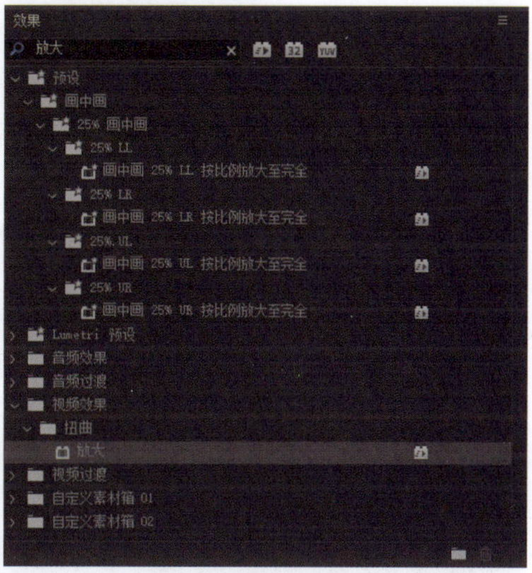

在"项目"面板中单击鼠标右键，执行"新建项目"|"调整图层"命令，如图 5-2 所示，即可在"项目"面板中新增一个调整图层，如图 5-3 所示。

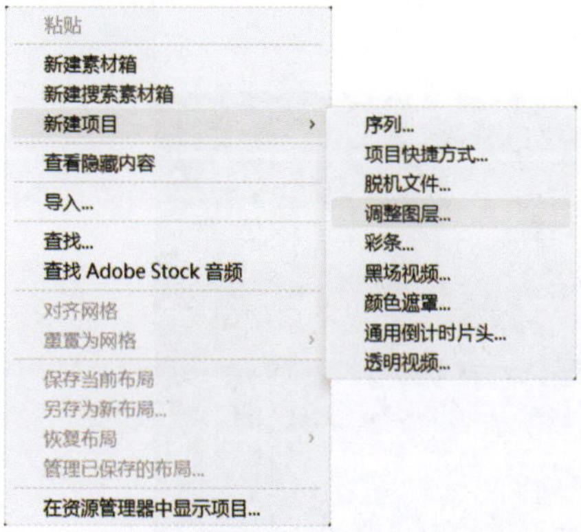

图 5-1

图 5-2

图 5-3

在"项目"面板中添加完调整图层后，将调整图层添加至时间轴面板视频轨道上方，保留时长 1s，如图 5-4 所示。然后将"效果"面板中的效果添加至调整图层中，即可在这 1s 时间内为视频增添特效。有时为了做出复杂的特效效果，可以在轨道上添加多个调整图层。

有时为了保存效果设置要保存效果预设，在"效果控件"面板中选中第一个效果，单击鼠标右键，选择"全选"，如图 5-5 所示，然后再次单击鼠标右键，选择"保存预设"，如图 5-6 所示。

选择"保存预设"选项后，在弹出来的"保存预设"窗口中编辑该预设名称，即可单击下方"确定"按钮，如图 5-7 所示。该预设可以在"效果"面板中"预设"选项栏中查看，如图 5-8 所示。

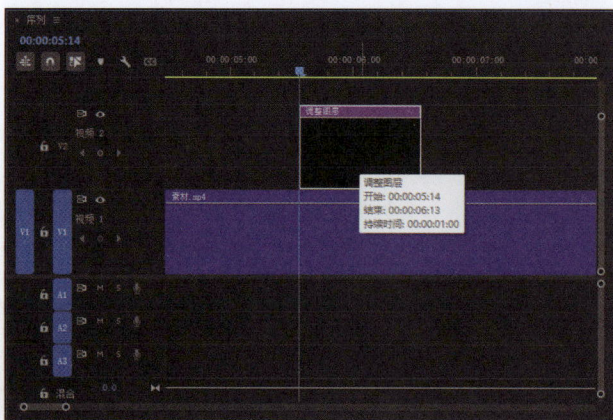

图 5-4

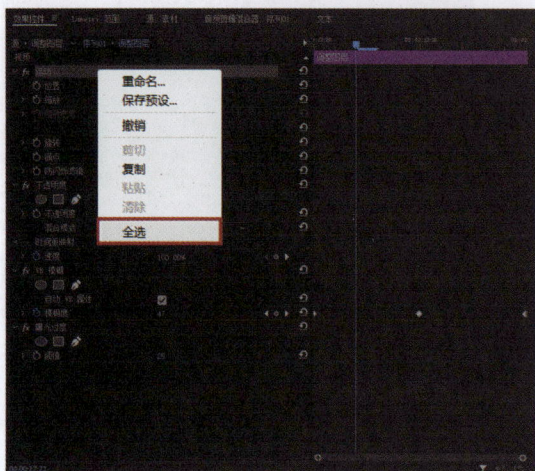

图 5-5

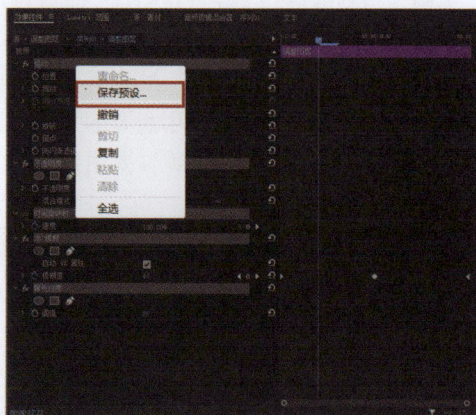

图 5-6

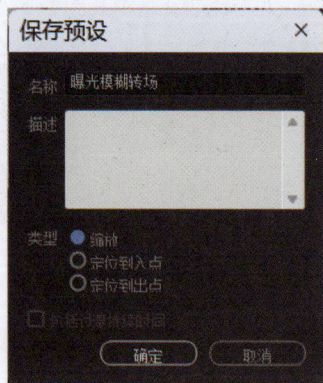

图 5-7

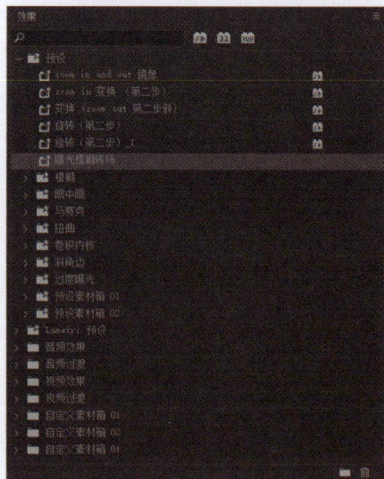

图 5-8

5.1.2　实操：制作大头人物效果视频

大头人物效果通常应用于综艺节目中的搞笑环节，以强调人物的特征。本案例通过一个视频片段介绍如何通过 Premiere Pro 制作大头人物效果，效果如图 5-9 所示，下面将介绍具体操作方法。

图 5-9

01　启动 Premiere Pro，创建"5.1.2 大头人物 .prproj"项目文件，并将导入的相应素材添加至"时间轴"面板中。

02　在"项目"面板中创建调整图层，将时间线移动至 00:00:00:05 的位置，在 V2 轨道添加调整图层，如图 5-10 所示。

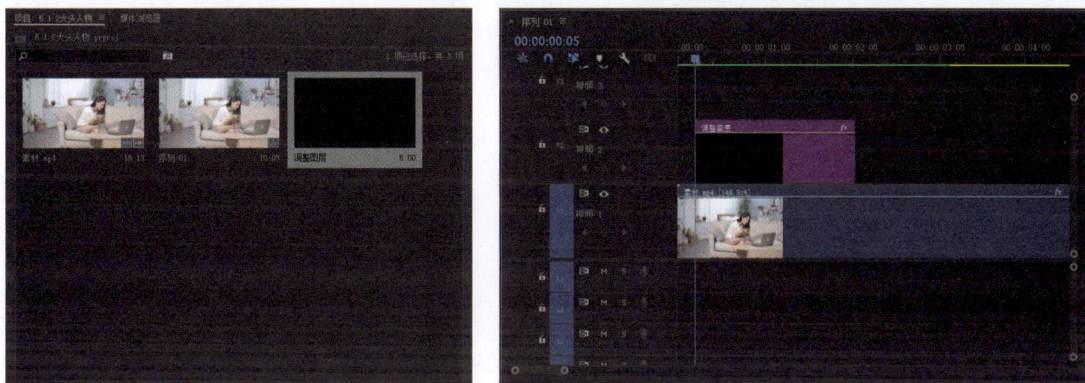

图 5-10

03　大头人物效果有两种制作方法。第一种，添加"放大"效果至调整图层中，在"效果控件"面板中选择圆形，移动中央点，将圆形放大移动至人物头部位置即可，如图 5-11 所示。由于视频中的人物是运动的，但是"放大"并不会随着人物的运动而运动，所以可以通过中央关键帧让"放大"效果随着人物的运动而运动。

图 5-11

04　"放大"效果将人物放大，类似使用放大镜，周围环绕着一圈明显的圆形边缘。

05 第二种方法,添加"球面化"效果至调整图层中,在"效果控件"面板中调整半径和球面中心数值,移动至人物头部位置,如图 5-12 所示。这样画面中人物头部产生畸变,许多短视频在剪辑时会通过人物头部畸变达到诙谐的效果。

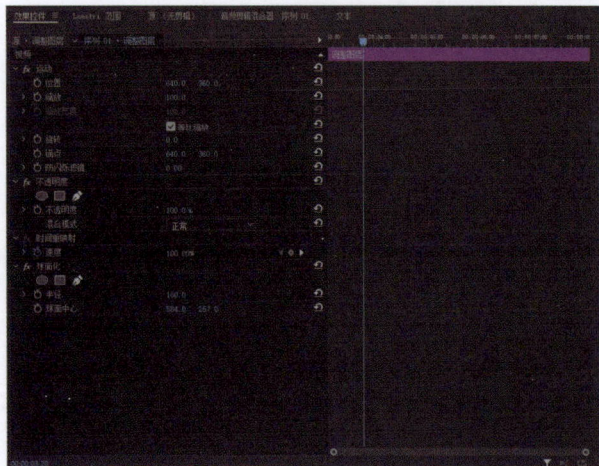

图 5-12

5.1.3 实操:制作动作残影效果视频

动作残影效果在众多强调人物动态的影片中频繁出现,例如体育、动作、舞蹈等类型的作品。本案例将制作一个网球挥拍时的片段视频,介绍如何制作残影效果,效果如图 5-13 所示,下面将介绍具体操作方法。

01 启动 Premiere Pro,按快捷键 Ctrl+O,打开文件夹"5.1.3 制作动作残影效果视频"中的"5.1.3 残影效果素材 .prproj"项目文件。进入工作界面后,可以看到"时间轴"面板中已经添加好的素材。

图 5-13

02 添加"抽帧"效果至"素材 .mp4"中,在"效果控件"面板中将抽帧率调整为 4.0,如图 5-14 所示。

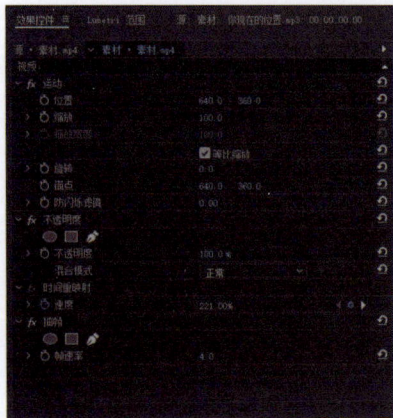

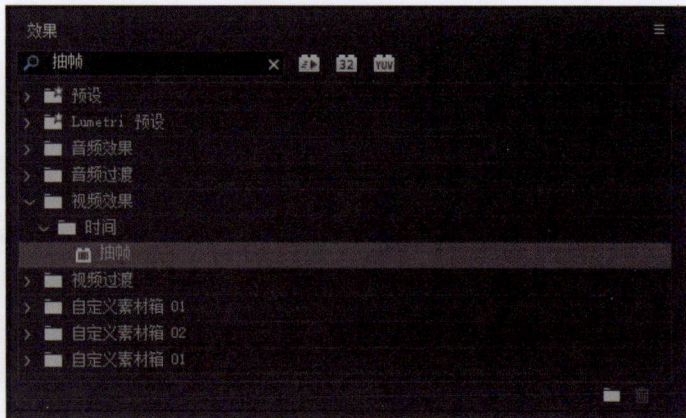

图 5-14

03 添加"抽帧"效果后,在上方轨道复制粘贴 3 次"素材 .mp4",V2 轨道"素材 .mp4"位置不变,V3 轨道"素材 .mp4"向前移动 4 帧,V4 轨道"素材 .mp4"向前移动 8 帧,如图 5-15 所示。

04 选中 V4 轨道"素材 .mp4"，将透明度调整为 33%，再选中 V3 轨道"素材 .mp4"将透明度调整为 66%。V2 和 V1 轨道"素材 .mp4"透明度保持 100% 不变。

05 选中 V2、V4 轨道中的"素材 .mp4"，单击鼠标右键，执行"嵌套"命令，如图 5-16 所示，创建"嵌套序列 01"。

图 5-15

图 5-16

06 添加"方向模糊"效果至"嵌套序列 01"中，在"方向模糊"效果控件中添加蒙版，蒙版框选住人物动作路径范围，具体设置如图 5-17 所示。

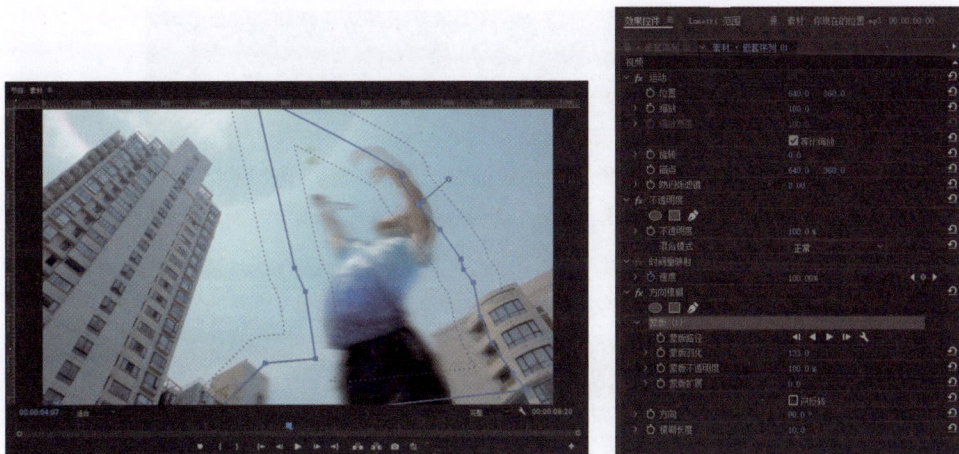

图 5-17

07 完成上述操作后，继续选中"嵌套序列 01"，将时间线移动至 00:00:01:15 的位置，添加一个不透明度关键帧，将数值更改为 20%；再将时间线向前移动 4 帧，将数值更改为 100%；再将时间线向前移动 4 帧，将数值更改为 60%；再将时间线向前移动 4 帧，将数值更改为 100%。重复上述操作至人物动作结束，最后一个关键帧不透明度关键帧数值为 20%，如图 5-18 所示。

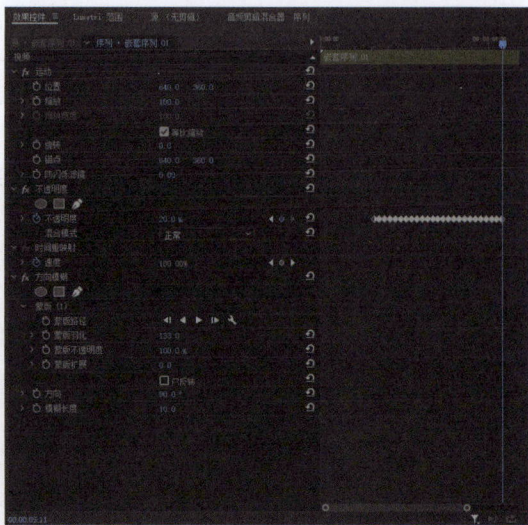

图 5-18

5.1.4 实操：制作老电影效果视频

老电影效果视频深受剪辑师和观众喜爱，其模拟老电影画质、色调、颗粒感和划痕等元素，赋予视频独特艺术魅力。本案例将介绍如何制作老电影效果视频，效果如图 5-19 所示，下面将介绍具体操作方法。

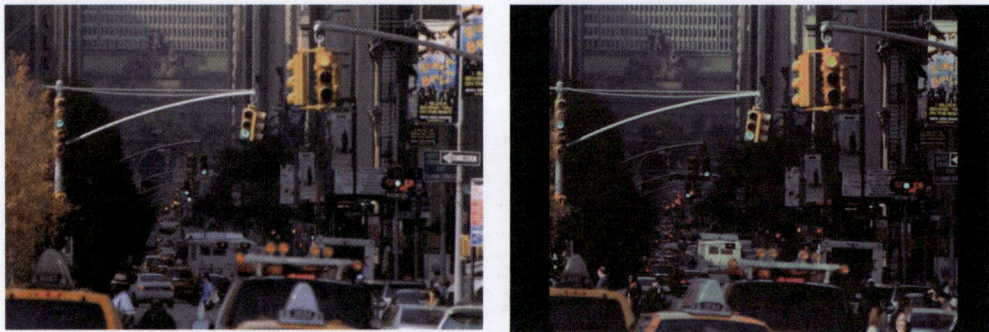

图 5-19

01 启动 Premiere Pro，创建 "5.1.4 老电影效果 .prproj" 项目文件，并将导入的素材添加至"时间轴"面板中。

02 在"项目"面板中创建一个调整图层，然后在"时间轴"面板中将调整图层放置于 V2 轨道，"特效 2.png"放置于 V3 轨道，将"特效 1.mp4"放置于 V4 轨道，如图 5-20 所示。

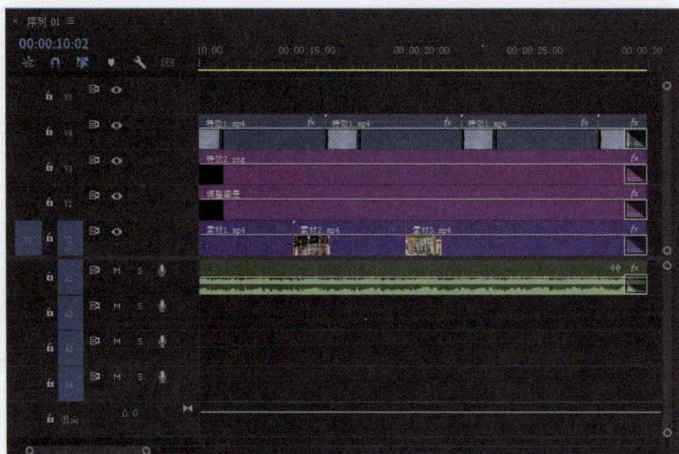

图 5-20

03　由于"特效 2.png"大小与"序列 01"画面大小不符，单击鼠标右键，执行"缩放为帧大小"命令，即可看到模拟老电视效果的画面外框。

04　然后选择"特效 1.mp4"，在"不透明度"效果控件中，选择"相乘"混合模式，如图 5-21 所示。

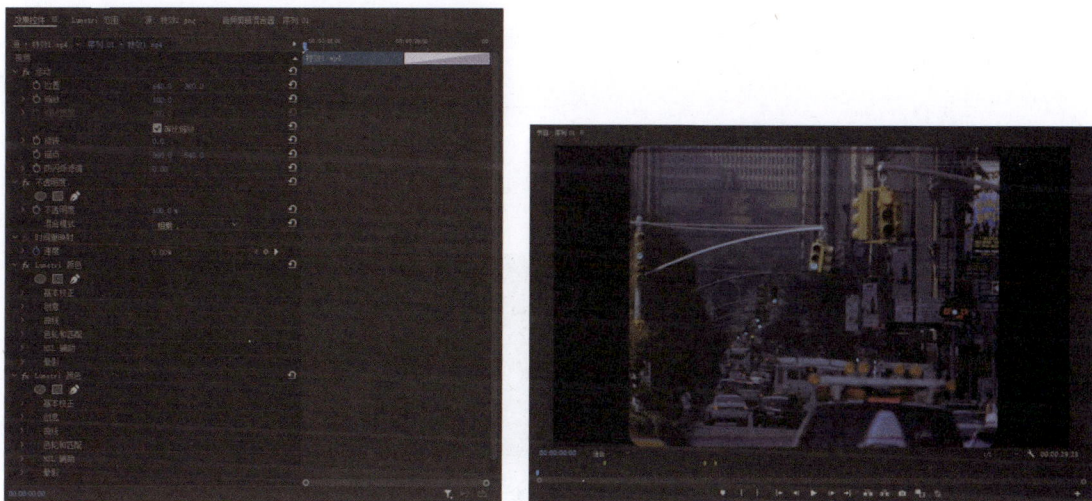

图 5-21

05　完成上述操作后，会发现虽然有了些许老电影复古的感觉，但是画面整体偏灰，画面明暗度不自然，所以还需调整画面整体色彩。选中调整图层，展开"Lumetri 颜色"面板，具体数值如图 5-22 所示，这样画面整体复古老电影效果滤镜即制作完成。

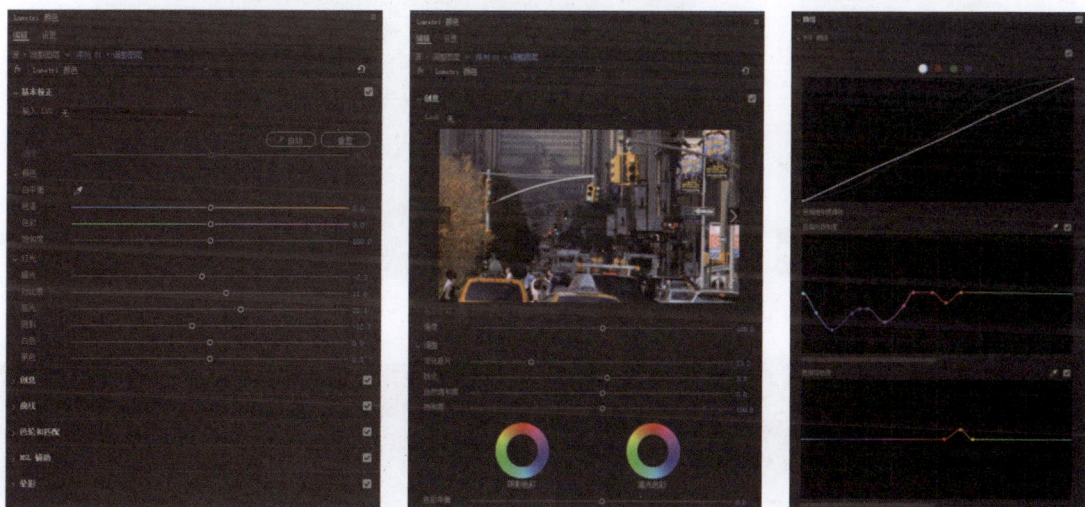

图 5-22

06　观察本案例 3 个素材视频，会发现"素材 3.mp4"在完成上述操作后，画面中的人物仍显得有些不自然且现代化。可以添加"高斯模糊"效果至"素材 3.mp4"中，适当调高模糊度，选择"水平"模糊尺寸即可。

提示：在着手制作老电影效果之前，首先需要掌握几个关键要素——应用复古滤镜，模拟屏幕偶尔出现的噪点，保留四周的黑边，以及营造画面的适度模糊感。在进行剪辑之前，若能带着剪辑思维明确整体的剪辑思路，那么在随后的剪辑过程中将会事半功倍。

5.1.5 实操：制作动态海报视频

本案例将介绍如何使用 Premiere Pro 制作一个简单的动态海报视频，效果如图 5-23 所示，下面将介绍具体操作方法。

01 启动 Premiere Pro，创建"5.1.5 动态海报视频 .prproj"项目文件，并将导入的相应素材添加至"时间轴"面板中。

02 首先导入"元素 1.2.mov""元素 2.png"和"元素 3.png"，并分别选中"元素 1.2.mov"和"元素 2.png"，展开"Lumetri 颜色"面板，将画面颜色调整为黑白，如图 5-24 所示。

03 完成上述操作后，在"时间轴"面板中调整素材顺序，并在"节目"监视器中调整位置，具体如图 5-25 所示。

图 5-23

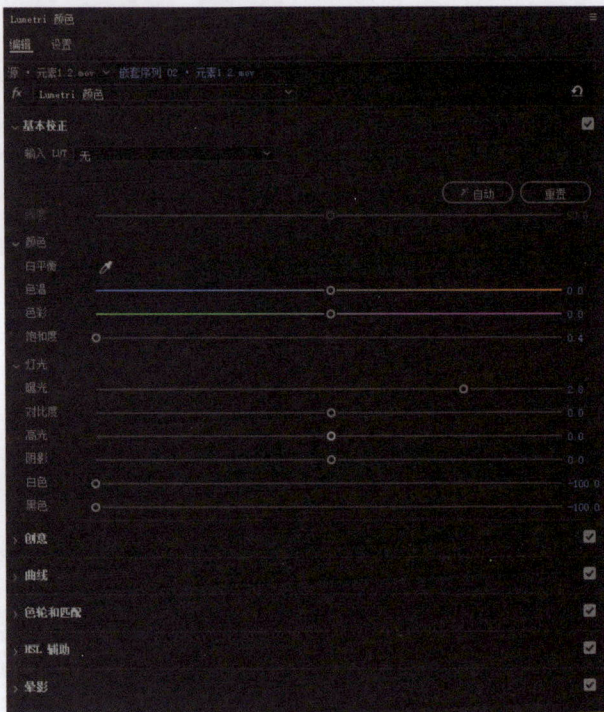

图 5-24

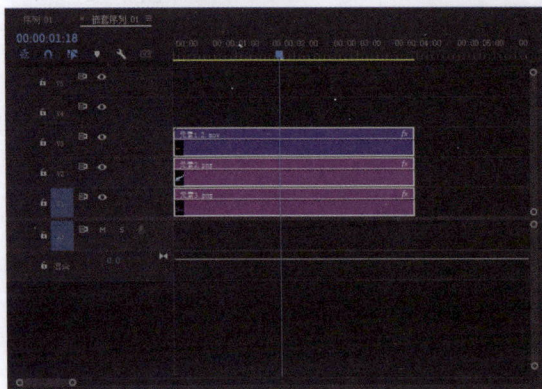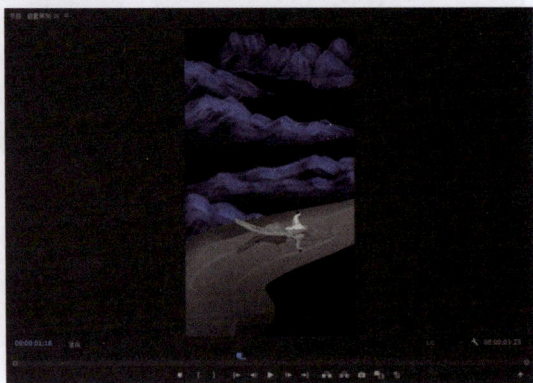

图 5-25

04 由于本案例为动态海报，所以我们可以利用关键帧和视频过渡效果让画面动起来，具体如图 5-26 所示。

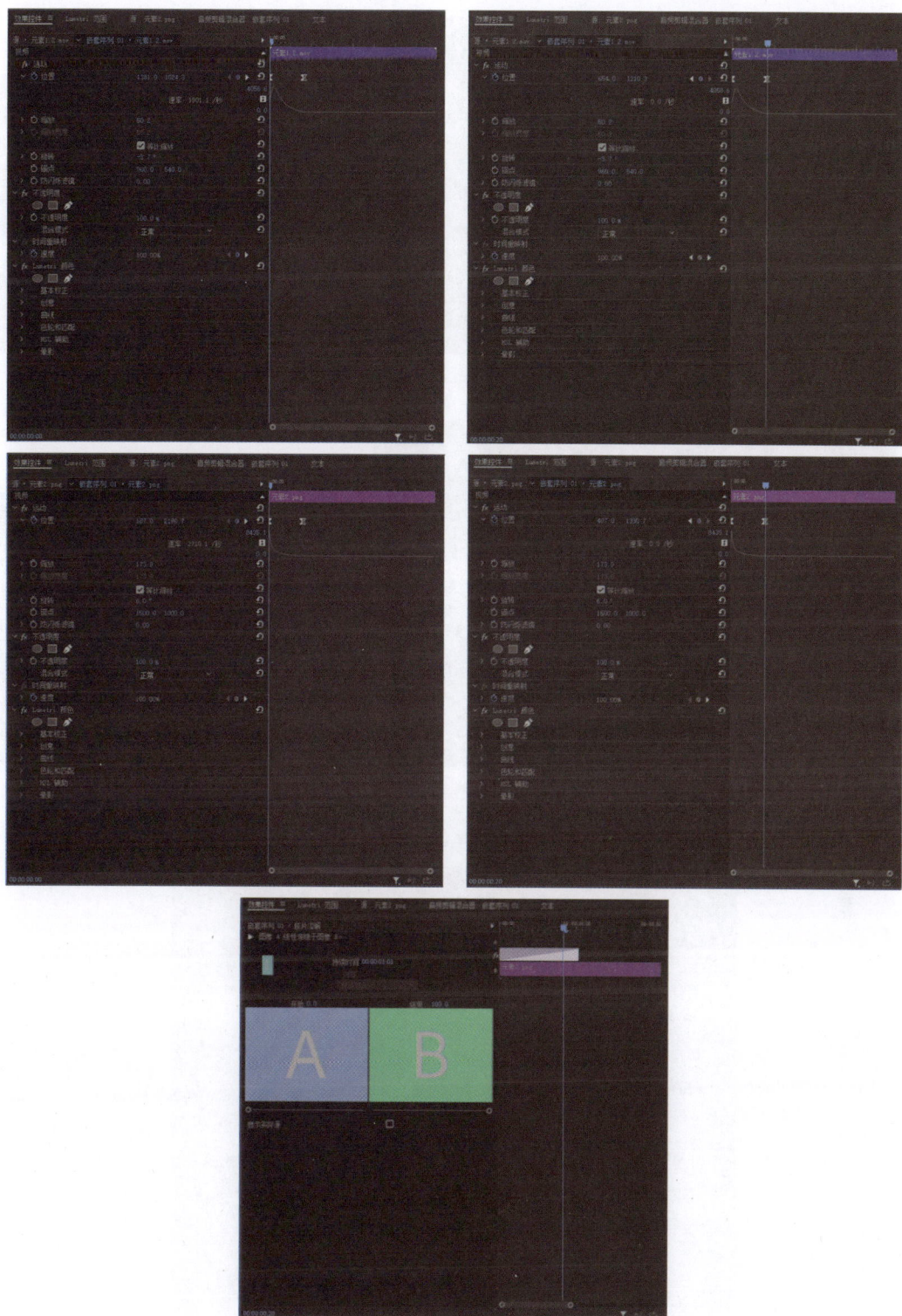

图 5-26

05　完成上述操作后，开始制作海报背景，选中"矩形"工具█，在"节目"监视器画面中绘制一个偏米黄色的矩形背景图，如图 5-27 所示。

06　再使用"圆形"工具●，绘制一个圆形背景，如图 5-28 所示。

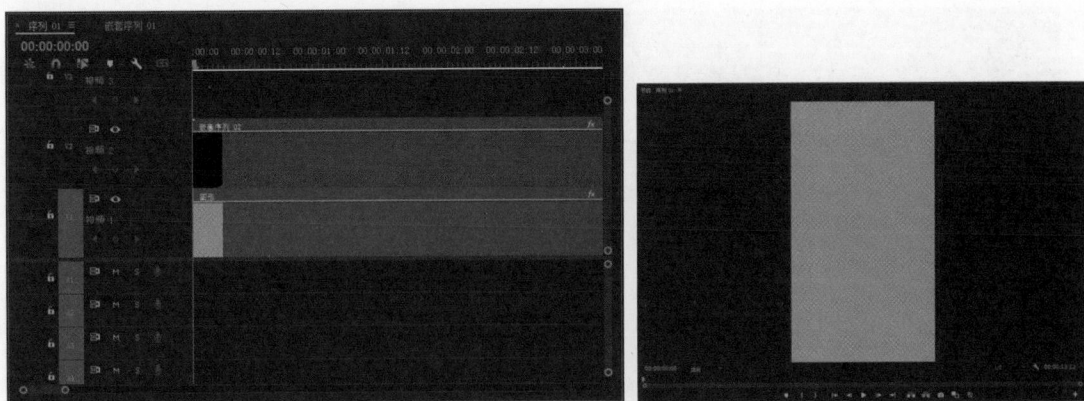

图 5-27

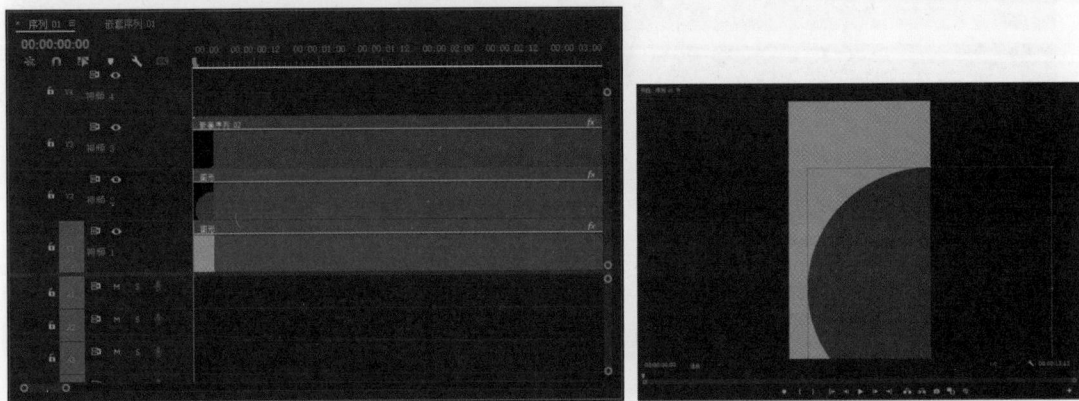

图 5-28

07 绘制完圆形后，为圆形添加位置关键帧，让其动起来，如图 5-29 所示。

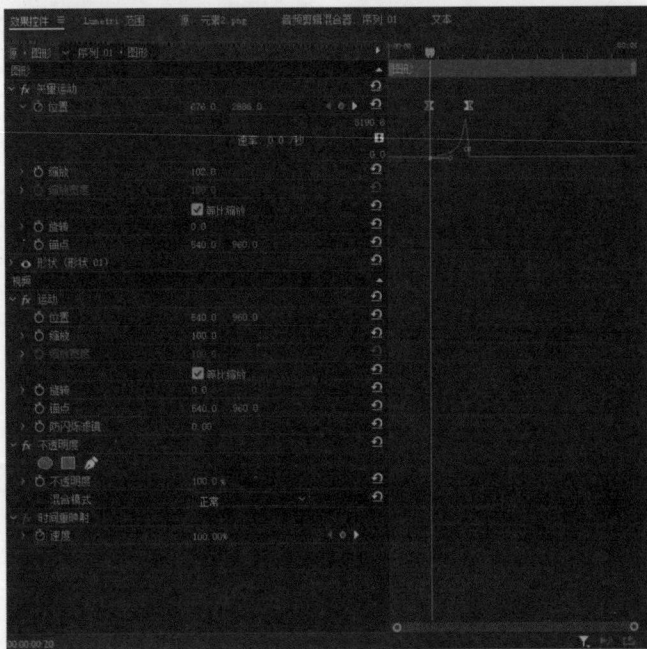

图 5-29

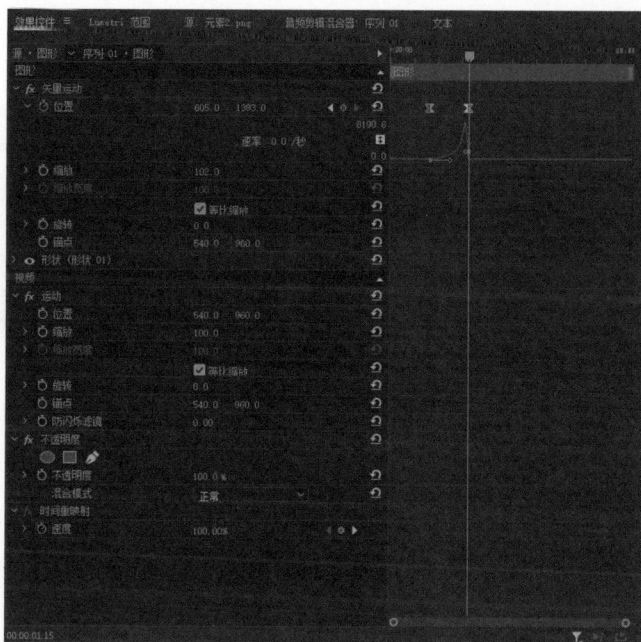

图 5-29（续）

08 然后在"节目"监视器画面中添加文字，摆放位置如图 5-30 所示。

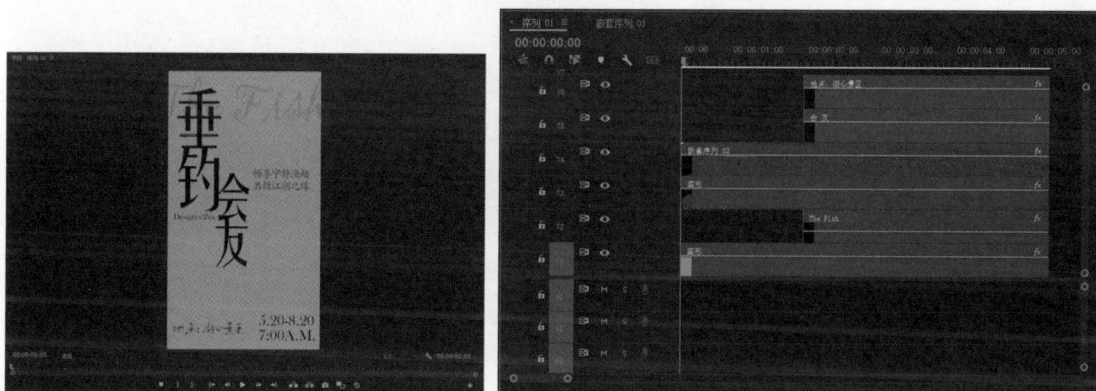

图 5-30

09 为了让这些文字也动起来，可以在开头添加视频过渡效果，如图 5-31 所示。

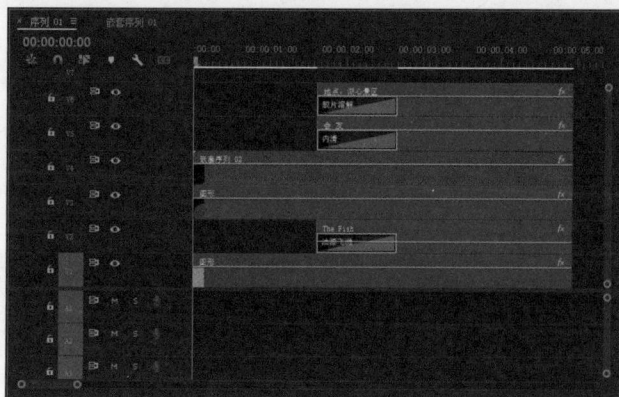

图 5-31

5.1.6　实操：制作分屏城市展示视频

分屏效果适用于旅行 Vlog 和城市宣传片，通常置于视频的开头部分。这种剪辑技巧能够在单一画面内展示多个信息点，有效地吸引观众的注意力，增强视频开头的吸引力。本案例将介绍如何制作分屏城市展示效果，效果如图 5-32 所示，下面将介绍具体操作方法。

图 5-32

01　启动 Premiere Pro，创建"5.1.6 分屏城市 .prproj"项目文件，并将导入的素材添加至"时间轴"面板中。

02　该案例的基础逻辑与"制作百叶窗音乐卡点效果"极为相似，均需依据背景音乐，结合蒙版和关键帧进行视频剪辑。本案例在蒙版与视频位置的协同操作上，相较于"制作百叶窗音乐卡点效果"案例，略显复杂一些。

03　为了方便后续蒙版的制作，首先确定好各个素材需要在"节目"监视器画面出现的位置，如图 5-33 所示。

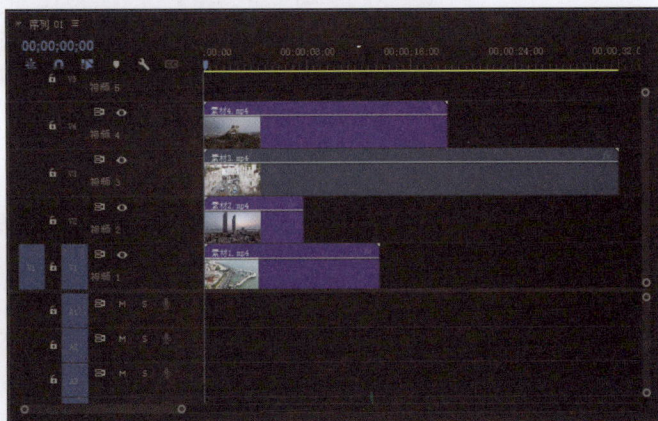

图 5-33

04　接着，根据背景音乐确定好素材依次出现的时间，如图 5-34 所示。

05　最后，在"不透明度"效果控件中根据本案例剪辑需求添加各种类型的矩形蒙版，如图 5-35 所示。

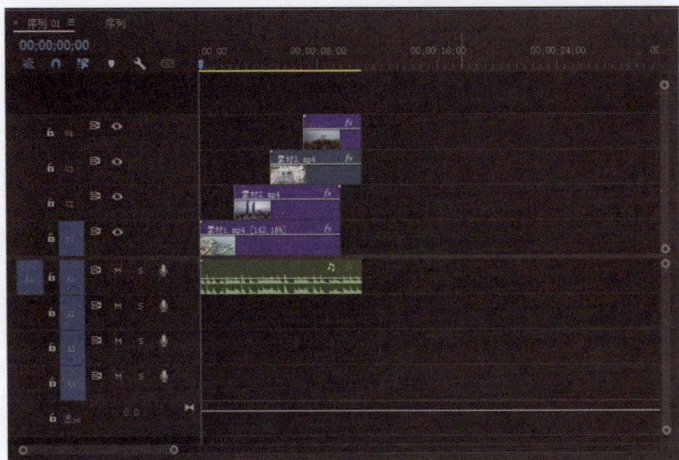

图 5-34

图 5-35

06 为了有一种蒙版渐出的效果，在"不透明度"效果控件中添加蒙版路径关键帧，如图 5-36 所示。

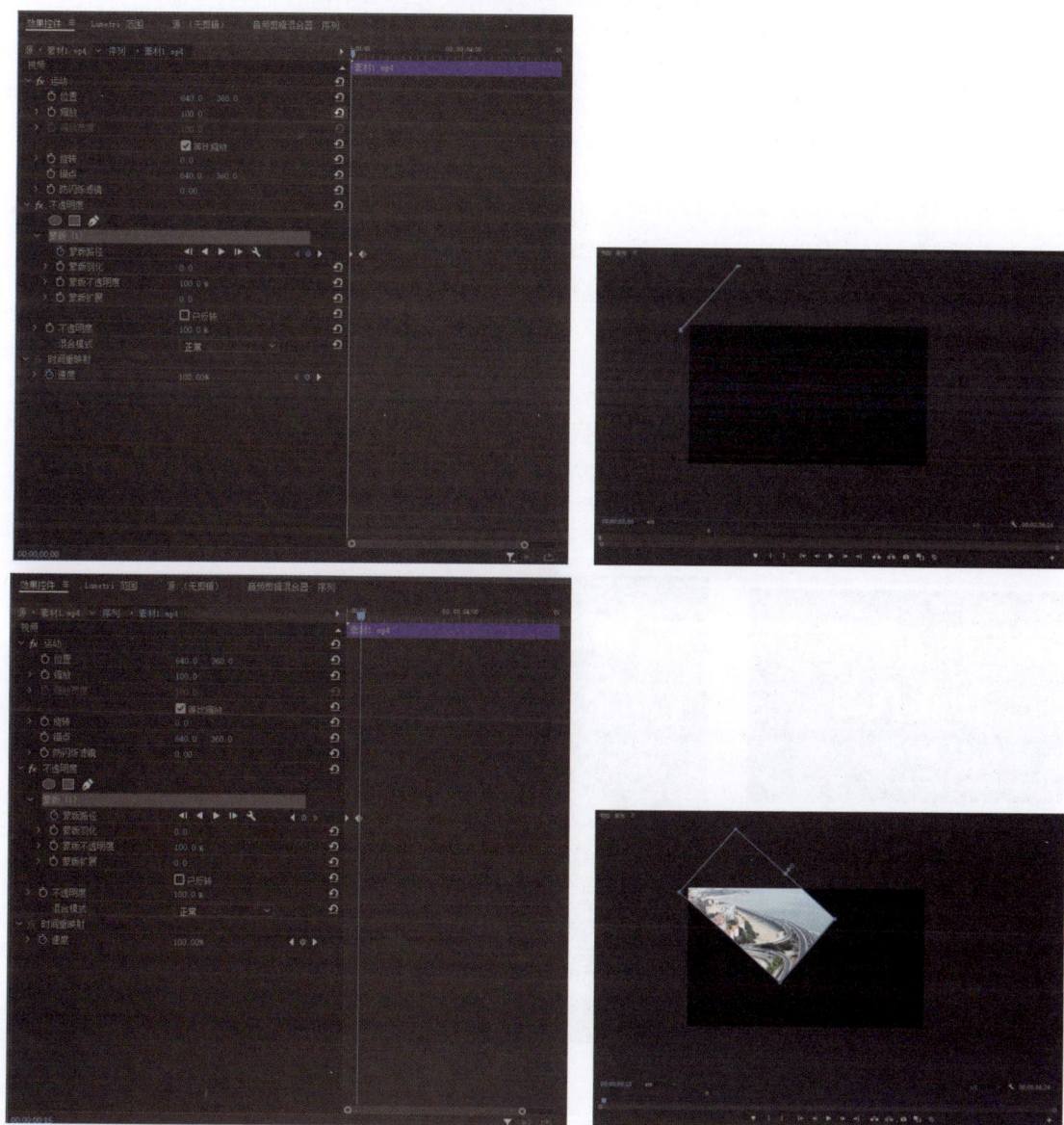

图 5-36

拓展案例：制作双重曝光人像视频

分析

本例简单讲解双重曝光人像视频的制作方法，最终效果如图 5-37 所示。

难度：★★★

相关文件：第 5 章 \5.1\ 拓展案例 \ 双重曝光人像 .prproj

视频：第 5 章 \5.1\ 拓展案例 \ 双重曝光效果视频 .mp4

本例知识点

☐ 利用"Lumetri 颜色"面板，将"素材 1.mp4"调整为具有鲜明对比的黑白双重曝光效果。

图 5-37

☐ 为了实现双重曝光效果，应当降低画面的饱和度，提升曝光值，并减少对比度。具体操作上，将白色调至 100.0，黑色调至 –100.0，并适当增强高光与阴影的数值。

☐ 将"素材 2.mp4"调整为"滤色"混合模式。

5.2　制作字幕特效，秒变大片效果

本节学习字幕特效制作，是视频制作的延伸与拓展，提升视频档次的关键。字幕特效能清晰传达信息，增强理解与记忆，形成独特风格与氛围，增添视频魅力。无论是电影预告片、纪录片旁白还是短视频吐槽，恰当的字幕特效都能成为点睛之笔，让视频更生动有趣。

5.2.1　实操：制作金色粒子消散文字

粒子特效的应用领域极为广泛，其通过从具象化实体到粒子分解的视觉冲击效果，深受人们喜爱。其风格也变得多种多样，被影视创作者们运用得淋漓尽致。本案例将制作一个金色粒子消散视频，介绍如何制作基础的粒子消散效果，效果如图 5-38 所示，下面将介绍具体操作方法。

01　启动 Premiere Pro，创建"5.2.1 金色粒子消散 .prproj"项目文件，并将导入的相应素材添加至"时间轴"面板中，如图 5-39 所示。

图 5-38

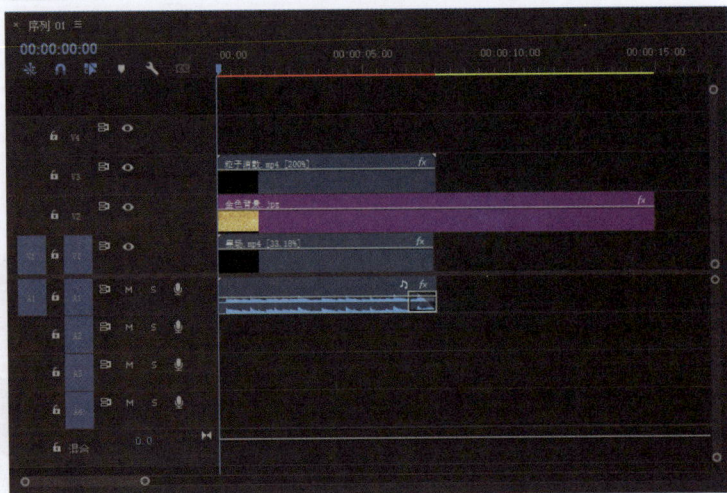

图 5-39

02　将"粒子消散 .mp4"移动至 V4 轨道，在 V3 轨道创建一个文字图层，并输入所需文字，如图 5-40 所示。

03　文字输入完成后，选中"金色背景 .jpg"，添加"轨道遮罩键"效果，具体设置如图 5-41 所示，这样金色文字就制作完成。

04　金色文字制作完成后，选中"金色背景 .jpg"和文字素材，单击鼠标右键执行"嵌套"命令，创建"嵌套序列 01"。选中"嵌套序列 01"，将速度调整为 200.0%，根据"粒子消散 .mp4"中粒子开始和消散的位置添加蒙版，如图 5-42 所示，粒子消散效果即制作完成。

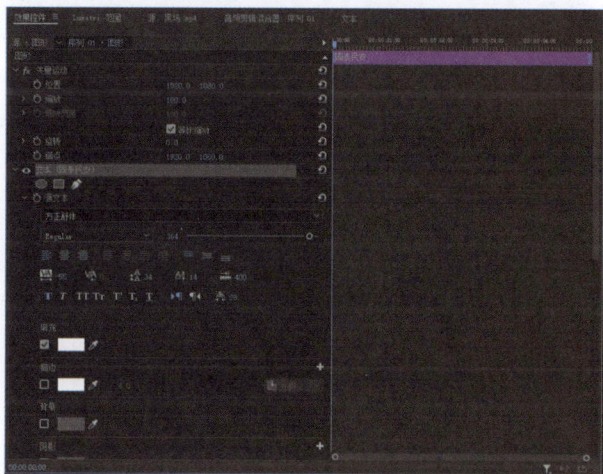

图 5-40

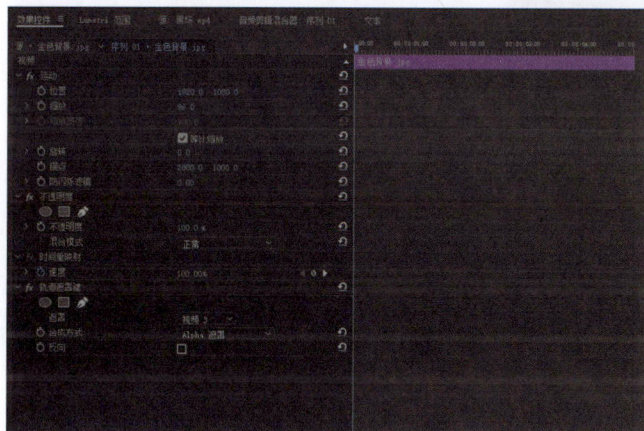

图 5-41

提示：该案例在将素材导入至"时间轴"面板时，为了让粒子消散效果更加清晰，最好先导入"粒子消散.mp4"素材，其余素材的导入可以单击鼠标右键执行"缩放为帧大小"命令。

5.2.2　实操：制作文字快速转换特效

文字快速转换特效是一个极具趣味性的视觉效果，它能够有效地传达时间飞逝的概念，令人产生一种仿佛穿越时空的错觉。本案例将介绍如何制作文字快速转换特效，效果如图 5-43 所示，下面将介绍具体操作方法。

01　启动 Premiere Pro，创建"5.2.2 文字快速转换 .prproj"项目文件，进入剪辑界面后，在"节目"监视器画面中创建一个段落文字框，并输入需要转换的文字（如图 5-44 所示），设置完成后，可以在"节目"监视器和"效果控件"面板中适当调整文字的位置、大小和字体样式，如图 5-45 所示。

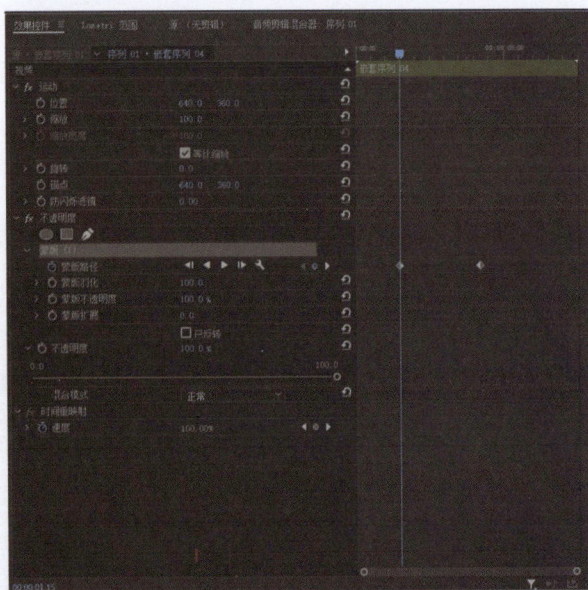

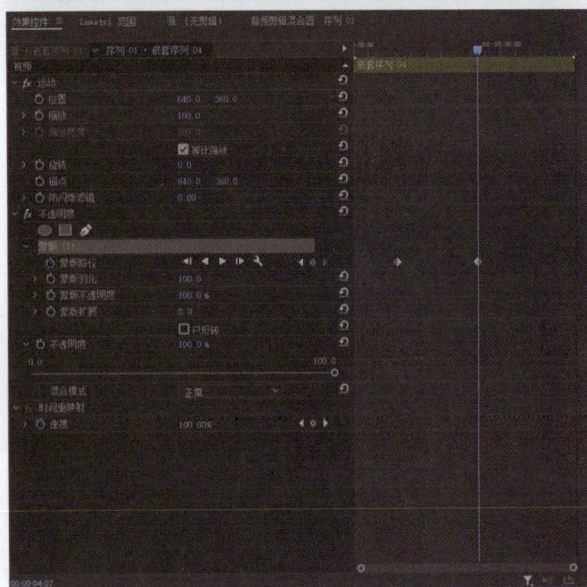

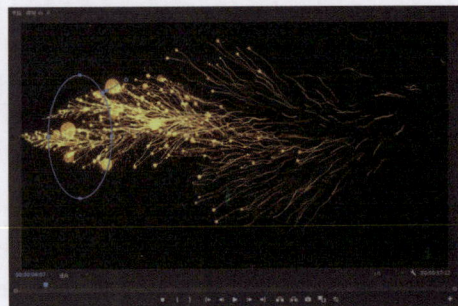

图 5-42

图 5-43

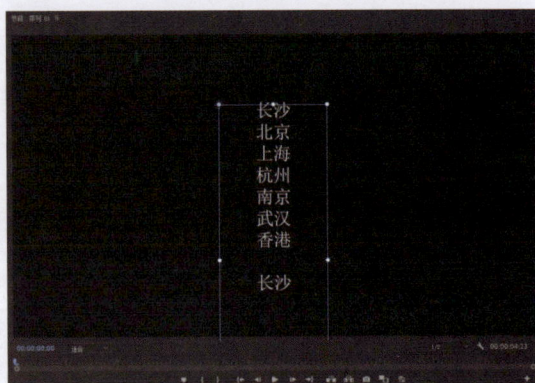

图 5-44

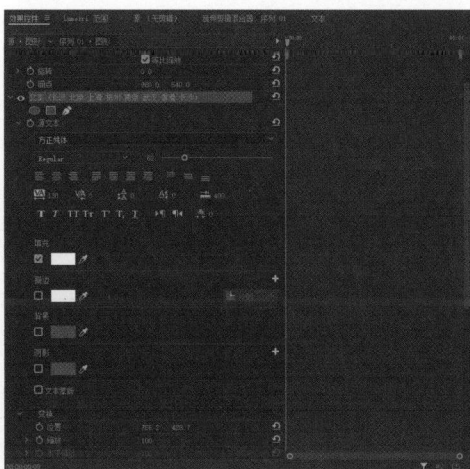

图 5-45

02　为了画面美观，在文字两侧添加横线，如图 5-46 所示。

图 5-46

03　然后继续选中文字，添加一个矩形蒙版，如图 5-47 所示。

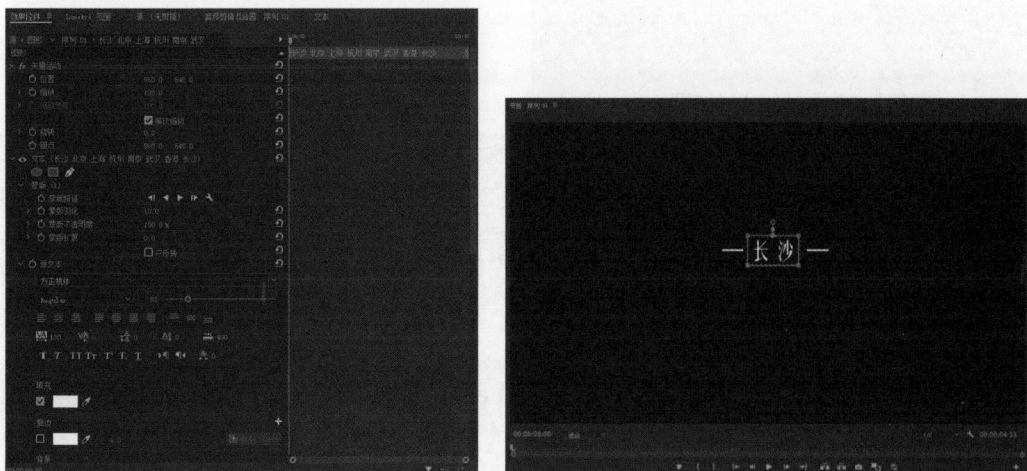

图 5-47

04 为了让文字转换起来，为文字添加位置关键帧，具体设置如图 5-48 所示。

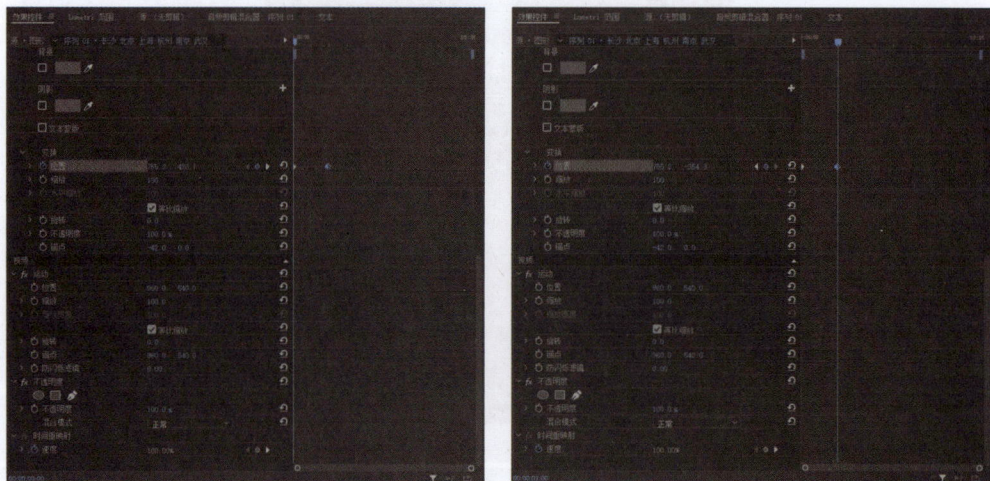

图 5-48

5.2.3 实操：制作扫光文字特效

扫光文字特效是为了在视觉呈现上实现独特的动态效果，增强文字的吸引力和表现力。本案例将制作两种扫光文字特效视频，效果如图 5-49 所示，下面将介绍具体操作方法。

图 5-49

01 启动 Premiere Pro，创建"5.2.3 扫光文字特效 .prproj"项目文件，并将导入的相应素材添加至"时间轴"面板中。

02 在轨道中创建一个文字素材，文字颜色为灰色，如图 5-50 所示。

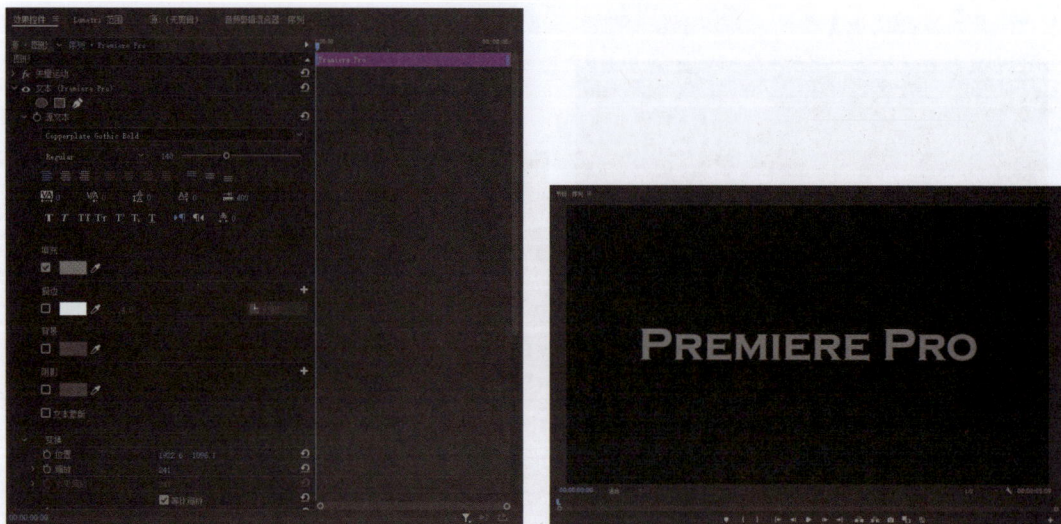

图 5-50

03　然后在上方轨道再创建一个文字素材，文字颜色为白色，如图 5-51 所示。

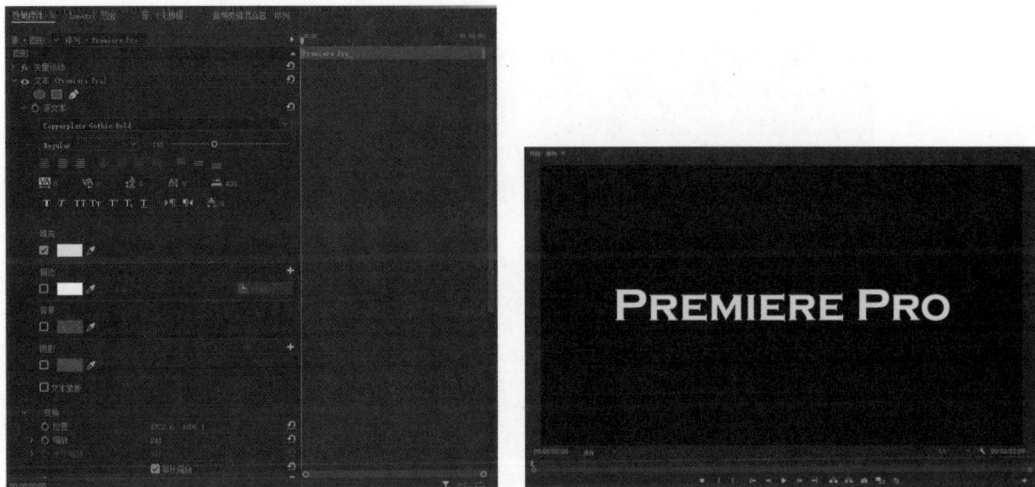

图 5-51

04　选中白色文字素材，添加蒙版动画，如图 5-52 所示，第一种文字扫光特效制作完成。

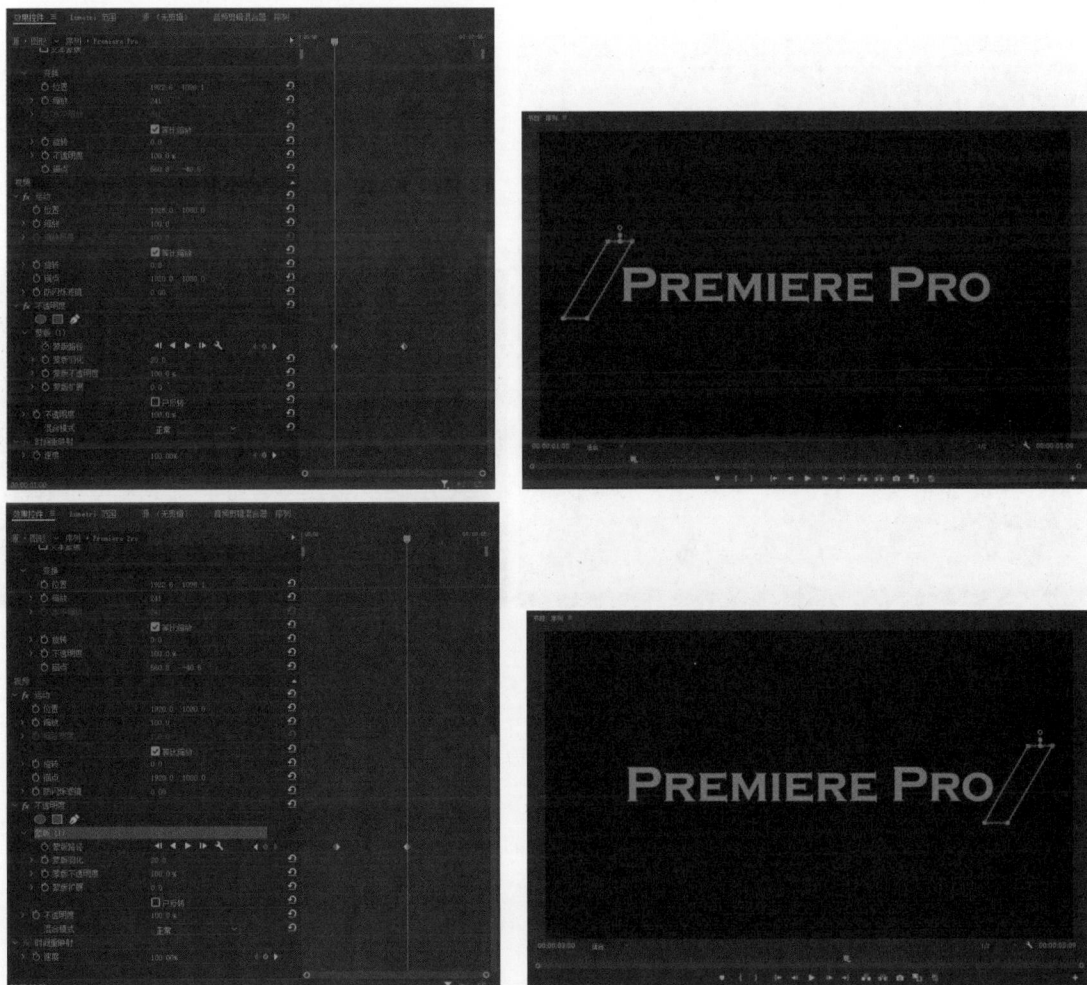

图 5-52

05 完成第一种扫光文字特效制作后，将"白场 .mp4"添加至"时间轴"面板中文字素材上方视频
轨道中，如图 5-53 所示。

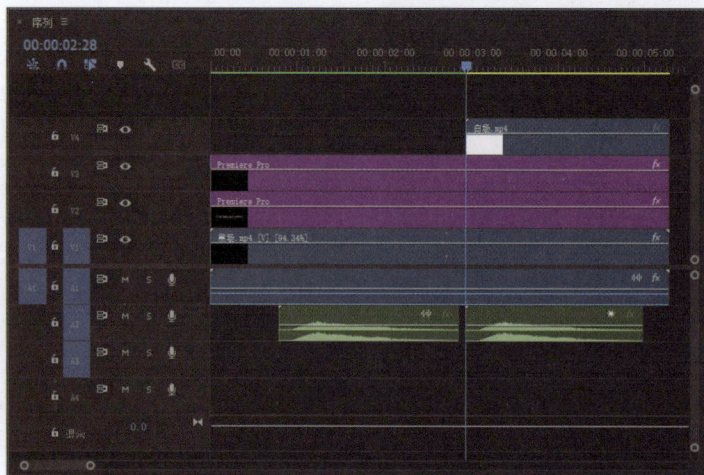

图 5-53

06 选中"白场 .mp4"素材，添加蒙版，如图 5-54 所示。

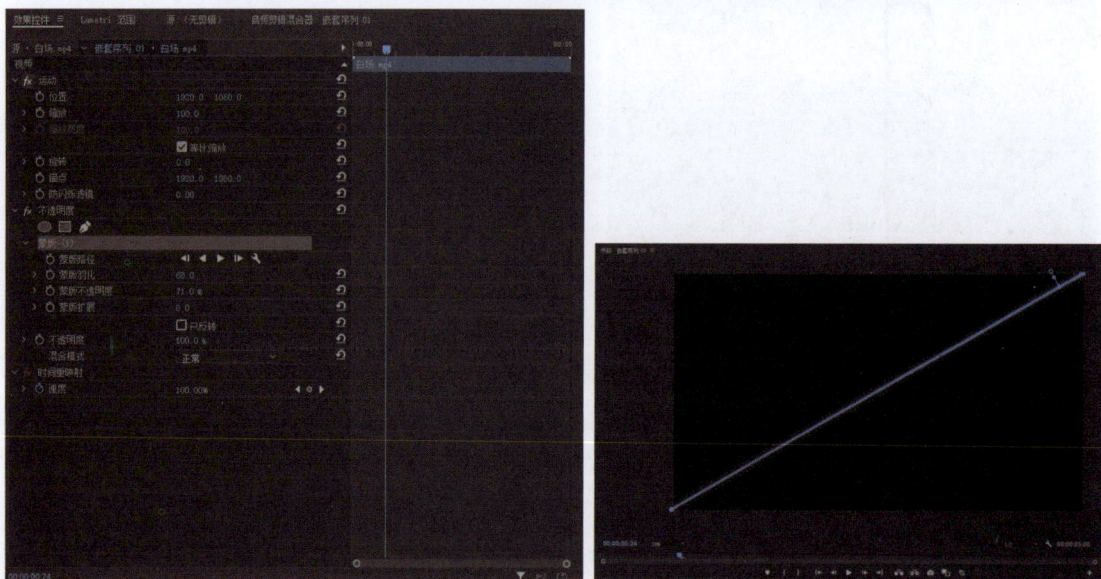

图 5-54

07 蒙版添加完成后，选中"白场 .mp4"，单击鼠标右键执行"嵌套"命令，创建"嵌套序列 01"。
选中"嵌套序列 01"，添加位置关键帧，如图 5-55 所示，第二种扫光文字特效即制作完成。

5.2.4 实操：制作综艺花字效果

一个有趣的字体样式是一个有趣的片段不可或缺的一环。与剪映不同的是，Premiere Pro 没有丰富
的素材库，所以需要我们自己去制作想要的花字效果。本案例将通过一个视频，介绍如何通过 Premiere
Pro 制作综艺花字效果，效果如图 5-56 所示，下面将介绍具体操作方法。

01 启动 Premiere Pro，按快捷键 Ctrl+O，打开素材文件夹中的"5.2.4 综艺花字素材 .prproj"项目文件。
进入工作界面后，可以看到"时间轴"面板中已经添加好的素材，如图 5-57 所示。

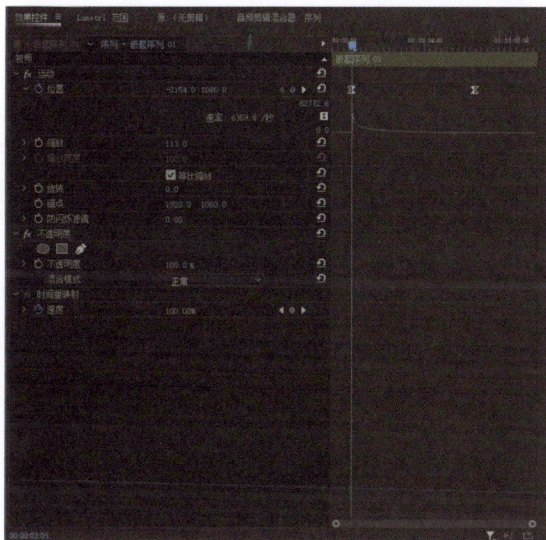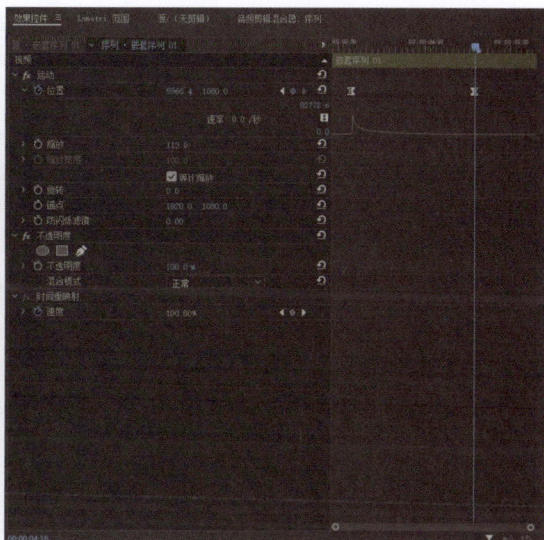

图 5-55

图 5-56

图 5-57

02　将时间指示器移动至 00:00:07:17 的位置，在 V3 轨道中创建一个文字图层"啊啊啊啊啊"，选择一个偏圆有趣的无衬线字体，填充颜色为棕色，如图 5-58 所示。

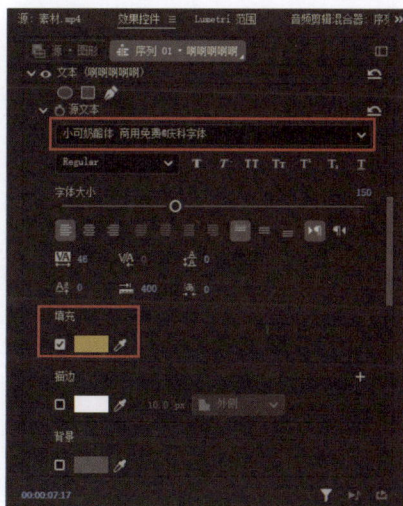

图 5-58

03 勾选"描边"选项，单击色块，打开"拾色器"窗口，选择"线性渐变"，左侧颜色为红棕色，右侧为白色，具体如图 5-59 所示。

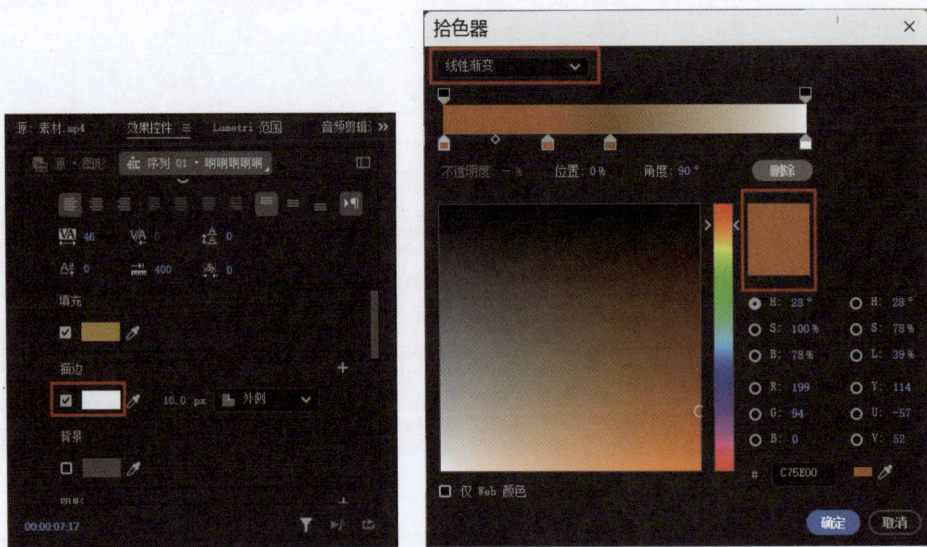

图 5-59

04 继续选中文字图层"啊啊啊啊啊"，在"节目"监视器画面中框选第一个"啊"字，将其字体大小更改为 135。按照此方法，依次选中右侧的"啊"，并设置字体大小，数值间隔为 10，依次递减，例如第二个"啊"字体大小为 125，效果如图 5-60 所示。

05 完成上述操作后，将"波形变形"效果添加至文字图层中，波形类型：正弦，波形高度：-10，波形宽度：40，方向：88.0，速度：2.4，固定：无，相位：0，消除锯齿（最佳品质）：低。

06 将文字"啊啊啊啊啊"缩小，放置在画面左侧，位置：387.7/415.4，缩放：127。

07 完成上述操作后，将文字图层"啊啊啊啊啊"时长延长至 00:00:14:01，将"放射线条 .png"添加至 V4 轨道中，时长与文字图层"啊啊啊啊啊"一致，位置：960.0/540.0，缩放：46.1。

图 5-60

5.2.5 实操：制作打字机文字效果

打字机文字效果的应用场景极为广泛。"制作 Vlog 搜索框动画片头"中，我们已经初步学习了这一效果的运用。本案例将进一步深入探讨如何制作打字机文字效果，旨在加深读者对该技巧的理解，并在视频剪辑中更加得心应手地运用它，效果如图 5-61 所示，下面将介绍具体操作方法。

01 启动 Premiere Pro，创建"5.2.5 打字机效果 .prproj"项目文件，并将导入相应的素材添加至"时间轴"面板中，如图 5-62 所示。

02 在上方轨道创建一个文字图层，通过添加"源文本"关键帧，逐步输入文字，制作模拟打字效果，如图 5-63 所示。

03 完成文字制作后，在下方音频轨道 A1 中添加"打字音效 .mp3"，如图 5-64 所示，打字机文字效果即制作完成。

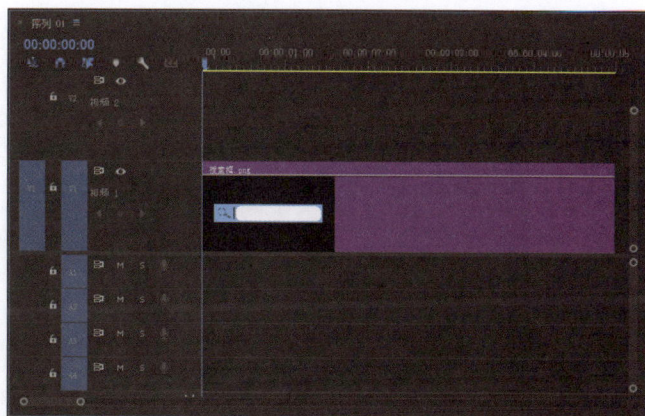

图 5-61　　　　　　　　　　　　　　　　图 5-62

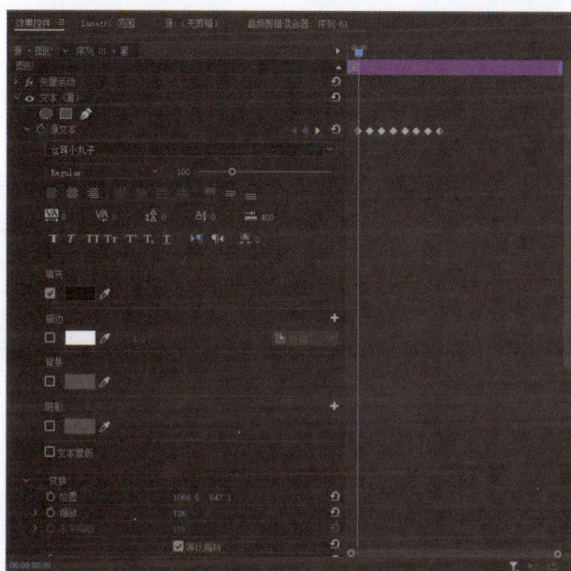

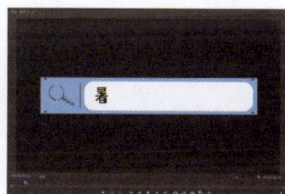

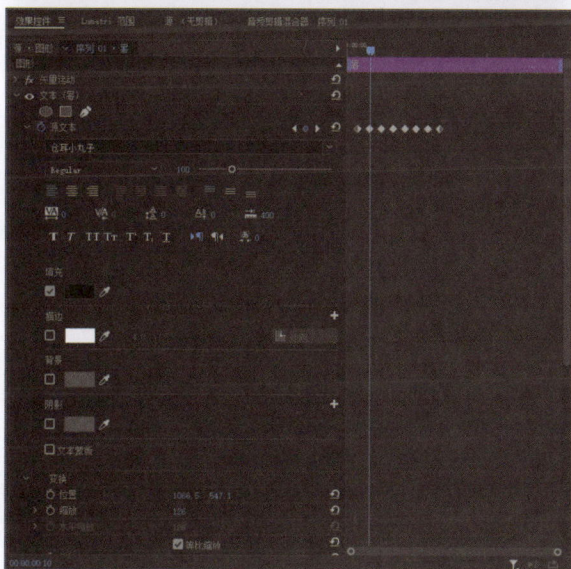

图 5-63

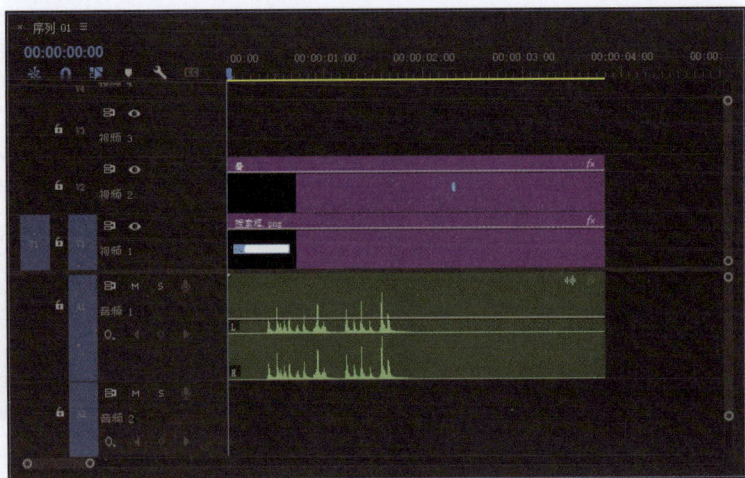

图 5-64

拓展案例：制作震撼的镂空字幕

分析

本例简单讲解镂空字幕的制作方法，最终效果如图 5-65 所示。

难度：★★

相关文件：第 5 章 \5.2\ 拓展案例 \ 镂空文字 .prproj

视频：第 5 章 \5.2\ 拓展案例 \ 镂空文字效果视频 .mp4

本例知识点

❑ 添加"素材 .mp4"至"时间轴"面板中后，在上方添加一个文字图层，输入文字。

❑ 在"素材 .mp4"中添加"轨道遮罩键"效果，遮罩对象为"视频 2"。

图 5-65

5.3 制作影视同款特效，享受视觉盛宴

本节将涵盖特效制作的基础知识、软件操作技巧、经典特效案例解析及实战演练。通过学习，将掌握制作影视同款特效的关键技能，无论是爆炸、火焰等自然现象的模拟，还是科幻、奇幻场景的创造，都能信手拈来，为您的视频作品增添无限可能。

5.3.1 实操：影视片中的高速闪回效果

高速闪回效果具有强烈的视觉冲击，能瞬间抓住观众注意力，带来震撼感受。本案例将通过一个氛围感视频，介绍如何制作高速闪回效果，效果如图 5-66 所示，下面将介绍具体操作方法。

图 5-66

01 启动 Premiere Pro，创建"5.3.1 高速闪回效果 .prproj"项目文件，并将"素材 1.mp4"添加至"时间轴"面板中。

02 将时间线移动至 00:00:05:22 的位置，使用"剃刀工具" 在此处进行切割，将切割后的素材片段向前移动，在中间添加其余素材，并且每个素材时长为 10 帧，如图 5-67 所示。

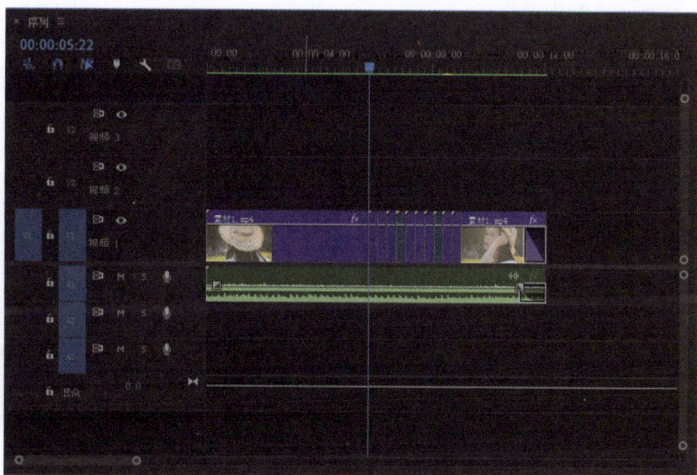

图 5-67

03　选中"素材 2.mp4"，并添加"变换""高斯模糊""钝化蒙版"3 个效果，在"素材 2.mp4"的
　　开头和结尾分别添加缩放、模糊度、数量、半径和阈值关键帧，具体设置如图 5-68 所示，第
　　一个闪回效果制作完成。

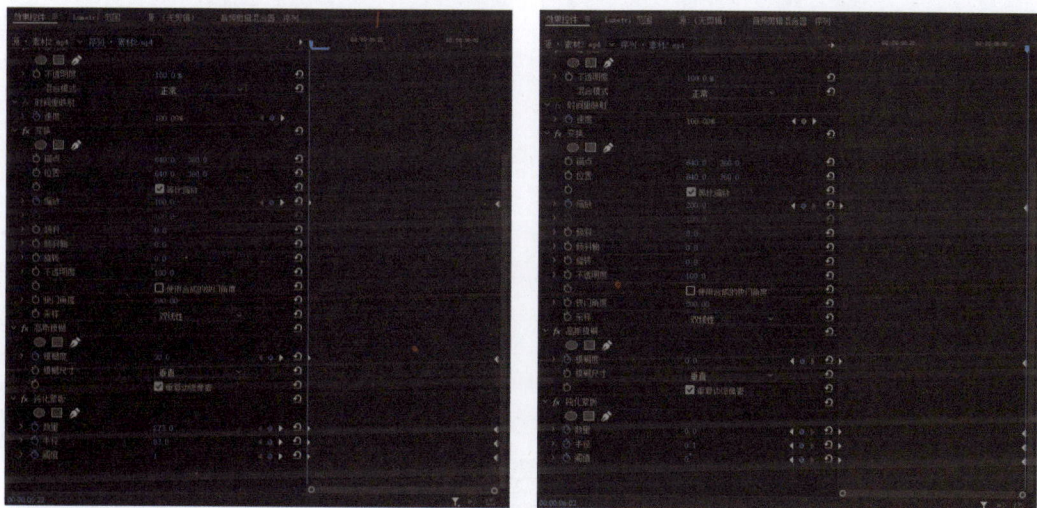

图 5-68

04　后续的素材可以通过复制"素材 2.mp4"，并"粘贴属性"添加高速闪回效果，同时根据实际情
　　况进行细节修改。

05　"素材 1.mp4"和"素材 2.mp4"、"素材 11.mp4"和"素材 1.mp4"的衔接处，可以添加"交叉溶解"
　　和"叠加溶解"视频过渡效果，让视频切换更加丝滑。

5.3.2　实操：武侠片中的炫酷拖影特效

在本章第 1 节第 3 小节中，我们详细探讨了制作残影效果的方法。尽管它与本案例中的效果看起来
相似，但实际操作手法却截然不同。本案例特别强调的是，在动作被迅速执行时产生的拖影效果，从而
凸显出动作的迅捷与干净利落，效果如图 5-69 所示，下面将介绍具体操作方法。

01　启动 Premiere Pro，按快捷键 Ctrl+O，打开文件夹"5.3.2 武侠片中的炫酷拖影特效"中的"5.3.2
　　拖影特效素材 .prproj"项目文件。进入工作界面后，可以看到"时间轴"面板中已经添加好的
　　素材，如图 5-70 所示。

169

图 5-69

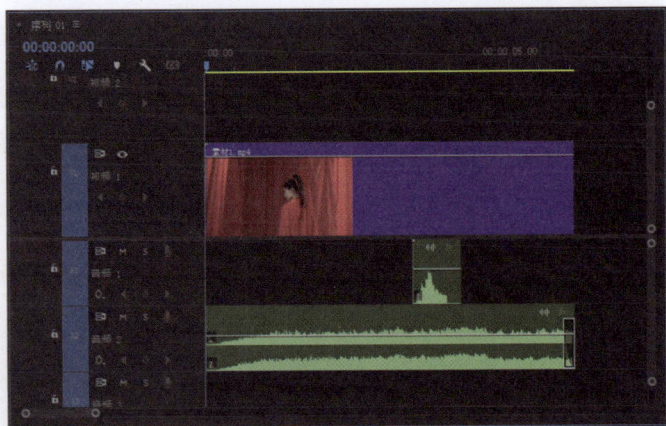

图 5-70

02　添加"残影"效果至"素材 1.mp4"中，在"素材 1.mp4"拔剑的过程中打上关键帧，具体设置如图 5-71 所示，拖影效果即制作完成。

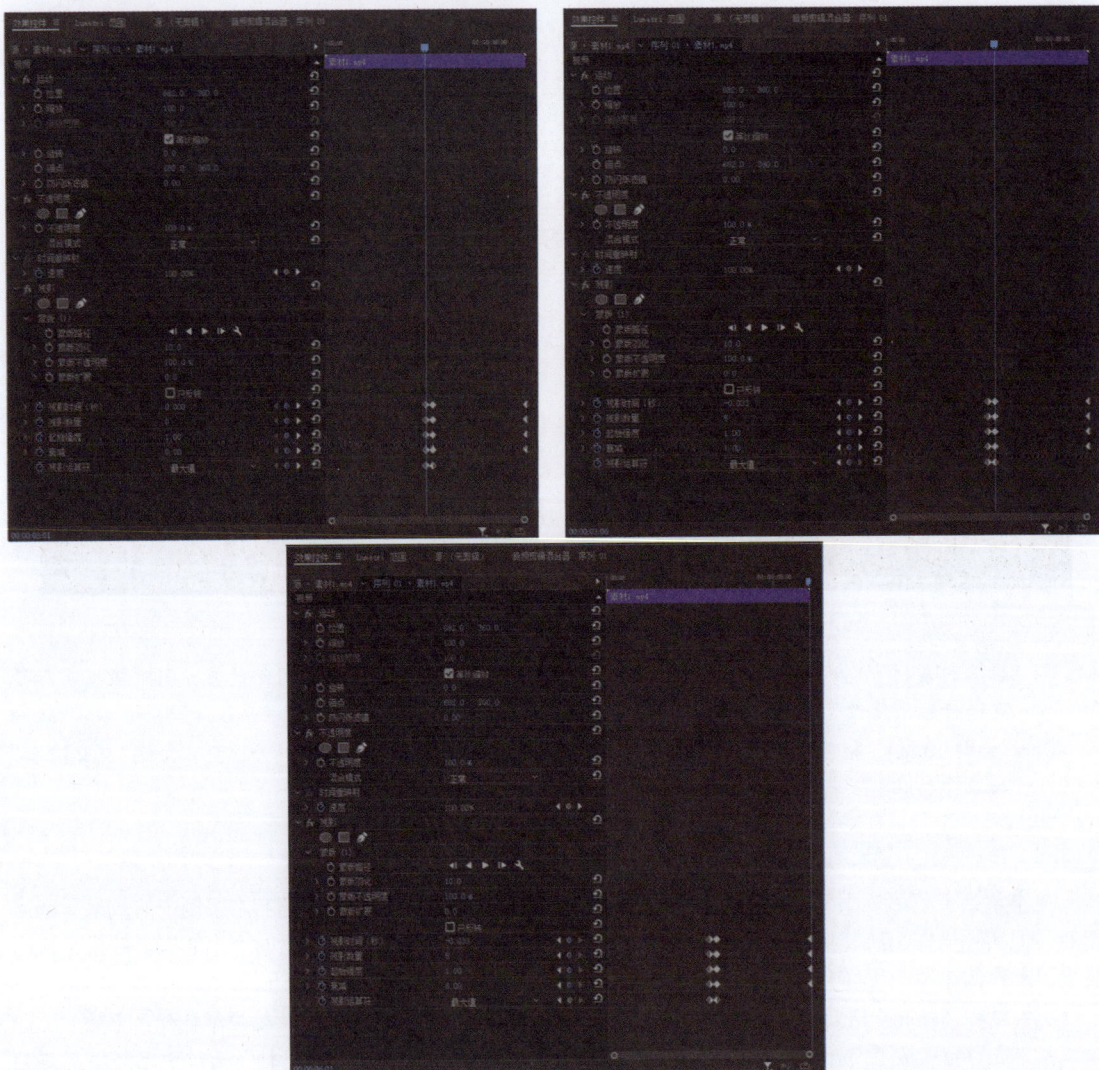

图 5-71

5.3.3　实操：震撼的天空翻转特效

天空翻转特效是制作奇幻和科幻影片中常见的手法。在我们自行创作视频，比如旅行 Vlog 时，利用天空翻转特效可以实现场景转换，从而提升视频的趣味性。本案例将介绍如何制作天空翻转特效，效果如图 5-72 所示，下面将介绍具体操作方法。

01　启动 Premiere Pro，创建"5.3.3 天空翻转特效 .prproj"项目文件，并将导入的相应素材添加至"时间轴"面板中，如图 5-73 所示。

02　将"垂直翻转"效果添加至"素材 2.mp4"，"素材 2.mp4"会自动翻转，如图 5-74 所示。

03　分别为"素材 1.mp4"和"素材 2.mp4"添加矩形蒙版，将蒙版羽化值移动至 100%，让上下两个画面更加融合，制作出天地翻转的效果，如图 5-75 所示。

图 5-72

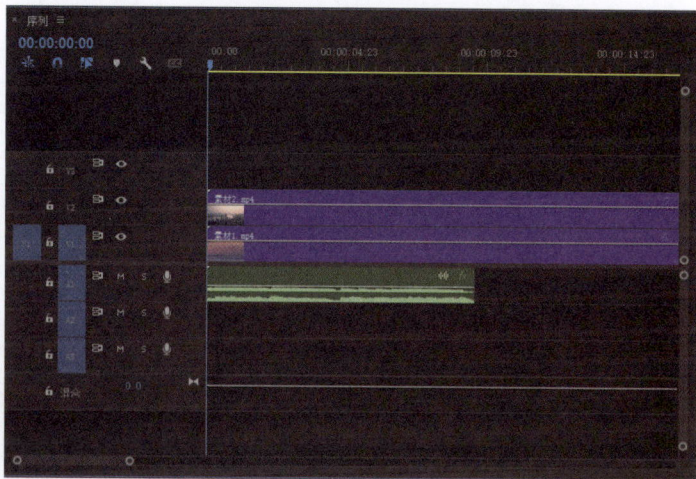

图 5-73

图 5-74

图 5-75

5.3.4 实操：科幻片中的流动电光特效

在人工智能时代，科技感满满的特效越来越受人喜爱。本案例将创作一段充满科技感的汽车展示视频片段，介绍如何打造科幻电影中令人瞩目的流动电光特效，效果如图 5-76 所示，下面将介绍具体操作方法。

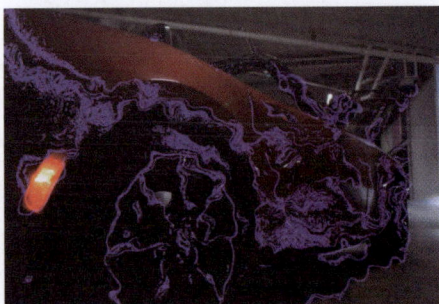

图 5-76

01 启动 Premiere Pro，创建 "5.3.4 流动电光特效 .prproj" 项目文件，并导入相应的素材，添加至 "时间轴" 面板中，如图 5-77 所示。

02 选中 "素材 .mp4"，长按 Alt 键，在上方轨道 V2 复制粘贴 "素材 .mp4"，如图 5-78 所示。

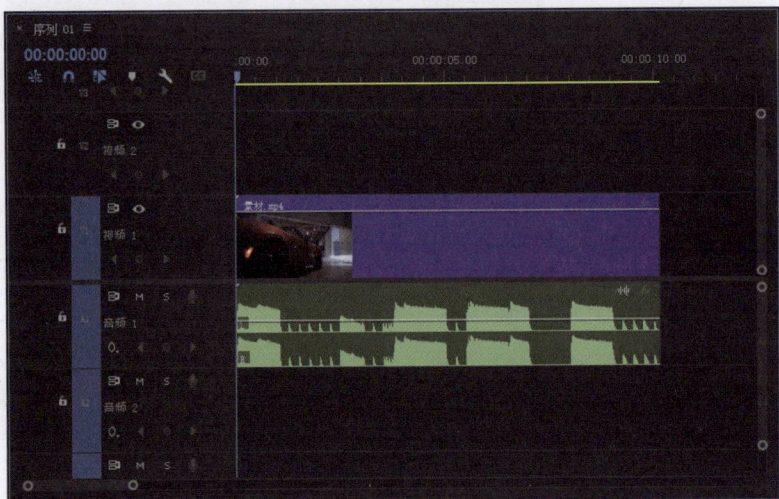

图 5-77

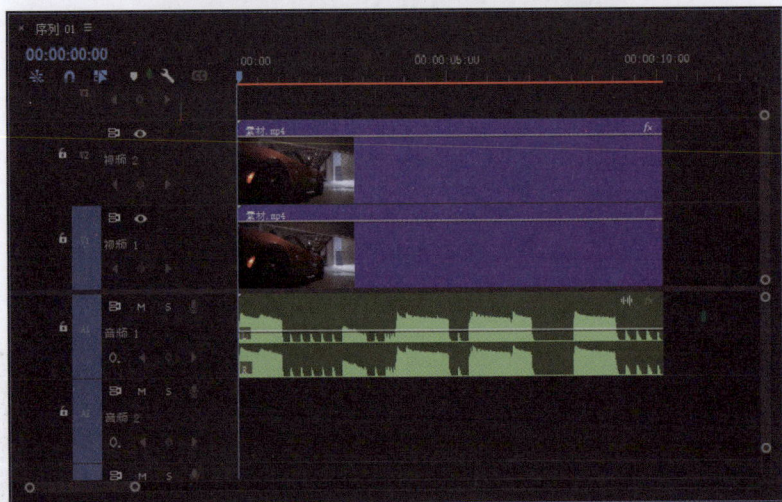

图 5-78

03 在 V2 轨道的 "素材 .mp4" 中添加 "查找边缘" 和 "色彩" 效果。在 "查找边缘" 效果控件中，单击反转按钮，在 "色彩" 效果控件中将 "将白色映射到" 更改为紫色，如图 5-79 所示。

04 完成上述操作后，再在 V2 轨道的 "素材 .mp4" 中添加 "湍流置换" 和 "VR 发光" 效果，具体设置如图 5-80 所示。

图 5-79

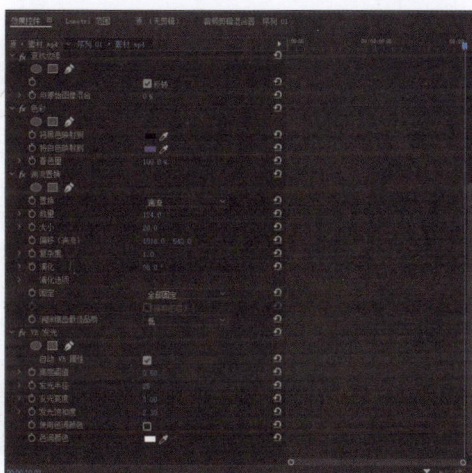

图 5-80

05　发光边缘效果初步制作完成，为了实现线条的动态流动，在 V2 轨道的"素材 .mp4"中添加"提取"效果。在"效果控件"界面中，确保将"提取"效果控件置于先前添加的所有效果之上，以确保其正确应用。然后，为了让线条动起来，添加关键帧，具体如图 5-81 所示。

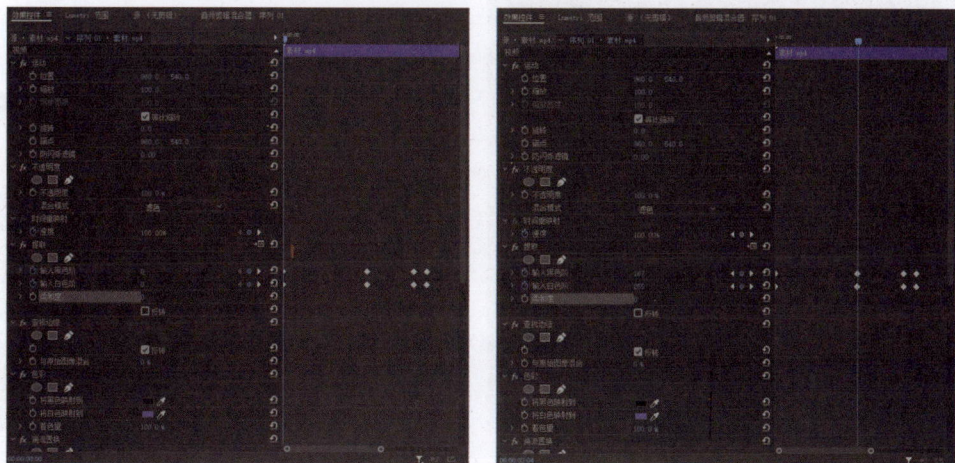

图 5-81

5.3.5 实操：火爆全网的粒子特效

在前文中，我们深入探讨了粒子转场视频的制作技巧，并精彩呈现了金色文字粒子消散效果的制作流程，这充分展现了粒子特效的多样性和创造性。本案例将介绍如何直接在 Premiere Pro 中制作粒子特效，效果如图 5-82 所示，下面将介绍具体操作方法。

图 5-82

01 启动 Premiere Pro，创建"5.3.5 天空翻转特效 .prproj"项目文件，导入相应的素材并添加至"时间轴"面板中，如图 5-83 所示。

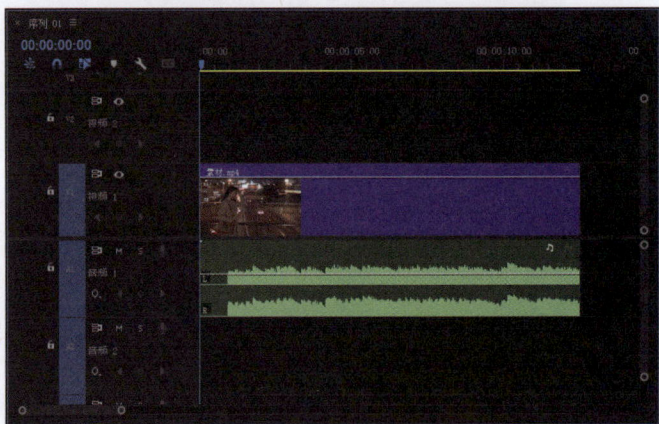

图 5-83

02 在"素材 .mp4"上方 V2 轨道中添加文字图层，并输入文字"夜"，如图 5-84 所示。

图 5-84

03　在文字图层中添加"湍流置换"效果，在开头添加一个关键帧，在 00:00:01:10 处再添加关键帧，具体设置如图 5-85 所示，这样由粒子转为文字的效果就制作完成了。

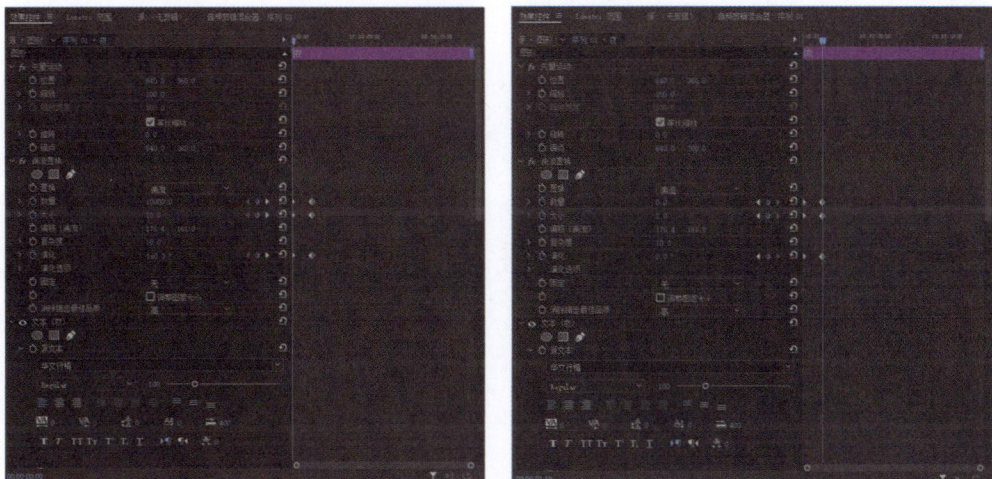

图 5-85

拓展案例：制作人物分身效果

分析

本例简单讲解人物分身效果的制作方法。最终效果如图 5-86 所示。

难度：★★

相关文件：第 5 章 \5.3\ 拓展案例 \ 人物分身 .prproj

视频：第 5 章 \5.3\ 拓展案例 \ 人物分身效果视频 .mp4

本例知识点

❑ 添加"素材 .mp4"至"时间轴"面板中后，单击鼠标右键执行"插入帧定格分段"命令，将插入的帧定格分段图片移动至 V2 轨道。

❑ 对定格图片进行人物蒙版抠像。

图 5-86

06

第6章

电影感短视频剪辑实操，
轻松制作朋友圈大片

本章导读

    在先前的章节中，我们已探讨了视频剪辑创作的各个方面，现在进入综合应用阶段。随着信息技术的发展，短视频已经完全融入了我们的日常生活中，在社交媒体中我们经常上传视频分享日常生活、表达生活感悟。本章将结合电影感短视频关键元素，如镜头语言、色彩、特效、音效等，并通过实操案例指导操作。案例包为"夏日露营 Vlog"和"氛围感情绪短片"，回顾前文的知识要点，进行综合实操演练，希望通过案例学习，每个读者都能上手剪辑出一个完整的视频。

6.1　记录美好生活，制作夏日露营Vlog

随着短视频的发展，Vlog 成为我们分享日常的一种热门方式，但是我们一上手拍摄剪辑时，往往从"流水账"开始。本节通过制作一个夏日露营 Vlog 视频案例，向读者介绍如何不"流水账"拍摄剪辑 Vlog 视频，并进一步巩固和提升视频剪辑技巧，效果如图 6-1 所示，下面将介绍具体操作方法。

图 6-1

6.1.1　制作Vlog片头

制作 Vlog，首先要从一个引人入胜的片头入手，就像撰写一篇文章需要一个精彩的开头段落来总括全文一样，制作片头也旨在通过精练的表述，迅速揭示视频的核心要点、鲜明主题及独特魅力。本节案例片头将根据背景音乐，制作一个轻快有节奏的 Vlog 片头，效果如图 6-2 所示，下面将介绍具体操作方法。

图 6-2

01　启动 Premiere Pro，创建"6.1 夏日露营 Vlog.prproj"项目文件，并将导入的片头视频素材"素材 1.mp4"至"素材 10.mp4"和音频素材"单手钢琴协奏曲 .wav"添加至"时间轴"面板中，我们可以看到背景音乐"单手钢琴协奏曲 .wav"已经在音频上添加好了标记点，我们只需要根据标记点对"素材 1.mp4"至"素材 10.mp4"根据表 6-1 进行裁剪。

表 6-1

序号	素材顺序	片段内容	出入点时长
1	素材 1.mp4	草地特写	00:00:00:00-00:00:01:27
2	素材 2.mp4	草地特写（运镜）	00:00:03:27-00:00:04:24
3	素材 3.mp4	公园绿树成荫	00:00:00:08-00:00:00:17
4	素材 4.mp4	公园环境	00:00:00:00-00:00:00:09
5	素材 4.mp4	公园美景	00:00:08:21-00:00:08:29
6	素材 4.mp4	公园美景	00:00:10:22-00:00:12:16
7	素材 5.mp4	公园中有很多来露营的游客	00:00:00:28-00:00:02:05
8	素材 6.mp4	很多带着孩子的家庭在公园里放风筝	00:00:01:22-00:00:02:28
9	素材 7.mp4	一家四口开心去露营的场景	00:00:00:00-00:00:00:09
10	素材 8.mp4	露营时的美食	00:00:00:05-00:00:00:13
11	素材 9.mp4	一家四口一起玩游戏的温馨场景	00:00:00:19-00:00:02:15
12	素材 10.mp4	露营游玩时拍到的美丽景色	00:00:00:07-00:00:04:13

02　完成视频素材剪辑后，音频素材与"时间轴"面板中视频素材对齐即可，最终片头素材裁剪如图 6-3 所示。

03　一首歌曲也分为段落，我们可以根据配乐分拣好视频内容，确定用片头的结尾素材片段"素材 10.mp4"展示本视频主题，所以可以在"素材 9.mp4"和"素材 10.mp4"的中间添加视频过渡效果"黑场过渡"，"素材 10.mp4"结尾转场为了承接正文可以暂时不进行操作。

04　回到时间轴开始的位置，选中"素材 1.mp4"，通过圆形蒙版，为"素材 1.mp4"制作一个睁眼开场。3.4.4 节已经详尽阐述了"闭眼效果片尾"的制作方法。将时间线移动至"素材 1.mp4"开始的位置，添加"蒙版路径"关键帧，在"节目"面板中将圆形蒙版绘制为一条直线，再添加一个"蒙版羽化"关键帧，将数值更改为60.0；再将时间线移动至00:00:00:20的位置，再添加一个"蒙版路径"关键帧，在"节目"面板中将圆形蒙版绘制为一个椭圆，将画面打开，再添加一个"蒙版羽化"关键帧，将数值更改为100.0，具体设置如图6-4所示。

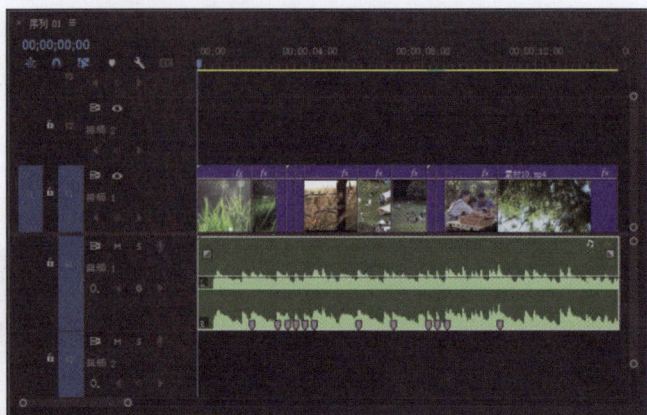

图6-3

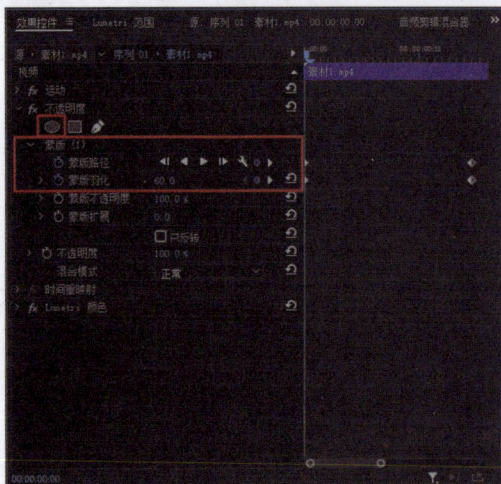

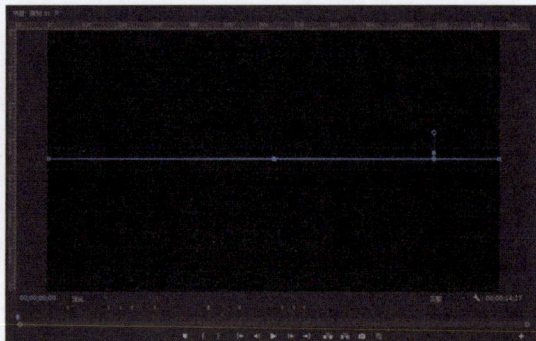

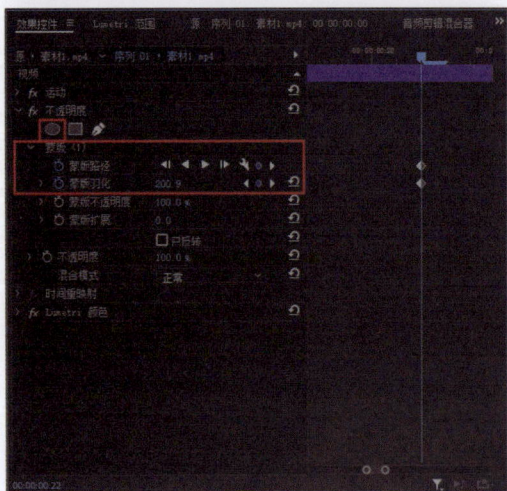

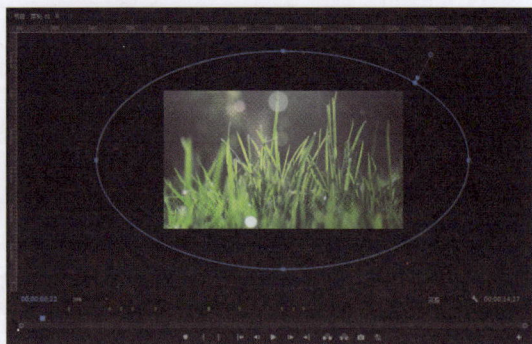

图6-4

05　为了在开头能更快进入视频氛围，为"素材 1.mp4"和"素材 2.mp4"通过缩放关键帧，设置一个放大缩小的转场过渡。

06　选中"素材 1.mp4"，将时间线移动至 00:00:01:13 的位置，添加缩放关键帧，数值为 100.0，再将时间线移动至"素材 1.mp4"结尾处，再添加缩放关键帧，数值为 130.0，选中关键帧并单击鼠标右键，选择"缓出"，具体设置如图 6-5 所示。

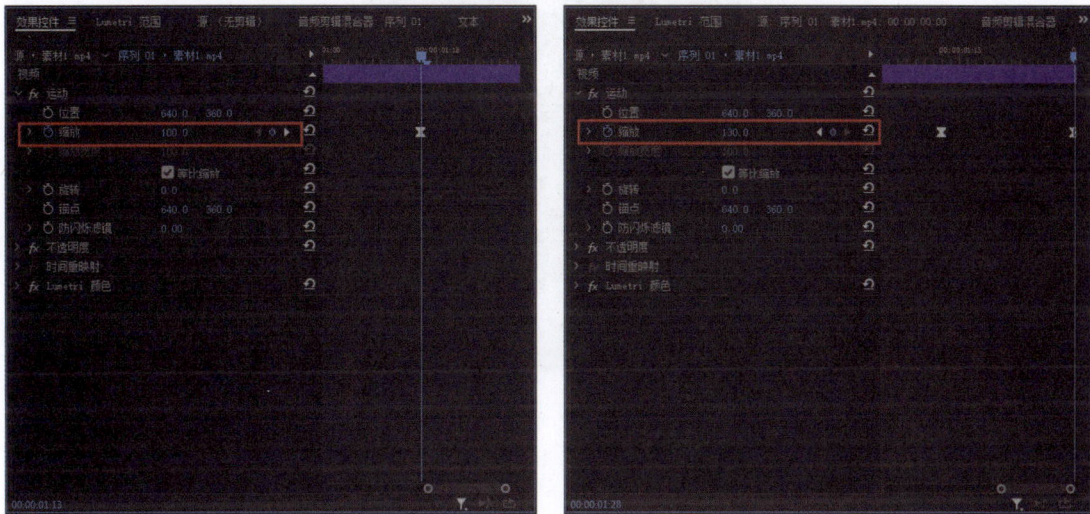

图 6-5

07　选中"素材 2.mp4"，将时间线移动至"素材 2.mp4"的开始位置，添加一个缩放关键帧，数值为 130，再将时间线移动至 00:00:02:13 的位置，再添加缩放关键帧，数值为 100.0，选中 00:00:02:13 处的关键帧并单击鼠标右键，选择"缓出"，具体设置如图 6-6 所示。

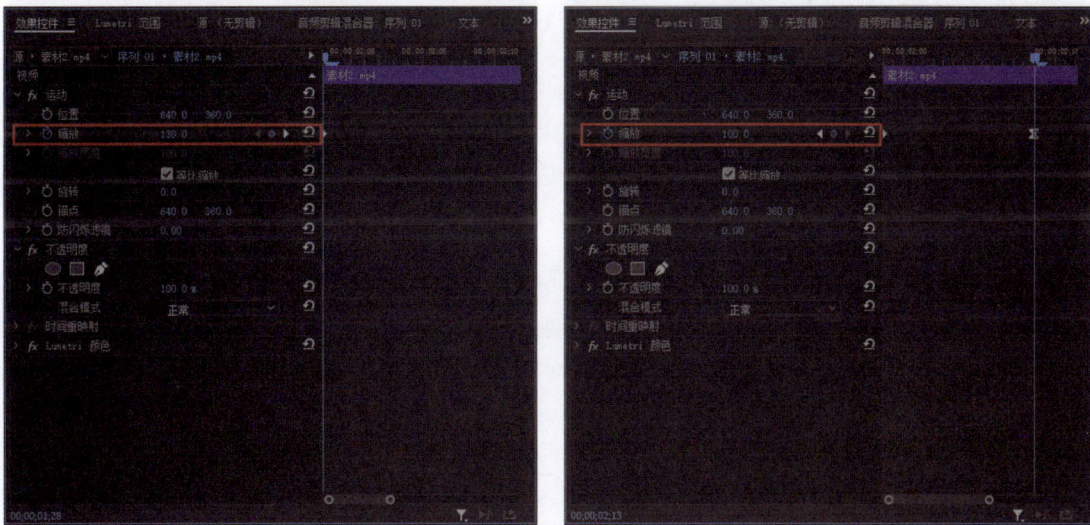

图 6-6

08　完成上述操作后，开始添加文字图层。首先添加文字图层"SUMMER"，字体设置具体如图 6-7 所示。文字图层"SUMMER"开始位置为 00:00:00:20，结束位置为 00:00:05:17，并在开头添加视频过渡效果"胶片溶解"。在"文本"效果控件面板中找到"变换"选项，在文字图层"SUMMER"开始的位置添加"位置"关键帧，再将时间线移动至 00:00:02:14 的位置，再添加一个"位置"关键帧，具体设置如图 6-8 所示。

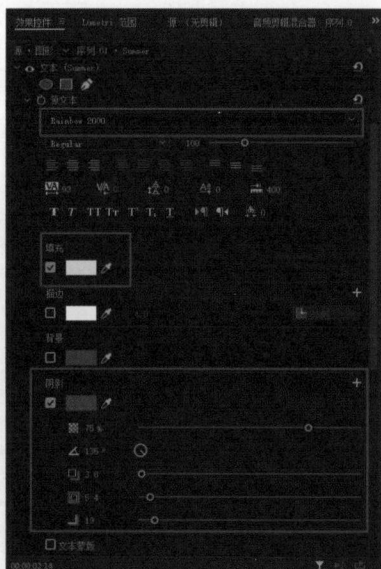

图 6-7

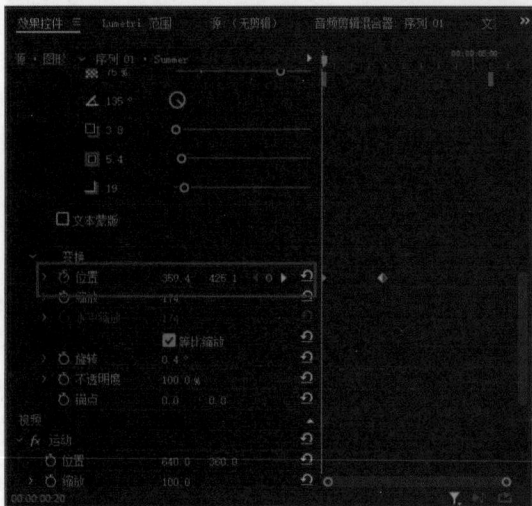 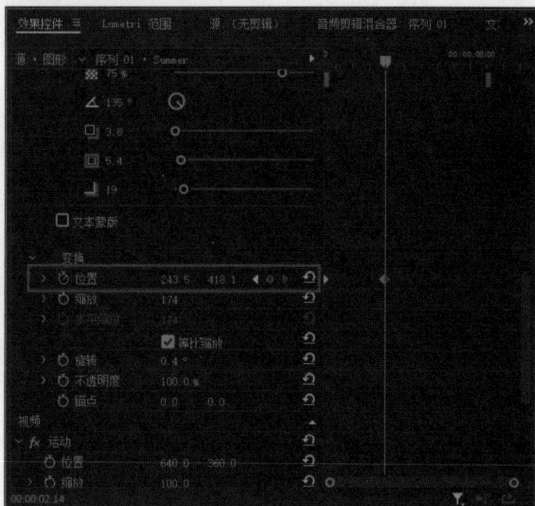

图 6-8

09 再添加文字图层"OUTING"，字体设置具体如图 6-9 所示。文字图层"OUTING"开始位置为 00:00:05:18，结束位置为 00:00:10:16。在文字图层"OUTING"开始的位置添加视频过渡效果"胶片溶解"，具体设置如图 6-10 所示。

10 最后，将时间线移动至"素材 10.mp4"开头处，添加文字图层"Camping Vlog"，字体设置具体如图 6-11 所示。然后添加"块溶解"效果，并在开头添加"过渡完成"关键帧，具体设置如图 6-11 所示。

11 为了让片头画面更有趣，在 V3 轨道中添加胶片素材"8mm.png"，营造复古放映机氛围，时长与 V1 轨道视频时长对齐，如图 6-12 所示。

12 由于胶片素材"8mm.png"添加至"序列 01"中，与"序列 01"帧大小不匹配，画面超出"节目"监视器画面之外，选中胶片素材"8mm.png"，单击鼠标右键执行"设为帧大小"命令即可，胶片素材"8mm.png"会自动缩小为 66.7，与"序列 01"画面进行匹配，如图 6-13 所示。

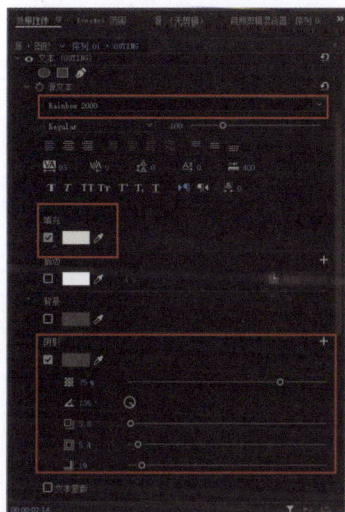

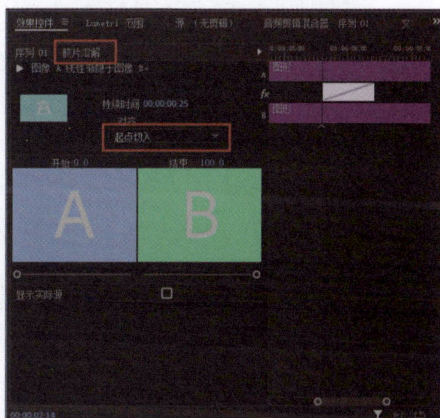

图 6-9 图 6-10

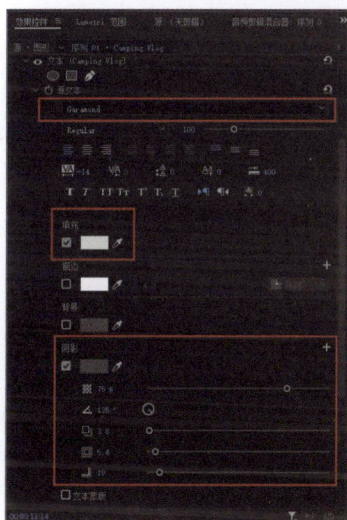

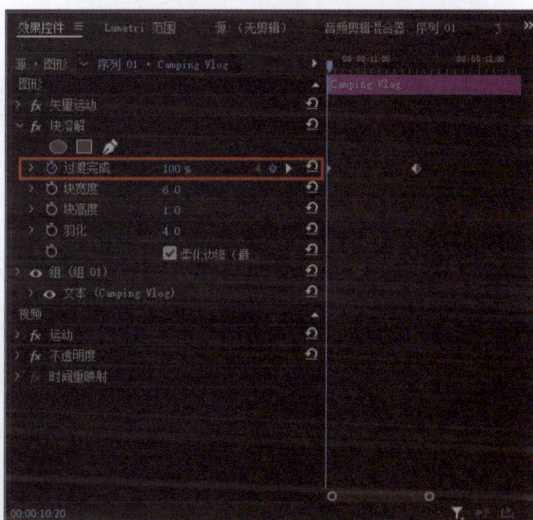

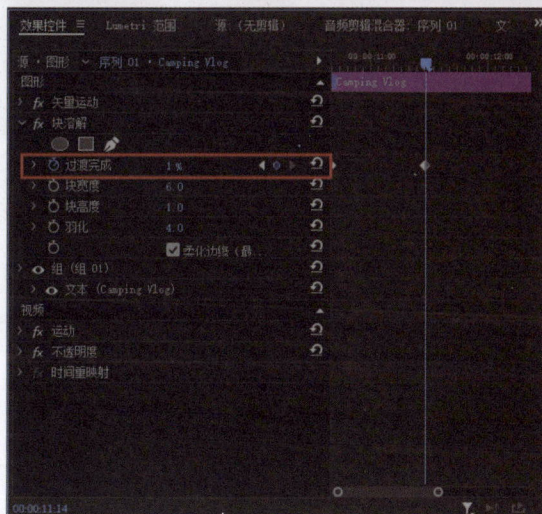

图 6-11

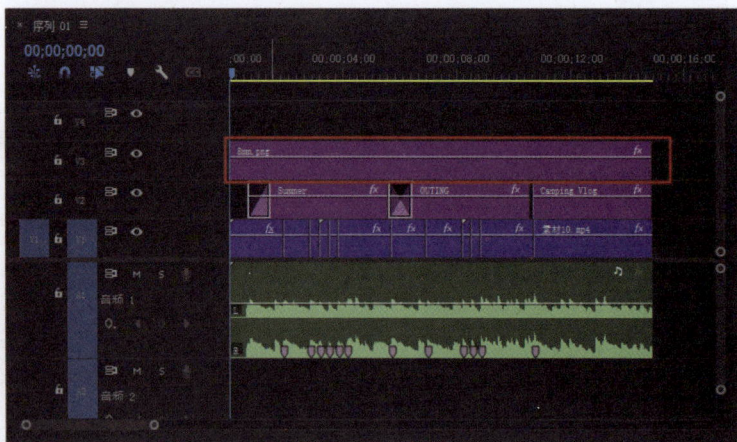

图 6-12

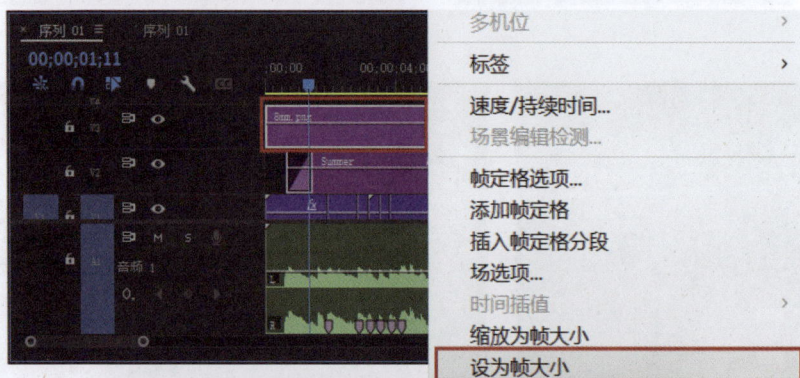

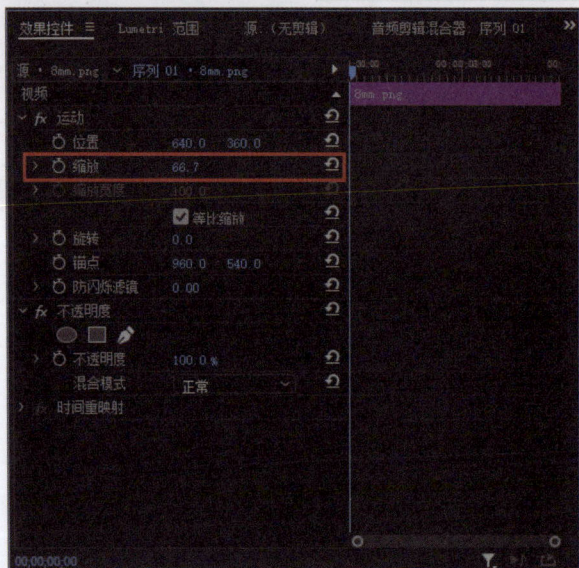

图 6-13

13　为了在片头结尾与正片有更好的过渡，在胶片素材"8mm.png"结尾处制作一个放大消失的效果。选中胶片素材"8mm.png"，将时间线移动至 00:00:12:17 的位置，添加一个"缩放"关键帧；再将时间线移动至胶片素材"8mm.png"结尾处，再添加一个"缩放"关键帧，具体设置如图 6-14 所示。

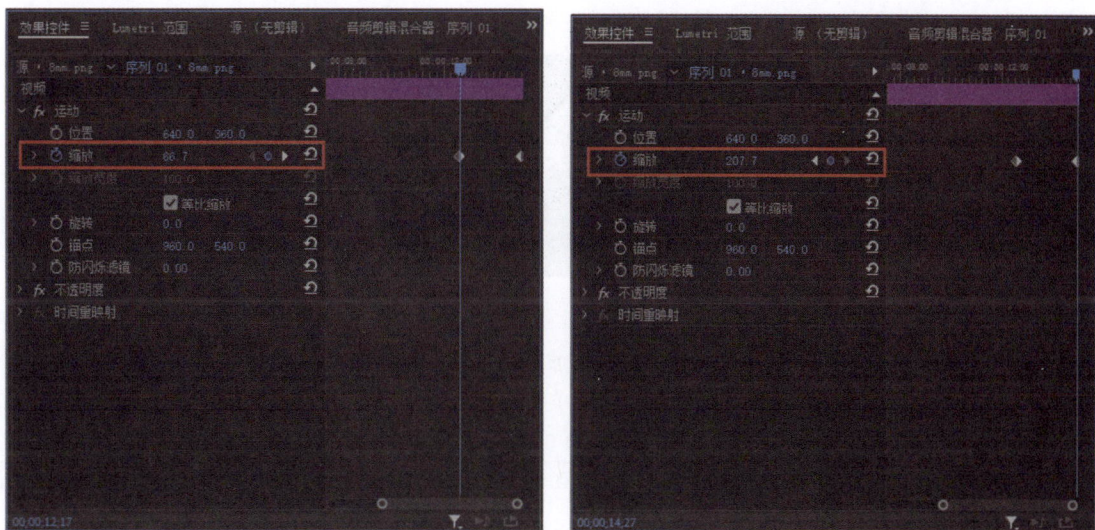

图 6-14

14　添加完特效"8mm.png"后，为了让画面色调更统一和谐，对片头画面进行调色。

15　选中"素材 1.mp4"，打开"Lumetri 颜色"窗口，展开"基本校正"窗口，进行画面基本调整，如图 6-15 所示。

16　"素材 1.mp4"调整完成后，分别选中"素材 2.mp4"至"素材 4.mp4"，进行"匹配调色"，然后根据实际情况进行适当的细节调整。

17　再选中"素材 5.mp4"，同样在"基础校正"进行基础调节，如图 6-16 所示。然后分别选中"素材 6.mp4"至"素材 10.mp4"，根据"素材 5.mp4"的画面进行"匹配调色"，同时根据实际情况进行细节调整，营造出绿色气息"拉满"的氛围感。

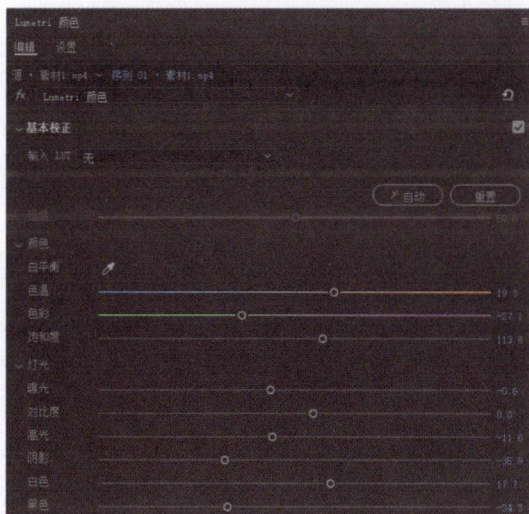

图 6-15

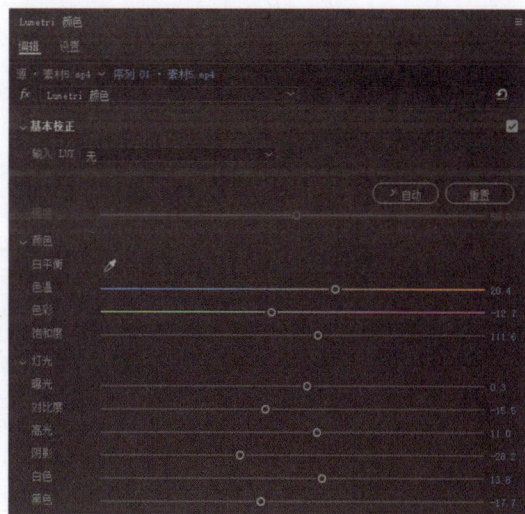

图 6-16

6.1.2　制作正片内容

完成片头制作后，开始对正片内容进行初步剪辑。为了不让我们的 Vlog 变成"流水账"，在拍摄前进行脚本或者大纲的编排，会对我们的剪辑工作有事半功倍的效果。我们可以思考我们拍摄这条 Vlog 的目的，例如本案例是为了展现一家人的温暖和幸福，我们可以围绕这个主题进行文案的撰写，并且在剪辑时可以放一些温馨的画面进去，效果如图 6-17 所示，下面将介绍具体操作方法。

图 6-17

01 在剪辑之前首先确定剪辑素材内容和想要的视频呈现效果，提前撰写好文案，根据脚本进行剪辑，本案例视频素材排列最终如表 6-2 所示。

表 6-2

序号	素材顺序	片段内容	入点和出点	字幕	开始和结束
1	素材 11.mp4	开车镜头	00:00:00:00-00:00:03:00	6:00pm	00:00:14:27-00:00:16:00
				一大早出门去露营	00:00:16:01-00:00:17:21
2	素材 13.mp4	一家四口走向公园（速度：130%）	00:00:00:00-00:00:03:25		
3	素材 6.mp4	展示公园环境，体现公园十分热闹	00:00:01:22-00:00:05:01	人"尊嘟"超级多	00:00:21:24-00:00:25:03
4	素材 14.mp4	小朋友玩耍	00:00:00:00-00:00:04:12		
5	素材 15.mp4	一群小孩放风筝	00:00:07:15-00:00:13:08	孩子们撒开玩~	00:00:29:17-00:00:35:10
6	素材 16.mp4	露营一家人开心的氛围（速度：130%）	00:00:00:00-00:00:08:12	美好的露营就是看着他们玩，自己享受安静独处和果汁！	00:00:35:11-00:00:43:23
7	素材 17.mp4	展示露营中的美食	00:00:00:00-00:00:02:12		
8	素材 19.mp4	烤肉（速度：150%）	00:00:00:00-00:00:03:03		
9	素材 18.mp4	烤肉时肉嗞嗞响的特写镜头	00:00:00:00-00:00:04:02	嗞嗞~	00:00:49:11-00:00:53:13
10	素材 25.mp4	夜晚家人玩乐	00:00:00:22-00:00:03:19		
11	素材 20.mp4	一家人一起切西瓜（速度：120%）	00:00:00:00-00:00:02:14	没有西瓜的夏天是不完整的	00:00:56:12-00:00:58:27
12	素材 24.mp4	一家人一起切西瓜	00:00:01:18-00:00:03:25	夏日，是一个充满生机与活力的季节，也是一个让人感受到亲情温暖的季节	00:00:58:28-00:01:03:25
13	素材 21.mp4	吃西瓜近景（速度：120%）	00:00:00:22-00:00:03:00		
14	素材 22.mp4	吃西瓜中景，展现一家人温馨的氛围	00:00:00:00-00:00:03:17	在这个季节里，我们与家人一起分享快乐	00:01:03:26-00:01:16:14
15	素材 23.mp4	西瓜分享（速度：120%）	00:00:02:09-00:00:11:19		
16	素材 26.mp4	一家人一起看星空	00:00:00:00-00:00:02:16	无论岁月如何流转，这份美好的回忆将永远留给我们	00:01:16:15-00:01:24:20
17	素材 27.mp4	一家人一起玩泡泡	00:00:00:00-00:00:05:18		
18	素材 28.mp4	一家人一起走向阳光	00:00:00:00-00:00:08:02	让夏日的阳光见证我们的幸福，让微风将我们的爱意永远传递下去	00:01:24:21-00:01:32:33

02 回到"6.1 夏日露营 Vlog.prproj"项目文件，将正片素材导入"时间轴"面板中，根据表 6-2 内容对素材进行裁剪。

6.1.3 制作视频转场

为了让视频画面转换更加自然，在完成正片排序后开始进行细节视频转场的制作，下面将介绍具体操作方法。

01　回到"6.1 夏日露营 Vlog.prproj"项目文件，将时间线移动至"素材 10.mp4"和"素材 11.mp4"中间位置，这个位置不仅仅是视频素材的相交点，也是文字图层的相交点，在此处为视频素材和文字图层分别添加视频过渡效果"白场过渡"，视频素材为"起点切入"，文字图层为"中心切入"，具体如图 6-18 所示。

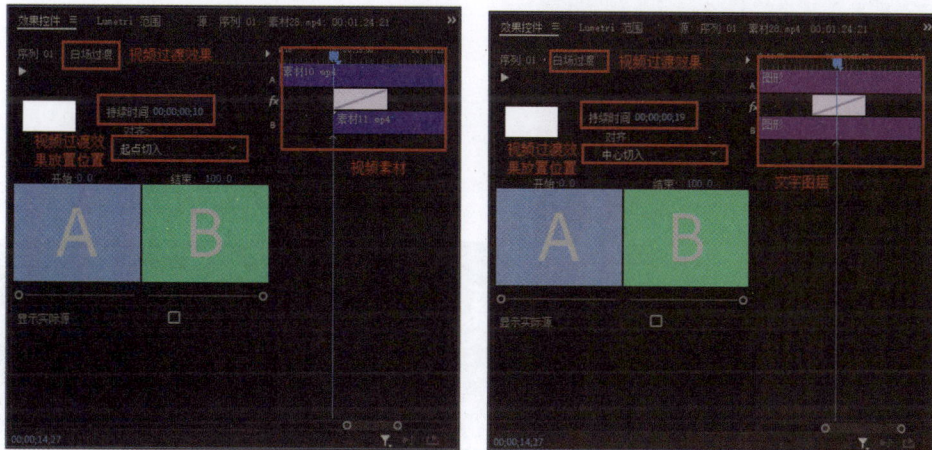

图 6-18

02　剩余转场效果如表 6-3 所示。

表 6-3

序号	素材	转场	持续时长	转场位置
1	素材 11.mp4/ 素材 13.mp4	交叉溶解	00:00:00:25	中心切入
2	素材 16.mp4/ 素材 17.mp4	叠加溶解	00:00:00:10	中心切入
3	素材 18.mp4	黑场过渡	00:00:00:22	终点切入
4	素材 20.mp4/ 素材 24.mp4	黑场过渡	00:00:00:25	中心切入
5	素材 24.mp4/ 素材 21.mp4	交叉溶解	00:00:00:25	中心切入
6	素材 23.mp4/ 素材 26.mp4	胶片溶解	00:00:00:12	中心切入
7	素材 27.mp4/ 素材 28.mp4	黑场过渡	00:00:00:10	中心切入
8	素材 28.mp4	黑场过渡	00:00:00:25	终点切入

提示：尽管在本节之前，尚未在正文中添加字幕，但根据"制作Vlog片头"和表6-2，片头与正文开头的文字图层紧密相连。之所以在本节特意强调需要在文字图层与视频素材的交界处都应添加相同的转场效果，这是因为，在剪辑过程中，通常文字会覆盖在视频画面上方。如果仅对视频素材应用转场效果（视频过渡效果），那么这些效果不会影响到文字层，导致文字显得孤立突兀。因此，在同一画面中应用转场效果时，必须同时为文字图层和视频图层添加相应的转场效果。

6.1.4　制作字幕特效

我们在第 2 小节中确定视频大纲脚本时，已经确定了字幕内容和出现的大概位置，本小节根据表 6-2 内容，将文字字体分为两种类型。按照"时间轴"面板中的素材顺序，从"素材 11.mp4"至"素材 20.mp4"为一个片段内容，主要介绍露营时的一些分享，偏轻快，所以字体可以设为可爱文字类型；从"素材 24.mp4"至"素材 28.mp4"为抒发情绪，文字类型偏正式。有了大致思路后，我们可以开始制作

图 6-19

字幕效果，效果如图 6-19 所示，下面将介绍具体操作方法。

01　回到 "6.1 夏日露营 Vlog.prproj" 项目文件。将时间线移动至正片开始的位置，添加文案字幕 "6:00am"，设置好字体样式后，将文字放置于画面中间，具体如图 6-20 所示。

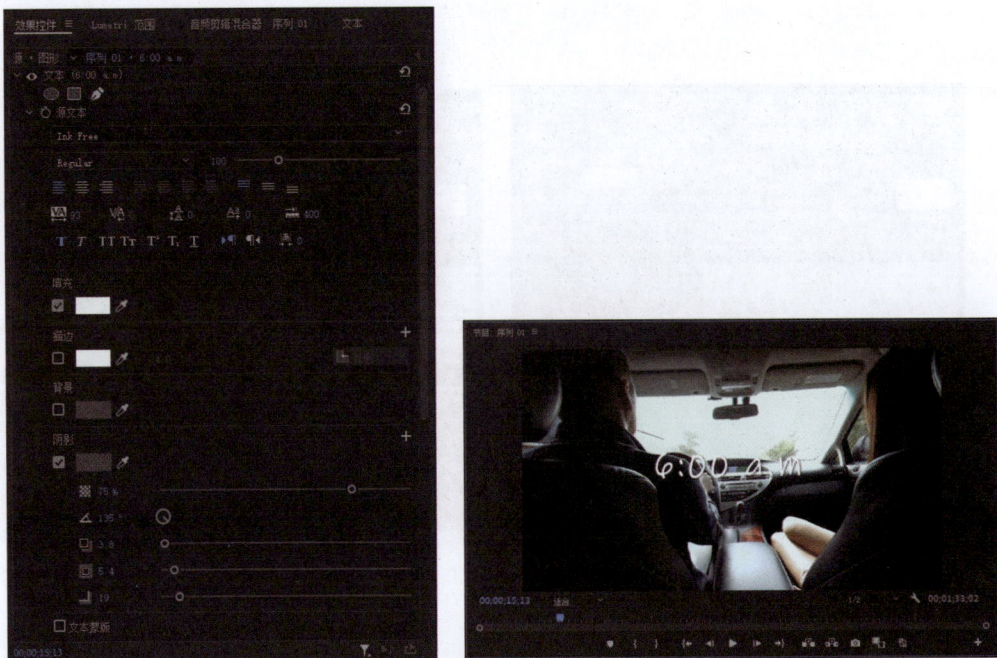

图 6-20

02　然后添加字幕 "一大早出门去露营"，将其放置在画面中下方，具体设置如图 6-21 所示。

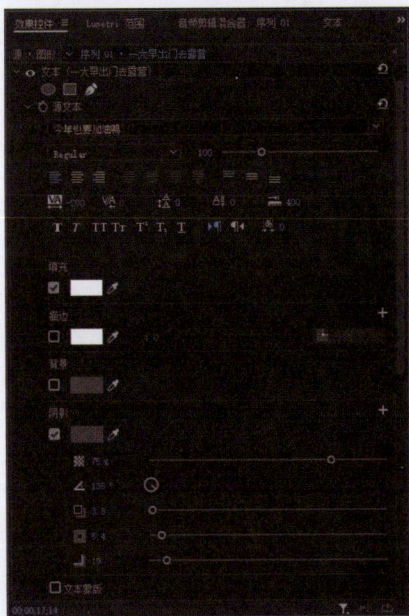

图 6-21

03　在文字后方可以添加一些动画图片让画面更生动有趣，在文字图层上方的 V3 和 V4 轨道分别添加动画素材 "通道视频 .mov" 和 "叹气 .mov"，通过调整位置和大小，放置在 "节目" 监视器面板画面中文字旁的合适位置，如图 6-22 所示。

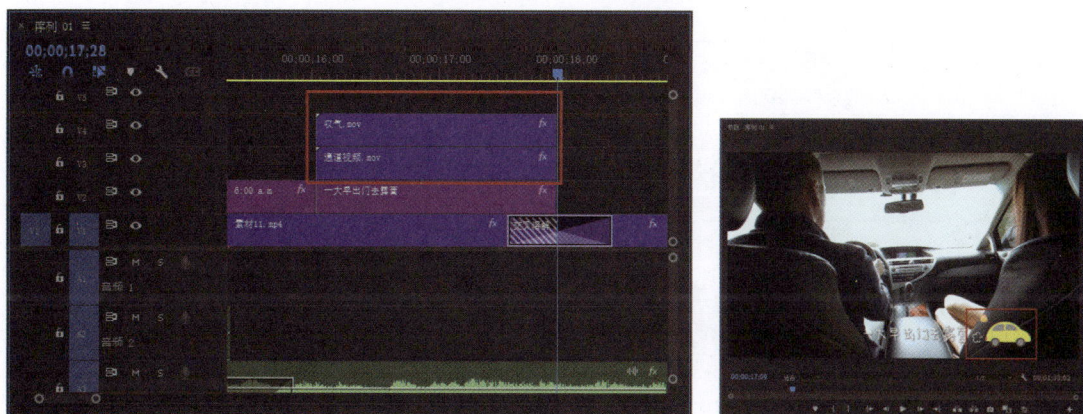

图 6-22

提示：（1）本步骤中在制作"通道视频.mov"和"叹气.mov"时进行了简单叙述。由于素材的局限
性，读者在制作"通道视频.mov"时，可以通过"矩形蒙版"，将本案例需要的小汽车
框选出来，其他的动画图像则可以隐藏。由于素材有限，通过"叹气.mov"模拟汽车尾
气的效果，但是在制作"叹气.mov"图片效果时需要添加"水平翻转"效果，将其放置
在黄色小汽车轮胎的后方。当然读者可以根据自己的需求自行制作和添加动画效果。

（2）根据表 6-2 和"时间轴"面板中的素材顺序，从"素材6.mp4"至"素材20.mp4"的字幕
文字样式与步骤02一致，具体位置可以参考项目文件"6.1夏日露营Vlog效果.prproj"。

04 将时间线移动至"素材 24.mp4"处，由于此段视频的氛围开始发生转变，其抒情元素逐渐增强，
进而渲染出更为深刻的情感，后续的文字均放置在左下角，具体设置如图 6-23 所示。

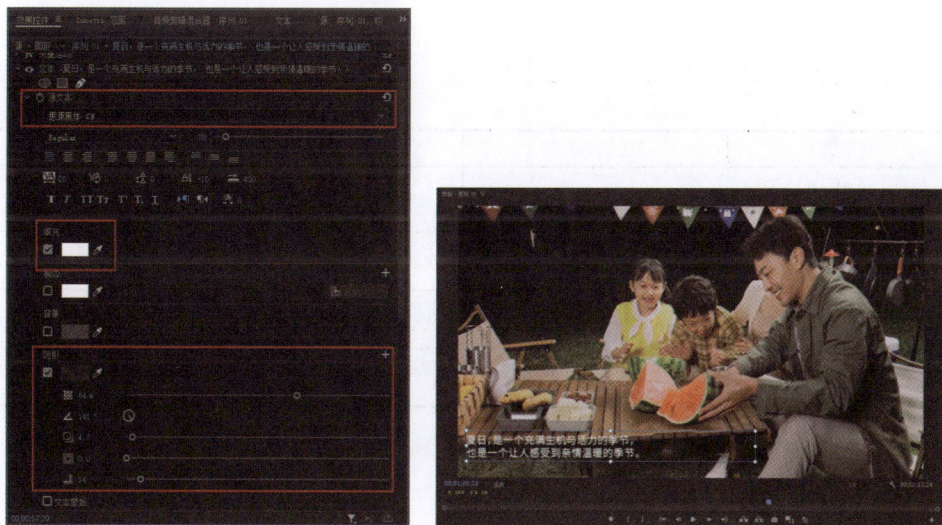

图 6-23

05 在上一小节中提到了文字转场和视频转场结合的重要性，本案例文字转场效果具体操作如表
6-4 所示。

表 6-4

序号	字幕	开始和结束	转场	转场位置	转场持续时长
1	6:00pm	00:00:14:27-00:00:16:00	白场过渡	中心切入（开头）	00:00:00:19
2	一大早出门去露营	00:00:16:01-00:00:17:21			

续表

序号	字幕	开始和结束	转场	转场位置	转场持续时长
3	人"尊嘟"超级多	00:00:21:24-00:00:25:03	交叉溶解	终点切入	00:00:00:13
4	孩子们撒开玩～	00:00:29:17-00:00:35:10			
5	美好的露营就是看着他们玩，自己享受安静独处和果汁！	00:00:35:11-00:00:43:23	叠加溶解		00:00:00:11
6	嗞嗞～	00:00:49:11-00:00:53:13	黑场过渡		00:00:00:25
7	没有西瓜的夏天是不完整的	00:00:56:12-00:00:58:27	黑场过渡		00:00:00:13
8	夏日，是一个充满生机与活力的季节，也是一个让人感受到亲情温暖的季节。	00:00:58:28-00:01:03:25			
9	在这个季节里，我们与家人一起分享快乐	00:01:03:26-00:01:16:14	胶片溶解	中心切入	00:00:00:20
10	无论岁月如何流转，这份美好的回忆将永远留给我们	00:01:16:15-00:01:24:20	黑场过渡	中心切入	00:00:00:20
11	让夏日的阳光见证我们的幸福，让微风将我们的爱意永远传递下去	00:01:24:21-00:01:32:33	黑场过渡	终点切入	00:00:00:25

6.1.5　添加背景音乐

虽然在片头我们添加了片头的背景音乐，但是影片需要视听结合，视觉和听觉缺一不可，因此，正片中也应融入背景音乐，并且根据内容的需要，还要加入相应的音效。由于本案例素材来源受限，音频素材内容相对较简单，具体如表 6-5 和表 6-6 所示。

表 6-5

序号	音频素材	开始和结束	入点和起点	效果
1	这是个爵士空间 .mp3	00:00:14:26-00:01:00:08	00:00:00:00-00:00:45:10	指数淡化，起点切入 渐隐（关键帧），终点
2	Flex2 Piano Loud.wav（重新混合）	00:00:58:27-00:01:32:33		恒定增益，起点切入 指数淡化，终点切入

表 6-6

序号	音效素材	开始和结束	入点和起点	效果
1	机械 _ 佳能 DO S D30（无焦点）.mp3	00:00:14:13-00:00:15:08	00:00:00:00-00:00:00:25	中心切入
2	喧闹 .wav	00:00:21:22-00:00:25:01	00:00:00:00-00:00:03:09	渐显（关键帧），起点
		00:00:29:15-00:00:35:08	00:00:03:10-00:00:09:03	
3	烤肉 .wav	00:00:49:10-00:00:53:21	无裁剪	

> 提示：在实际操作中请参考项目文件"6.1夏日露营Vlog效果.prproj"，并根据实际情况进行剪辑，自行进行细节调整，完善画面内容。

6.2　每一帧都是故事，制作氛围感情绪短片

氛围感情绪短片是视频创作爱好者常制作的视频类型，本节将进一步深化视频剪辑创作技能，向读者介绍如何制作氛围感短片。本节的核心在于如何通过光影、色彩、构图、镜头运动以及音乐等元素的精妙结合，让每一帧画面都富含情感，触动人心。本节要点为根据短片主题构思情节、选择合适的场景与演员（或角色）和运用不同的镜头捕捉细腻的情感变化，并在后期剪辑中通过调色、剪辑节奏与音乐的选择，强化情感共鸣，营造出引人入胜的情绪氛围，效果如图 6-24 所示。

图 6-24

启动 Premiere Pro，创建"6.2 氛围感短片 .prproj"项目文件，导入相应的片头素材并添加至"时间轴"面板中，在剪辑的开始需要确定本案例的视频脚本，如表 6-7 所示。

表 6-7

镜号	景别	画面	字幕	时长
1	全景	阳光照进老街	有时候，生活中的美好，就藏在那些被我们忽略的角落里	00:00:06:16
2	中景 / 全景	老街道中来往的老人	每一个人，都有自己的故事	00:00:06:05
3	中景	老街	时光逆行	00:00:03:10
4	中景	一位老人坐在沙发上，看着远方，眼神中充满回忆	那些过去的时光，如同电影般在脑海中放映	00:00:01:14
5	特写	老人抚摸着手中的旧照片		00:00:04:04
6	近景	老人看着手中的老照片	但是，新的故事永远都不断上演	00:00:02:10
7	中景	孤独的老人和活泼的小女孩对比		00:00:03:06
8	全景	街道上放学骑车欢闹的学生	每一帧，都是生活的馈赠	00:00:04:16
9	近景	母女温馨画面	我们在时光中前行，带着爱与希望	00:00:09:05
10	特写	老人看向远方	岁月不居，时节如流，珍惜每一个瞬间	00:00:08:00
11	全景	老街道	向未来	00:00:05:06

6.2.1 制作视频片头

有了视频基础框架后，即可根据框架进行填补，第一步则是完成片头制作。片头作为影片的开篇，旨在巧妙地总结影片精髓并点明主题，同时巧妙烘托出特定的氛围，引领观众迅速沉浸于我们所欲展现的情感世界之中，下面将介绍具体操作方法。

01 打开"6.1 夏日露营 Vlog.prproj"项目文件，导入相应的片头素材并添加至"时间轴"面板中，熟悉背景音乐"渴望 .mp3"，根据背景音乐和脚本，对素材进行裁剪，如表 6-8 所示。

表 6-8

序号	素材顺序	片段内容	字幕	持续时长
1	素材 1.mp4	古老街道	有时候 生活中的美好	00:00:03:11
2	素材 2.mp4	古老街道	就藏在那些被我们忽略的角落里	00:00:03:05
3	素材 3.mp4	老小区行走的人们	每一个人	00:00:03:01
4	素材 4.mp4	老小区老人围在一起	都有自己的故事	00:00:03:04
5	素材 5.mp4	老街风景	时光延续	00:00:03:11

02 对片头素材裁剪完成后，开始添加效果。正如人们讲话时无法持续不断地讲述一大段话而不换气，无论是讲述者还是听众都会感到"窒息"和疲惫，视频的制作亦是如此。每一个巧妙的转场，就如同在视频中插入了一次换气，使观众得以舒缓，同时保持视觉上的连贯性和吸引力。

03 在本案例片头中，把每句字幕当作一个气口，在"素材 1.mp4"和"素材 2.mp4"中间及"素材 2.mp4"和"素材 3.mp4"中间均添加"叠加溶解"转场，如图 6-25 所示，营造一种回忆的氛围。在"素材 3.mp4"和"素材 5.mp4"中间添加"交叉溶解"转场，如图 6-26 所示。

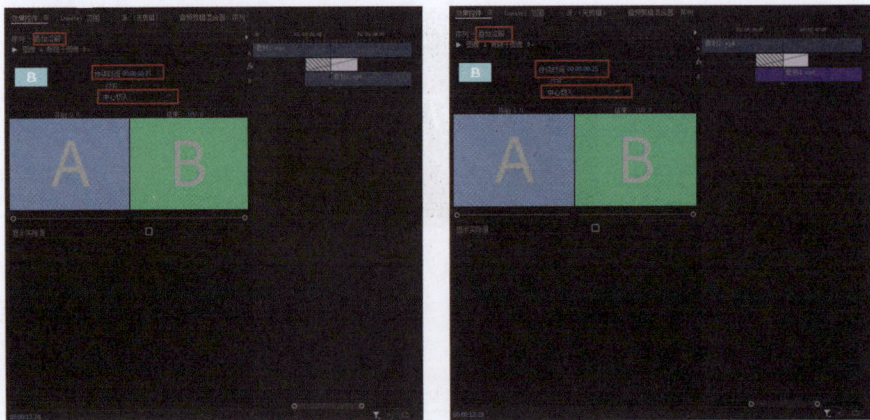

图 6-25

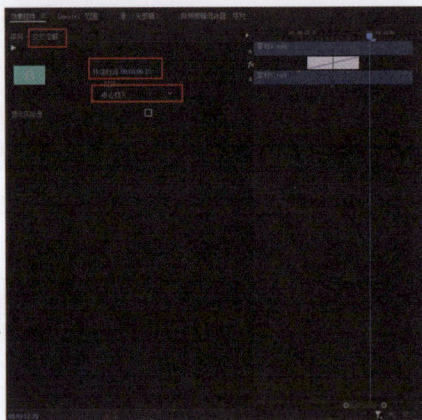

图 6-26

04 在完成转场添加后添加字幕。将时间线移动至"素材 5.mp4"开始的位置，在此处将进行本案例视频氛围感情绪短片标题制作。

05 首先添加文字图层"时光"，字体设置具体如图 6-27 所示。将时间线向前移动 10 帧后，再添加文字图层"延续"，字体设置与"时光"一致，然后在"节目"监视器画面中移动文字位置进行排版。

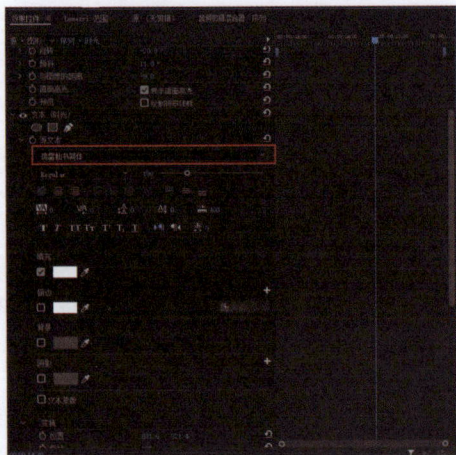

图 6-27

06　然后分别为文字图层添加"油漆飞溅"效果，放置在开头位置，如图 6-28 所示。

07　选中文字图层与"素材 5.mp4"，单击鼠标右键执行"嵌套"命令。首先在"素材 4.mp4"和"嵌套序列 01"中间添加"交叉溶解"转场效果，然后将时间线移动至 00:00:14:13 的位置，在此处使用"剃刀工具" 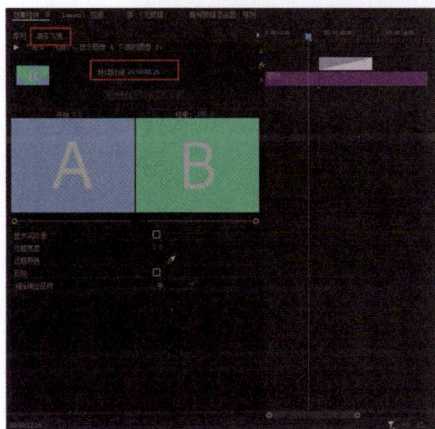 进行切割，然后在此处添加"叠加溶解"效果，如图 6-29 所示。

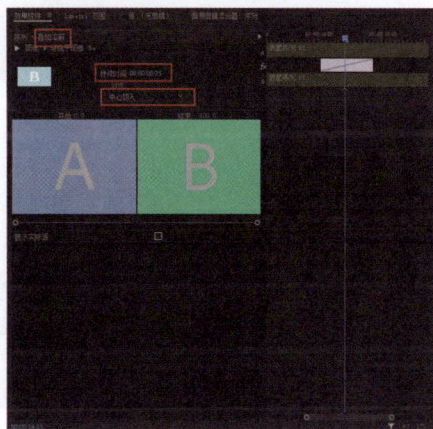

图 6-28

图 6-29

6.2.2　制作正片内容

完成片头制作后，开始制作正片内容。鉴于在本节开头已经明确了基本的脚本框架，本小节关于正片内容的制作过程就显得尤为顺畅。我们只需严格遵循脚本的指引，对正片内容进行填充与"画龙点睛"，以实现更为出色的呈现效果，下面将介绍具体操作方法。

01　回到"6.1 夏日露营 Vlog.prproj"项目文件，导入相应的正片素材并添加至"时间轴"面板中，素材放置顺序如表 6-9 所示。

表 6-9

序号	素材	片段内容	字幕	时长
1	素材 6.mp4	一位老人坐在沙发上，看着远方，眼神中充满回忆	那些过去的时光	00:00:01:14
2	素材 7.mp4	老人抚摸着手中的旧照片	如同电影般在脑海中放映	00:00:04:04
3	素材 8.mp4	老人看着手中的老照片	但是	00:00:02:10
4	素材 9.mp4 素材 10.mp4	孤独的老人和活泼的小女孩对比	新的故事永远在不断上演	00:00:03:06
5	素材 11.mp4	街道上放学骑车欢闹的学生	每一帧，都是生活的馈赠	00:00:04:16
6	素材 13.mp4	母女温馨画面	我们在时光中前行	00:00:04:22
7	素材 12.mp4	母女合照	带着爱与希望	
8	素材 14.mp4	老人看向远方	岁月不居 时节如流 珍惜每一个瞬间	00:00:08:00
9	素材 15.mp4	老街道	向未来	00:00:05:06

02　将素材裁剪完成后，进行细节调整。选中"素材 14.mp4"，执行"时间重映射" | "速度"命令，添加速度关键帧，当老人抬头看向远方时，速度需要稍微变慢，同时调整速度后，时间需要一致，如图 6-30 所示。

03　然后开始添加转场效果。首先确定好正片的"气口"，将时间线移动至"素材 6.mp4"开始的位置，在"嵌套序列 01"和"素材 6.mp4"中间位置添加"白场过渡"转场；将时间线移动至"素材 11.mp4"和"素材 13.mp4"中间位置，添加"叠加溶解"转场效果；在"素材 12.mp4"和"素材 14.mp4"中间添加"胶片溶解"转场效果；在"素材 14.mp4"和"素材 15.mp4"中间添加"交叉溶解"转场效果。

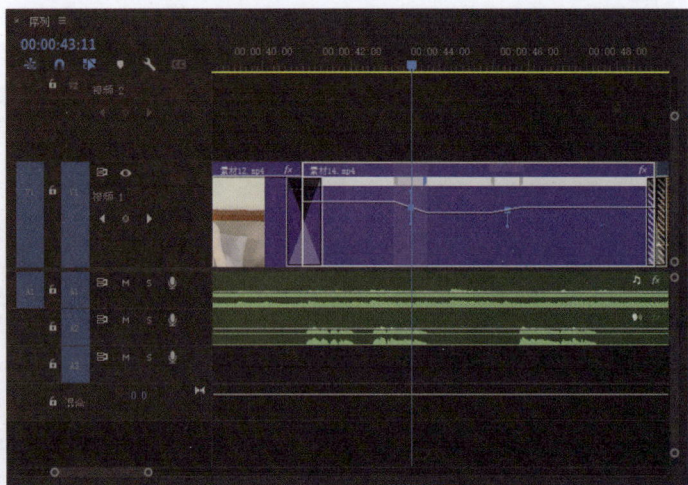

图 6-30

6.2.3 制作画面交叉效果

"素材 9.mp4"和"素材 10.mp4"放置在同一个画面中，一老一少，制作出不同时间交织的效果，更贴合本案例视频"时光延续"的主题，效果如图 6-31 所示，下面将介绍具体操作方法。

01 回到"6.1 夏日露营 Vlog.prproj"项目文件，将时间线移动至"素材 9.mp4"和"素材 10.mp4"的位置，将"素材 10.mp4"放在 V1 轨道，将"素材 9.mp4"放在 V2 轨道，时长一致。选中"素材 9.mp4"，添加蒙版，如图 6-32 所示。

图 6-31

图 6-32

02 然后在 V3 视频轨道再复制粘贴一次"素材 9.mp4"，如图 6-33 所示。

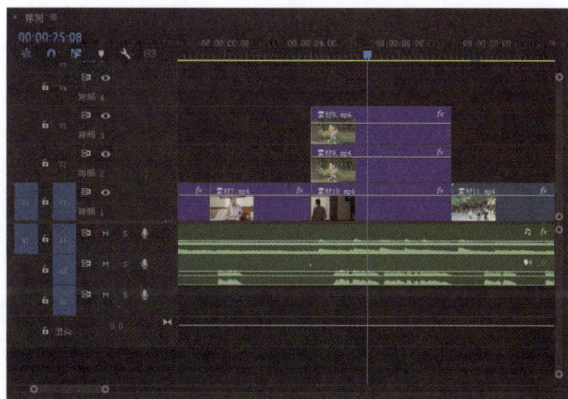

图 6-33

03　在 V3 轨道"素材 9.mp4"中添加"高斯模糊"效果，模糊度为 50.0，如图 6-34 所示。为了让画面效果更好，在"Lumetri 颜色"面板中进行基础校正，如图 6-35 所示，画面交叉效果即制作完成。

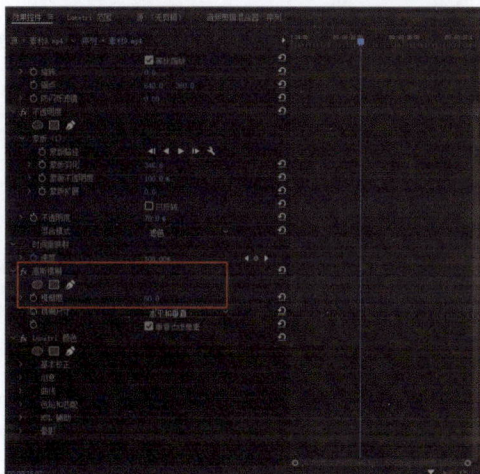

图 6-34

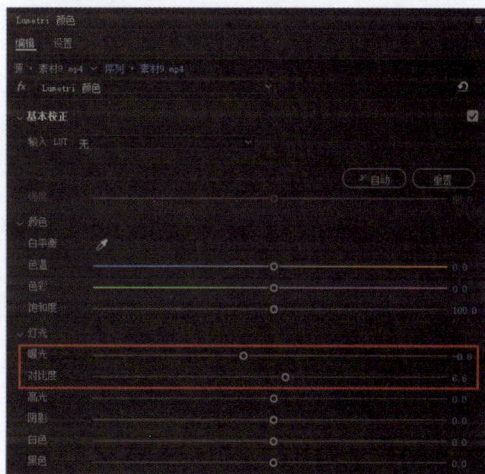

图 6-35

04　为了让前后衔接更顺畅，选中"素材 9.mp4"和"素材 10.mp4"，创建"嵌套序列 02"，然后在前后分别添加转场效果"胶片溶解"和"交叉效果"，如图 6-36 所示。

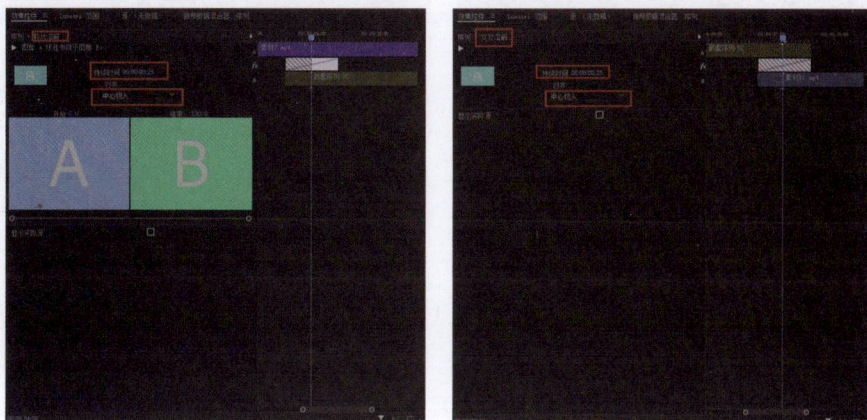

图 6-36

6.2.4 添加字幕和音频

完成正片内容初步剪辑后，开始添加字幕和音频，下面介绍具体操作方法。

01 回到"6.1 夏日露营 Vlog.prproj"项目文件，由于一开始为了方便视频剪辑已经将背景音乐"渴望 .mp4"添加至"时间轴"面板中，现在只需选中"渴望 .mp4"，通过"重新混合工具"  和"剃刀工具" ，将音频与视频时长大致对齐，同时在末尾添加"指数淡化"效果，让音频音量有一个缓出的效果。

02 由于已经确定好脚本内容，片头文案已经添加完成，同时在正片内容剪辑时也确定好了字幕大致出现位置，本小节只需要根据需要直接添加字幕内容，字体设置如图 6-37 所示。文字均放置在画面的中下方，如图 6-38 所示。

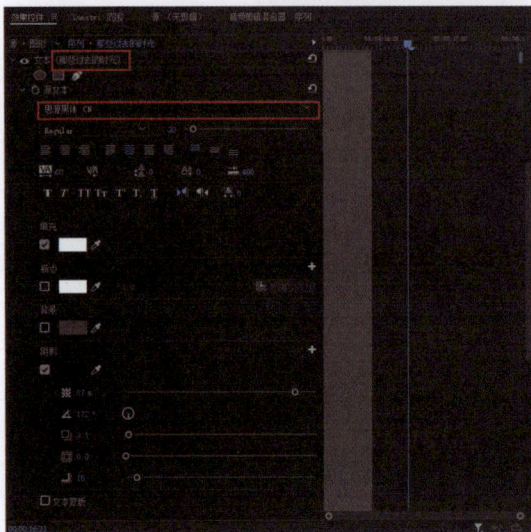

图 6-37

图 6-38

03 文字字体和位置设置完成后，通过不透明度关键帧，在每句话的收尾制作"渐显"和"渐隐"效果，如图 6-39 所示

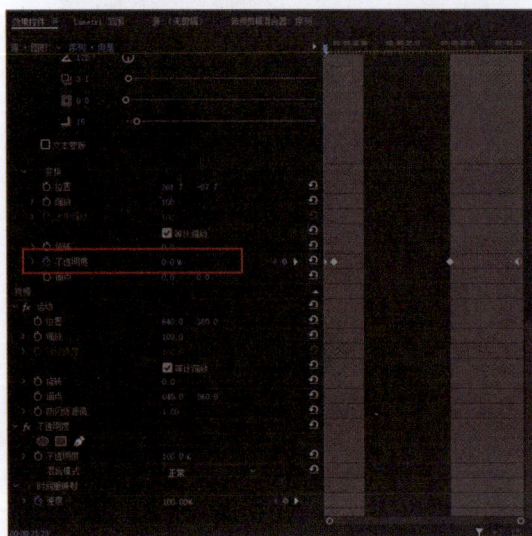
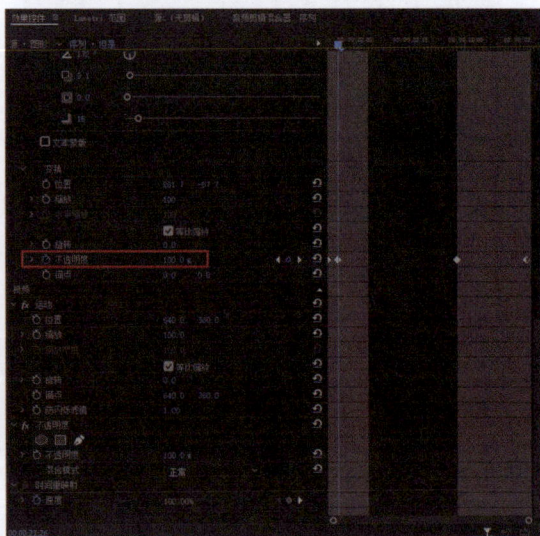

图 6-39

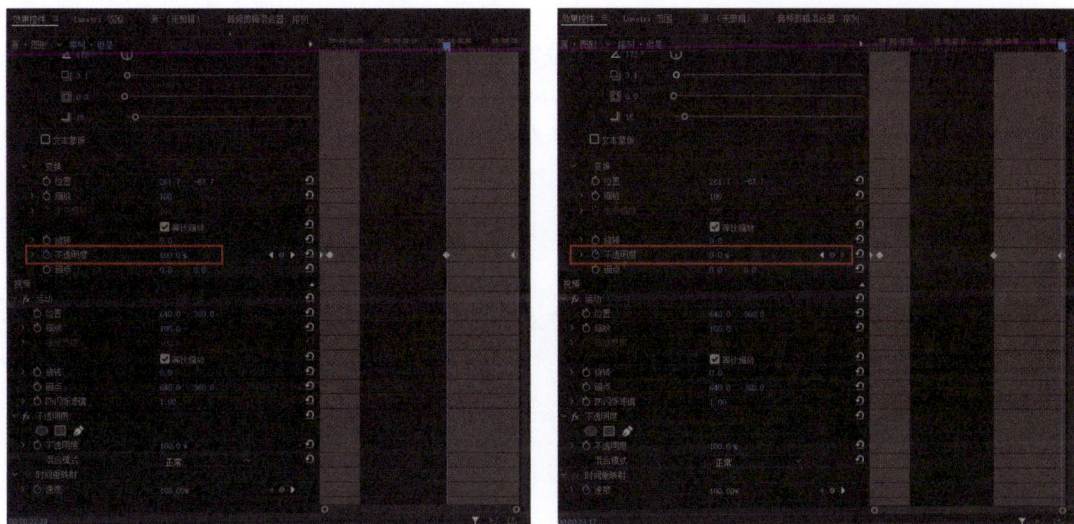

图 6-39（续）

> 提示：在给文字设置不透明度关键帧时，请根据表6-7进行制作。例如"那些过去的时光，如同电影
> 般在脑海中放映"这一句，拆分成了两段分别放置在"素材8.mp4"和"素材6.mp4"中，如图
> 6-40所示，所以应在"那些过去的时光"的开头中制作"渐显"效果，在"如同电影般在脑海
> 中放映"的结尾制作"渐隐"效果。另外在添加字幕时，为了画面美观，最好不要添加标点符
> 号，将一句话拆分成几段，可以一段话一个画面。

图 6-40

04　字幕添加完成后，为了丰富视频内容，可以将文案朗读出来。

6.2.5　制作滚动片尾

本案例为氛围感情绪短片，为了更贴合视频效果，在结尾处放置一个滚动片尾，效果如图6-41所示，下面将介绍具体操作方法。

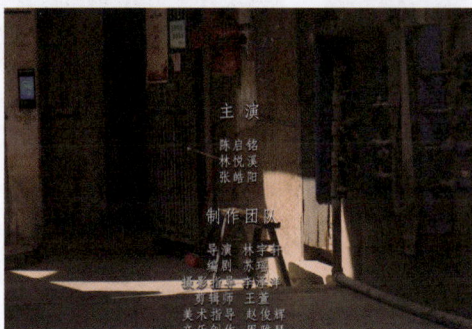

图 6-41

01 回到"6.1 夏日露营 Vlog.prproj"项目文件，将时间线移动至"素材 15.mp4"中快要结束的位置，在"节目"监视器画面中添加一个"段落文字"，并输入片尾文字，如图 6-42 所示。

02 然后根据具体内容进行不同字体样式和大小设置，例如，标题（如"制作团队""主演"）需要比下面人物名字更大一些，片尾文本最好为宋体，添加阴影让字体更加醒目，最终效果如图 6-43 所示。

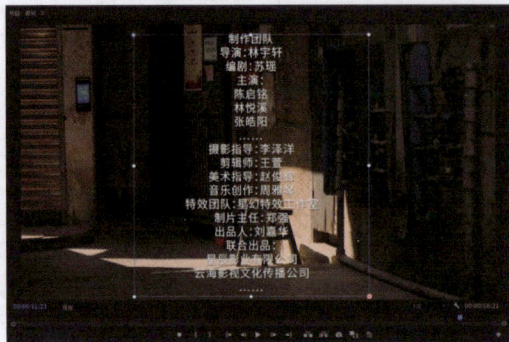

图 6-42

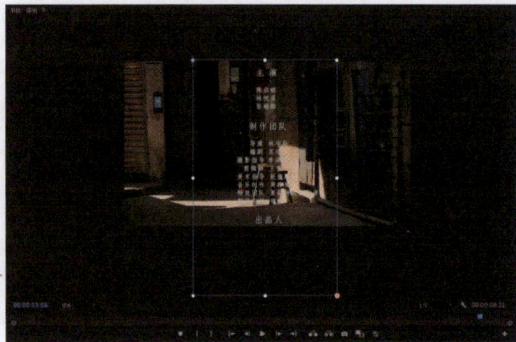

图 6-43

03 文本设置完成后，再选中该文本图层，即可弹出"响应设计 - 时间"窗口，在该界面勾选"滚动"选项，文本将会自动滚动起来，如图 6-44 所示。

04 由于视频结尾加入了片尾滚动字幕，这会导致字幕时长稍微超出原视频时长和背景音乐的播放时长。因此，为了保持整体协调，我们需要根据片尾字幕的实际时长，对视频和背景音乐的时长进行相应的微调，背景音乐时长需要稍微超过滚动字幕文字图层时长，原视频时长也需要适当增加，如图 6-45 所示。至此，本案例视频剪辑完成。

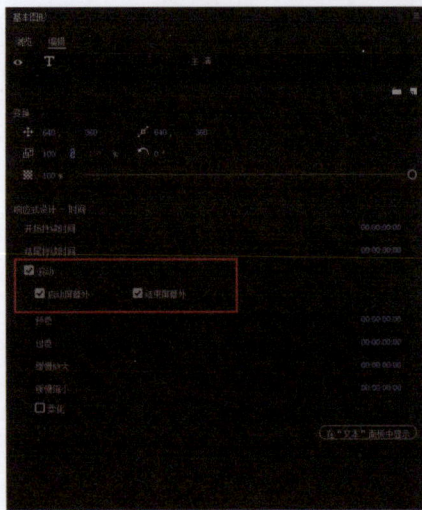

图 6-44

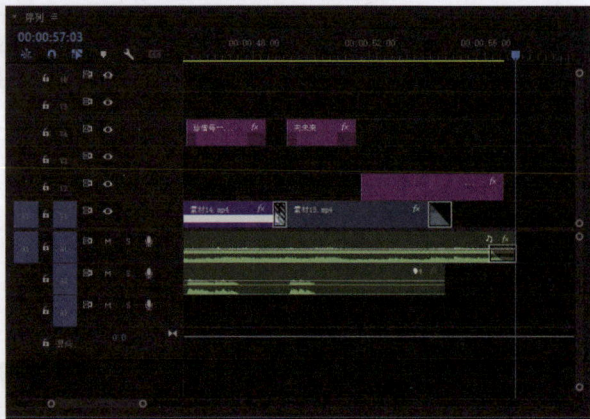

图 6-45

07

第7章

广告视频剪辑实操，用技术赢得广告主的青睐

本章导读

　　广告作为传播信息的一种途径，其目的涵盖推销商品、推广服务、获取支持、推动某一事业发展或者引发刊登广告者所期望的其他反应。而广告视频是以视频为载体向观众传递信息的形式。

　　随着互联网的迅猛发展，广告视频的范畴从传统的 TVC（Television Commercial）和宣传片拓展到了短视频领域。TVC 是一种付费广告，一般在电视媒体上播放，通过精心构思的画面与声音，迅速地将产品或服务信息传递给大量观众，讲究短平快，时长通常在5~60s。宣传片属于非付费广告，主要是为了展示品牌形象、企业文化、产品特性等，以此吸引潜在客户和公众关注，时长往往在 2min 以上。短视频内容丰富多样，以娱乐、社交和信息分享为主要目的，主要在短视频平台传播，其时长较为灵活，不过普遍都比较短，范围从几秒到几分钟。

　　在本章中，将通过制作一个 TVC 广告视频和一个短视频广告视频的实例，向读者讲解如何制作基础的广告片，从而运用相关技术获得广告主的青睐。

7.1 感受夏日的清凉，制作汽水广告视频

本章的首个广告案例视频是 TVC 广告视频，我们将借助这个传统且基础的产品广告视频案例，向读者阐述制作汽水广告视频的方法。在本节中，通过对可乐广告视频制作案例的学习，读者能够掌握将产品特性与夏季元素相结合的技巧，并且学会运用剪辑技术来展现产品的清凉之感，从而激发消费者的购买欲望。通过对本节内容的学习，读者将具备独立完成一段既有吸引力又符合品牌调性的广告视频的能力，这将为后续的广告制作项目筑牢坚实的基础，效果可参照图 7-1。接下来将介绍相关的操作要点。

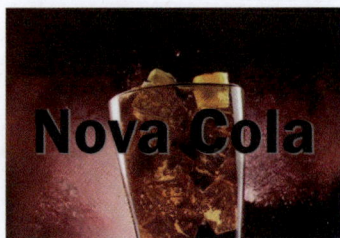

图 7-1

7.1.1 搭建视频结构

剪辑视频时，首先确定素材，如汽水广告，需把握节奏，快速吸引观众，根据受众调整整体节奏；重视视觉效果，包括产品特写、色彩调整和适度视觉特效；构建故事性，涉及产品展示和情感传递。由于本案例版权限制，无法获取到完整的故事性素材，但根据上述要点我们也可以制作一个简单的汽水广告案例视频，创建项目文件"7.1 汽水广告 .prproj"，本案例剪辑的大致框架如表 7-1 所示，根据框架在"时间轴"面板中对素材进行粗剪。

表 7-1

序号	素材	画面	字幕	入点和出点	时长
1		"COLA"标语展示	COLA		00:00:00:00-00:00:04:05
2	素材 1.mp4（速度：177%）	开可乐易拉罐，可乐四溅	COLA	00:00:00:00-00:00:01:27	00:00:01:14-00:00:03:11
3	素材 2.mp4	挤柠檬，柠檬的汁水四溅	COLA	00:00:00:03-00:00:01:17	00:00:03:12-00:00:04:26
4	素材 3.mp4	将可乐倒出	CLASSIC	00:00:00:00-00:00:02:02	00:00:21:06-00:00:27:22
5	素材 4.mp4	一个杯子正在倒可乐	COOL	00:00:02:01-00:00:04:00	00:00:07:00-00:00:08:29
6	素材 5.mp4	可乐倒灌的画面		00:00:00:22-00:00:01:18	00:00:09:00-00:00:09:26
7	素材 4.mp4	杯子里继续倒着可乐	More Bubbles	00:00:02:27-00:00:05:19	00:00:09:27-00:00:12:19
8	素材 6.mp4	冒着气泡的可乐		00:00:12:07-00:00:12:24	00:00:12:20-00:00:13:13
9	素材 7.mp4	女生喝着可乐	SUMMER NEED	00:00:02:23-00:00:04:20	00:00:13:14-00:00:16:01
10	素材 8.mp4（速度：150%）	拿着可乐瓶碰杯		00:00:00:00-00:00:02:18	00:00:16:02-00:00:18:20
11	素材 8.mp4	广告标语展示 背景：拿着可乐瓶碰杯	Share with Friends	00:00:03:29-00:00:06:02	00:00:18:21-00:00:20:03
12	素材 9.mp4（速度：150%）	可乐 Logo 展示 背景：可乐视频	Nova Cola	无裁剪	00:00:20:04-00:00:23:14

提示：（1）在处理速度有变化的素材时，首先将素材按照"入点和出点"栏中的数据，进行素材添加，然后更改素材的速度，并通过"选择工具"▶填补后面的空白区域，如图7-2所示。
（2）具体视频粗剪请参考项目文件"7.1汽水广告素材.prproj"。

7.1.2 素材精细化处理

搭建好视频的基本结构后就要对素材进行精细化处理，一般包括特效处理、转场、字幕效果和音效，本小节将着重特效和转场效果的介绍，首先根据表 7-2 添加转场效果。

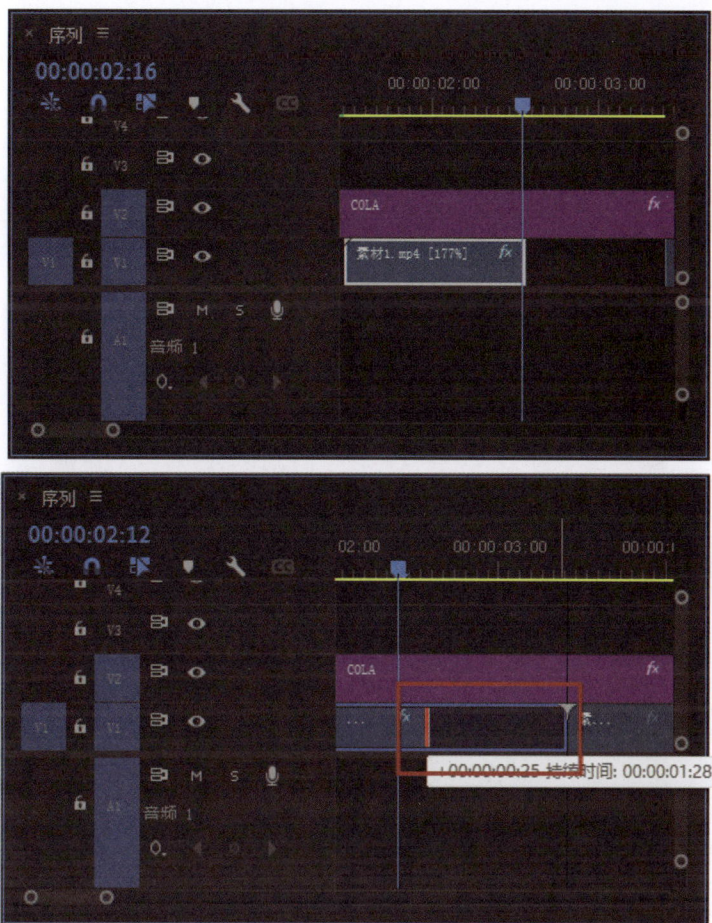

图 7-2

表 7-2

素材顺序	片段内容	转场	时长
素材 1.mp4	开可乐易拉罐，可乐四溅		
素材 2.mp4	挤柠檬，柠檬的汁水四溅	"转场特效 .mov"	
素材 3.mp4	将可乐倒出	MG 动画转场	00:00:00:00-00:00:01:27
素材 4.mp4	一个杯子正在倒可乐		
素材 5.mp4	可乐倒灌的画面		
素材 4.mp4	杯子里继续倒着可乐		
素材 6.mp4	冒着气泡的可乐	急摇	
素材 7.mp4	女生喝着可乐	中心切入	00:00:00:25
素材 8.mp4（速度：150%）	拿着可乐瓶碰杯	VR 球形模糊 中心切入	00:00:00:25
素材 8.mp4（帧定格）	广告标语展示 背景：拿着可乐瓶碰杯	"不规则的黑白转场 4k 1.mov" MG 动画转场	无裁剪
素材 9.mp4	可乐 Logo 展示 背景：可乐视频	黑场 结尾切入	00:00:00:25

基础的视频转场效果添加完成后，开始制作一些需要补充添加的效果。

01　选中"素材 2.mp4"，执行"时间重映射"|"速度"命令，用素材中间的横线调整速度至
　　177.00%，然后将时间线移动至 00:00:03:13 的位置，在此处添加一个速度关键帧。向下移动关

键帧后面的横线，将速度调整至 122.00%，将右侧的光标移动至大约 00:00:04:02 的位置，通过 "选择工具" ▶ 填补后面的空白区域。在 "素材 2.mp4" 中添加速度关键帧，并制作一个曲线变速效果，如图 7-3 所示。

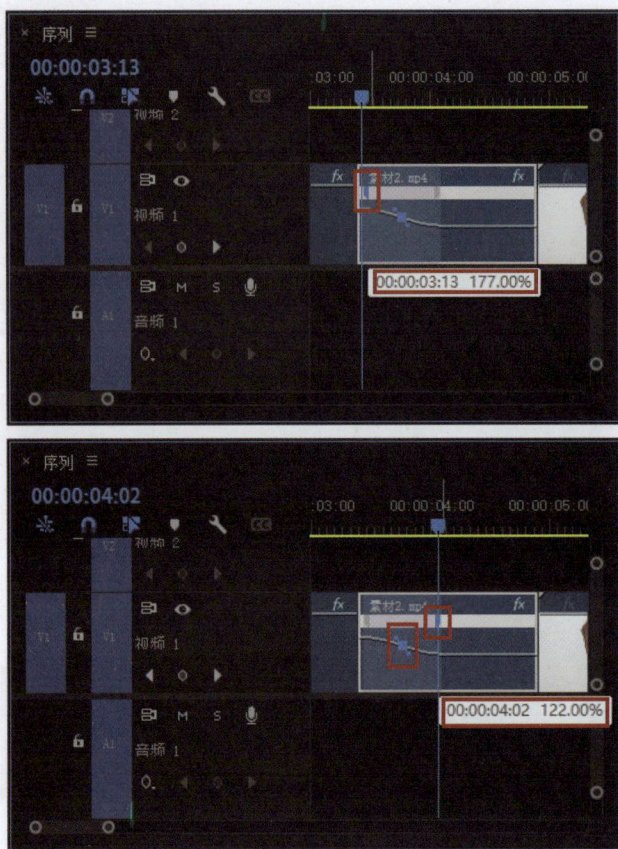

图 7-3

02 从表 7-1 可知，我们在 00:00:18:21—00:00:20:03 处，制作了一个广告标语，其中背景为从 "素材 8.mp4" 中挑选的素材背景，选中 "素材 8.mp4"，单击鼠标右键执行 "插入帧定格" 命令，如图 7-4 所示，即可在时间轴中插入该时间段的帧定格图片，如图 7-5 所示选中素材片段为帧定格图片，删除帧定格图片右侧多余片段，然后将该处时长与表 7-2 对齐。

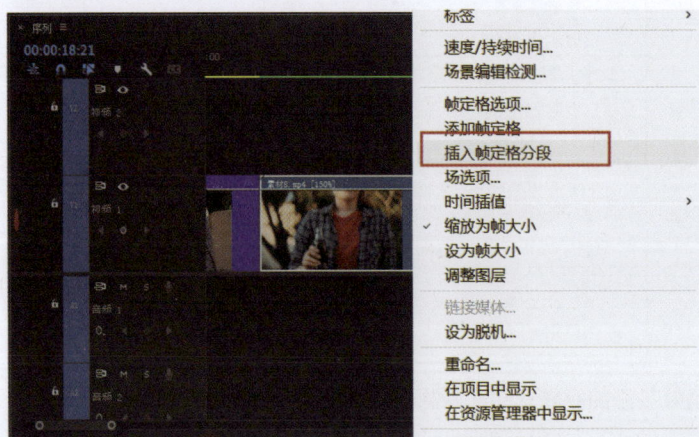

图 7-4

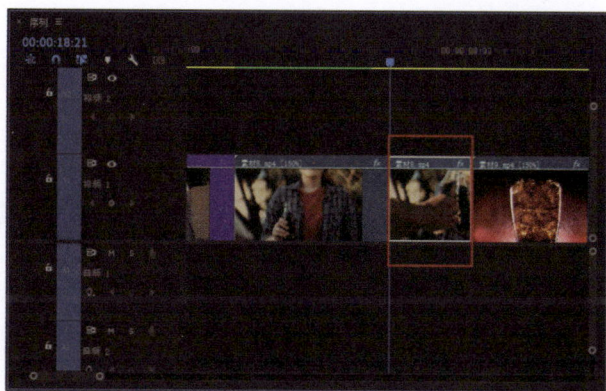

图 7-5

7.1.3　为视频调色

本案例由于视频素材比较清晰且素材色调基本一致，只需要进行简单的修改，具体操作如下。

选中"素材 9.mp4"打开"Lumetri 颜色"面板，再展开"色轮和匹配"窗口，根据"素材 1.mp4"的画面进行匹配调色，如图 7-6 所示。

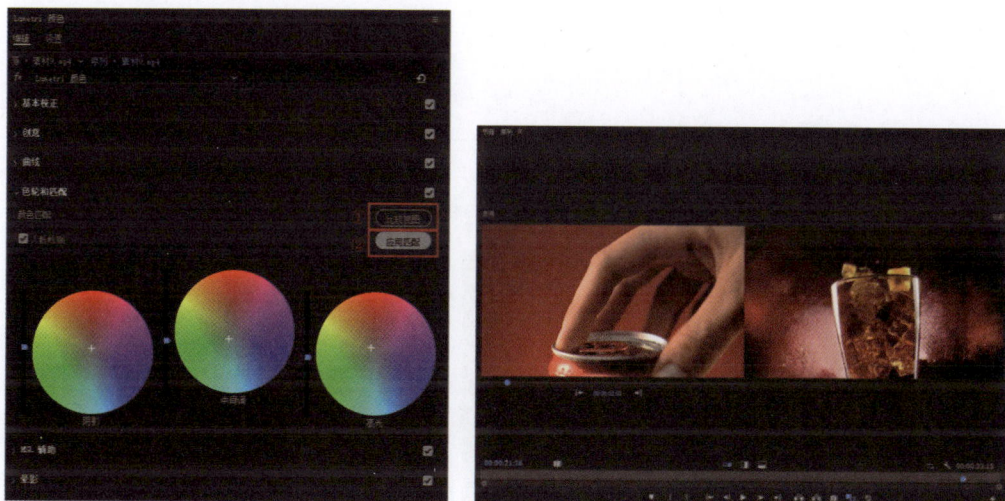

图 7-6

7.1.4　制作视频字幕

由于本案例主要展示产品，为了让画面更丰富和突出产品，会制作多种字幕效果，效果如图 7-7 所示，下面将介绍具体操作方法。

图 7-7

01 首先根据表 7-3 添加字幕和效果。

表 7-3

序号	字幕	开始和结束	效果	持续时长
1	COLA	00:00:00:00-00:00:04:05	发光放大缩小（关键帧）	
2	CLASSIC	00:00:05:01-00:00:06:29	内滑 起点切入	00:00:00:23
3	COOL	00:00:07:00-00:00:08:29	交叉缩放 起点切入	00:00:00:15
4	More Bubbles	00:00:09:27-00:00:12:19	划出 起点切入	00:00:00:18
			胶片溶解 终点切入	00:00:00:11
5	SUMMER NEED	00:00:13:09-00:00:16:01	急摇 起点切入	00:00:00:20
6	Share with Friends	00:00:18:12-00:00:20:03	交叉缩放 起点切入	00:00:00:18
			水波块 中心切入	00:00:01:09
7	Nova Cola	00:00:20:04-00:00:23:14	黑场 终点切入	00:00:00:25

02 将时间线移动至开始的位置，单击"文字工具"按钮，在"节目"面板画面中心位置添加文字"COLA"如图 7-8 所示。

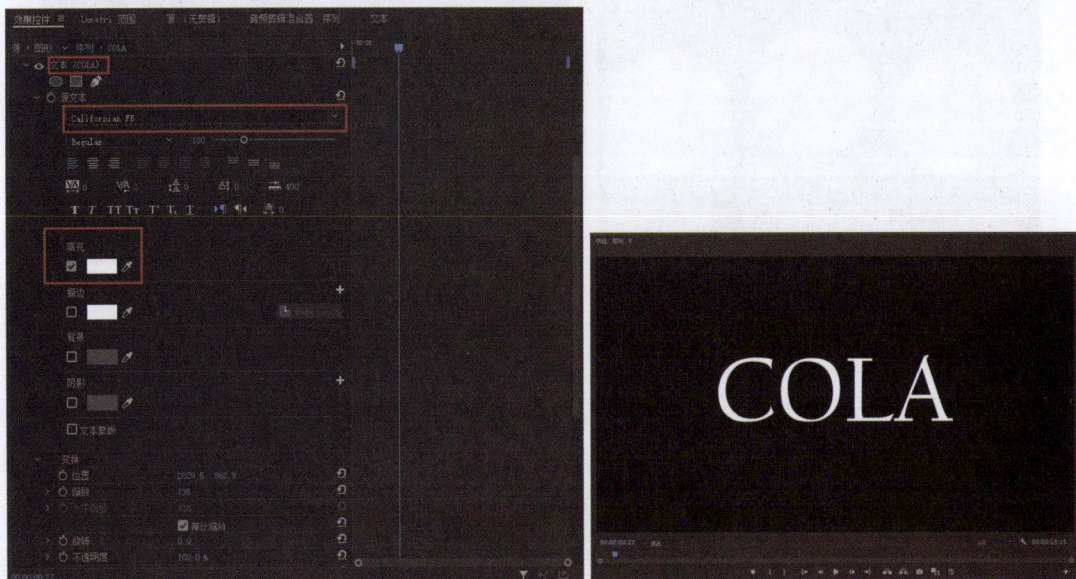

图 7-8

03 为了在开头制作一个发光放大缩小入场效果，在"基本图形"面板中单击"创建组"按钮，将文字添加进"组"，并在文字上方添加"VR 发光""高斯模糊"和"变换"效果，如图 7-9 所示。

04 首先，将时间线移动至 00:00:00:00 的位置，添加"变换"效果控件中的"缩放高度""缩放宽度""倾斜""倾斜轴""旋转"和"不透明度"关键帧；然后，将时间线移动至 00:00:00:17 的位置，添加"VR

发光"效果控件中的"亮度阈值""发光半径""发光高度"和"发光饱和度"的关键帧，再添加"高斯模糊"效果控件中的"模糊度"关键帧；再将时间线移动至 00:00:00:20 的位置，添加"变换"效果控件中的"缩放高度""缩放宽度""倾斜""倾斜轴""旋转"和"不透明度"关键帧，添加"VR 发光"效果控件中的"亮度阈值""发光半径""发光高度"和"发光饱和度"的关键帧，添加"高斯模糊"效果控件中的"模糊度"关键帧；最后将时间线移动至 00:00:00:23 的位置，添加"VR 发光"效果控件中的"亮度阈值""发光半径""发光高度"和"发光饱和度"

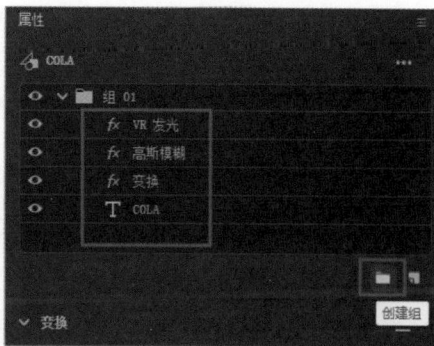

图 7-9

的关键帧，添加"高斯模糊"效果控件中的"模糊度"关键帧。所有关键帧具体数值变化如图 7-10 所示，其中"缩放高度"和"缩放宽度"关键帧为"缓出"，"快门角度"数值为 50.00。

05　将时间线移动至 00:00:05:01 的位置，此处为"素材 3.mp4"开始后的位置，在 V2 轨道添加文字图层"CLASSIC"，具体设置如图 7-11 所示。

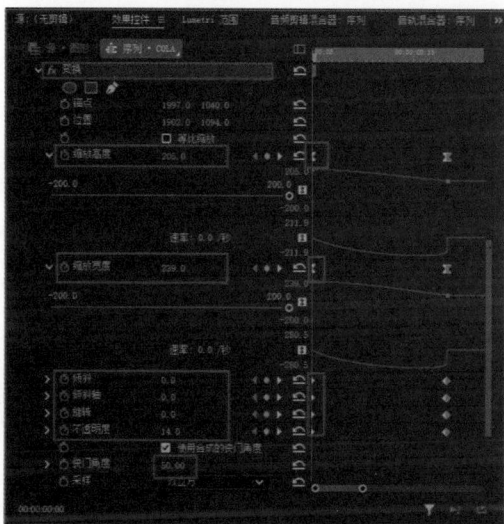
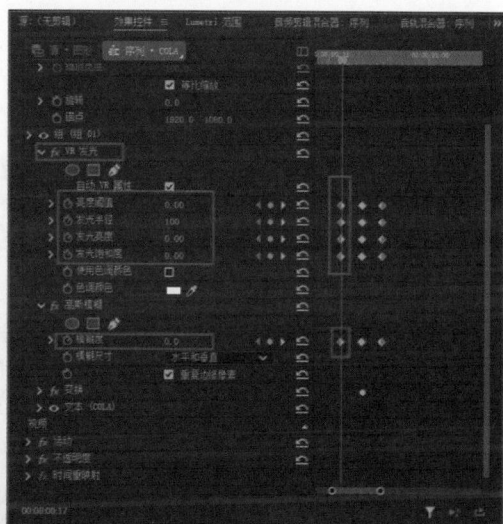
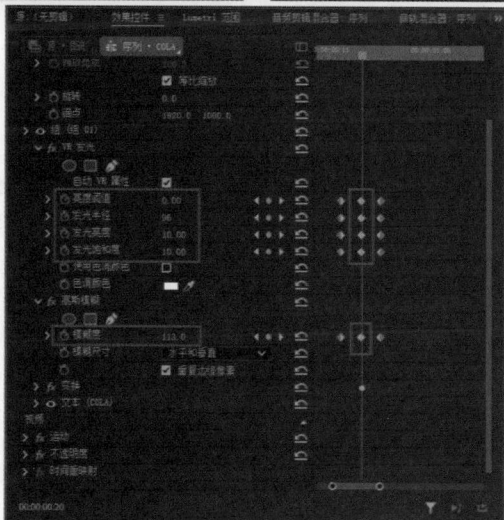

图 7-10

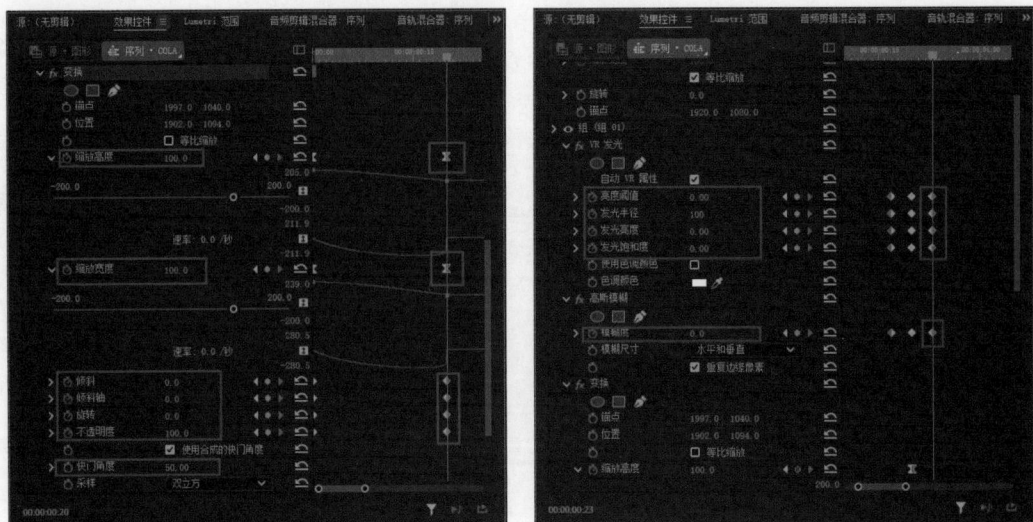

图 7-10（续）

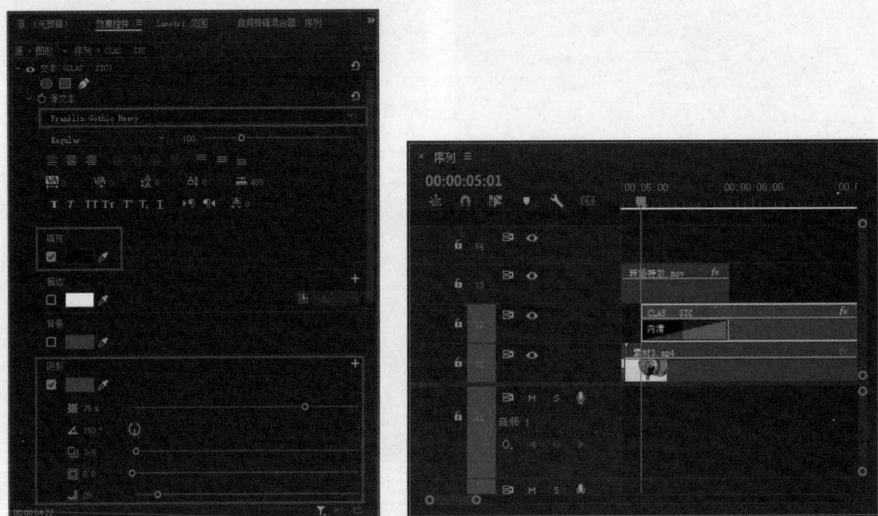

图 7-11

06　为了让画面立体感更强，将文字放置在画面中手和可乐的下方，选中"素材 3.mp4"，长按 Alt 快捷键，在上方 V3 轨道复制一层"素材 3.mp4"，如图 7-12 所示。

图 7-12

07　选中 V3 轨道"素材 3.mp4"，通过钢笔蒙版，自由绘制贝赛尔曲线蒙版，将手和可乐框选出来。由于视频画面中的人倒可乐这个动作是一个向上抬的动作，所以我们需要根据视频中倒可乐时的运动轨迹，通过添加"蒙版路径"关键帧，在画面中进行调整，然后调整画面中文字的位置，具体设置如图 7-13 所示，这样就可以制作出一个文字与视频画面嵌合的效果，增加画面立体感。

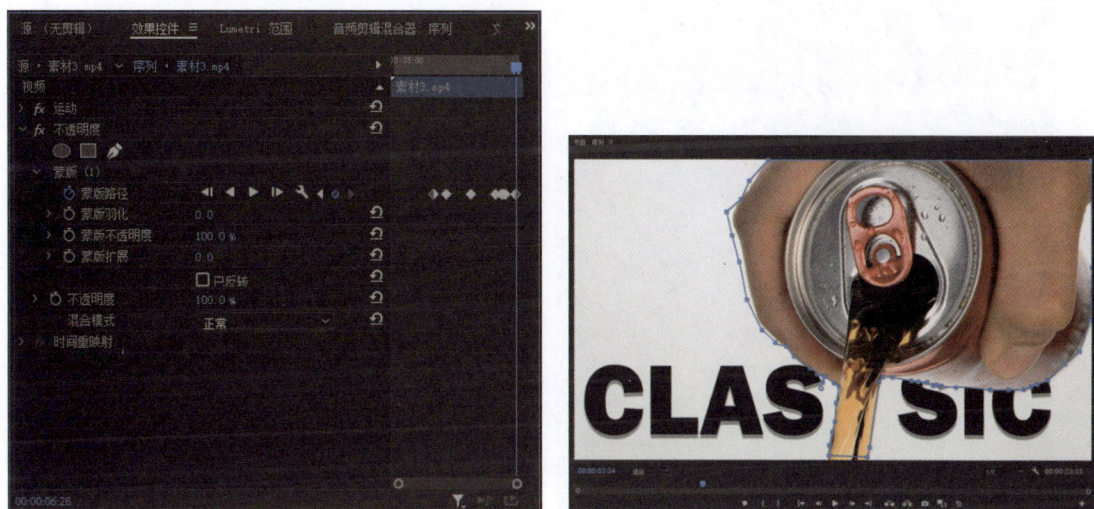

图 7-13

提示：在添加"蒙版路径"关键帧时，需要根据实际情况观察画面中的运动轨迹，然后修改蒙版位置。

08　将时间线移动至"素材 4.mp4"开始的位置，制作方法与"素材 3.mp4"片段基本一致，同样通过在 V3 轨道复制一层"素材 4.mp4"并添加蒙版，制作一个文字与画面嵌合的效果。不同的是，需要为"素材 4.mp4"片段中的文字制作立体效果，将通过一个倒影完成立体效果的制作。

09　首先在 V2 轨道中创建一个文字图层"COOL"，根据画面中可乐位置调整文字大概位置，具体设置如图 7-14 所示。

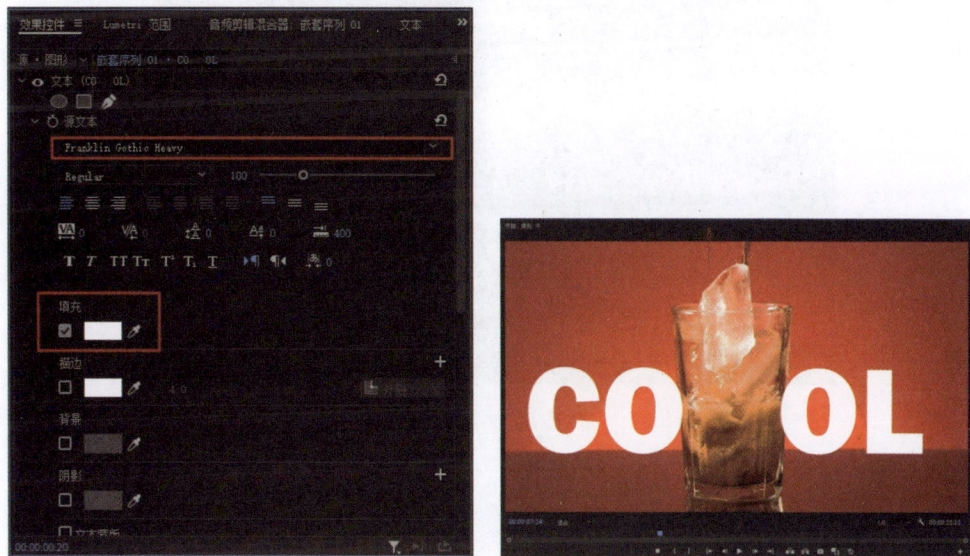

图 7-14

10 然后在上方轨道 V3 中复制一层文字图层"COOL",选中 V2 轨道中的文字图层"COOL",并添加"垂直翻转"和"基本 3D"效果,然后将不透明度调整为 10.0%,再稍微调整该文字在画面中的位置,具体设置如图 7-15 所示。

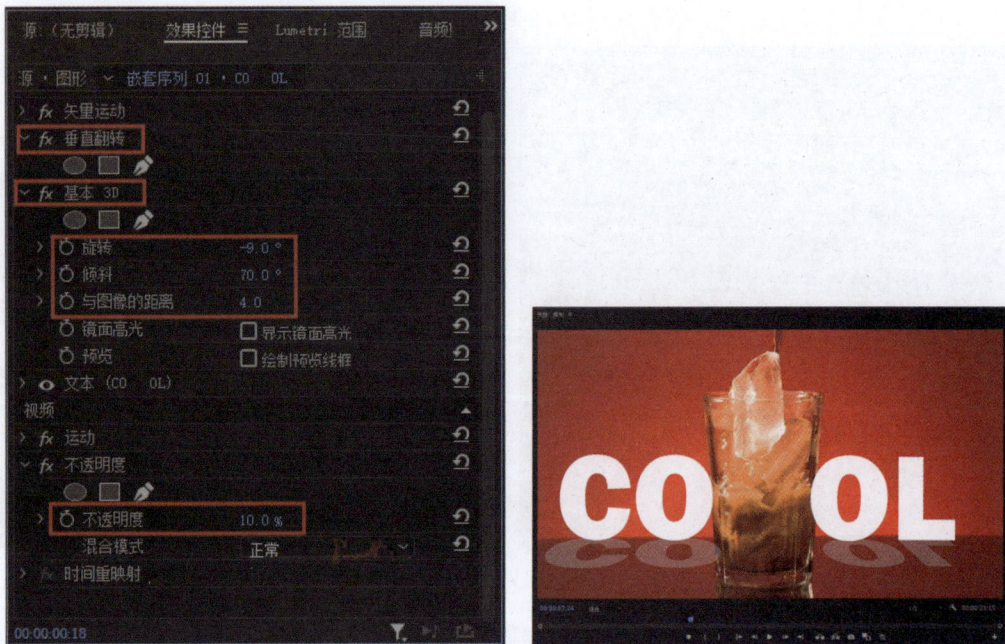

图 7-15

11 完成上述步骤后,选中 V2 和 V3 轨道中的文字图层"COOL",单击鼠标右键,执行"嵌套"命令,创建"嵌套序列 01",将"嵌套序列 01"放置在 V2 轨道,根据"素材 4.mp4"调整"嵌套序列 01"的时长,如图 7-16 所示。

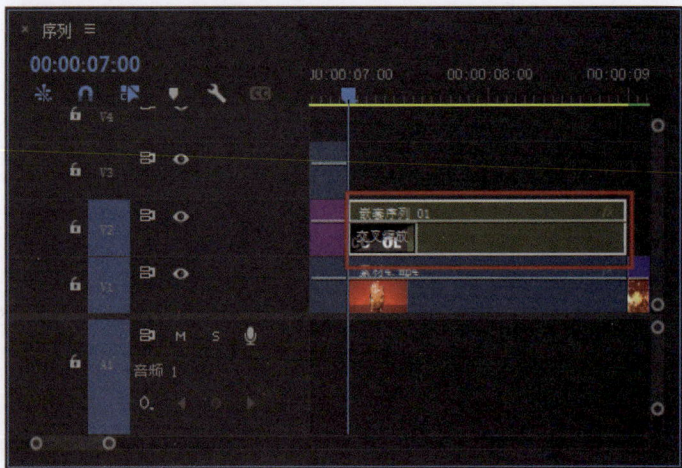

图 7-16

12 然后在 V3 轨道中复制并粘贴"素材 4.mp4",与步骤 07 一致,将 V3 轨道"素材 4.mp4"画面中的可乐通过蒙版框选出来,即可制作文字与画面嵌合效果,如图 7-17 所示。

13 将时间线移动至 00:00:09:27,与上述方法一致,在此处制作文字和画面嵌合效果,文字为"More Bubbles","More"填充颜色为黑色,"Bubbles"填充颜色为白色,具体设置如图 7-18 所示。

14 剩余字幕制作均较为简单,各个字体样式具体设置如图 7-19 所示。

图 7-17

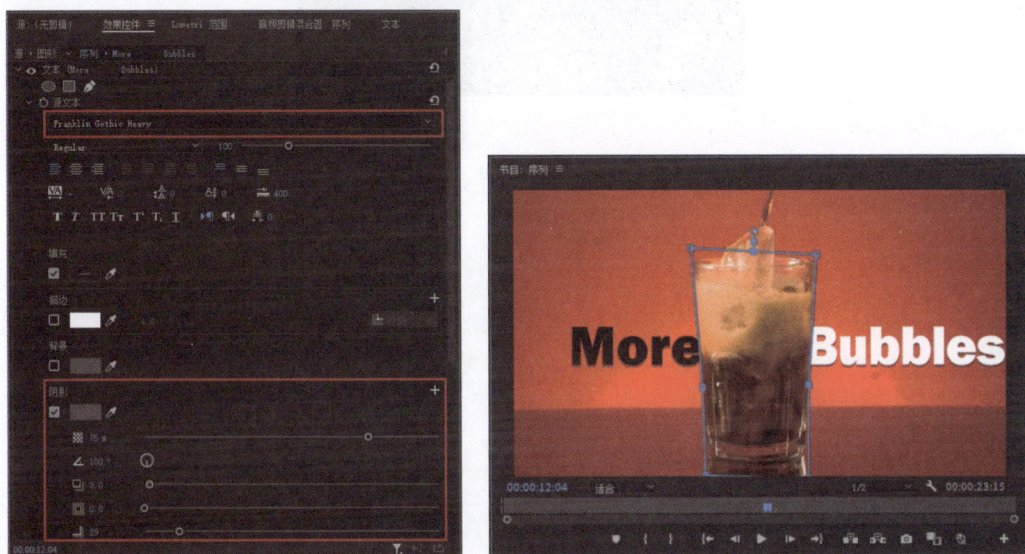

图 7-18

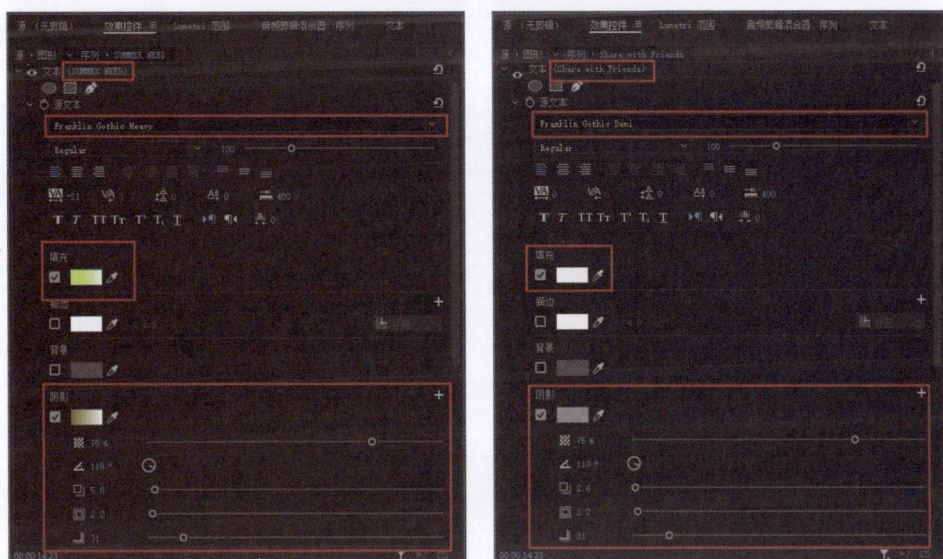

图 7-19

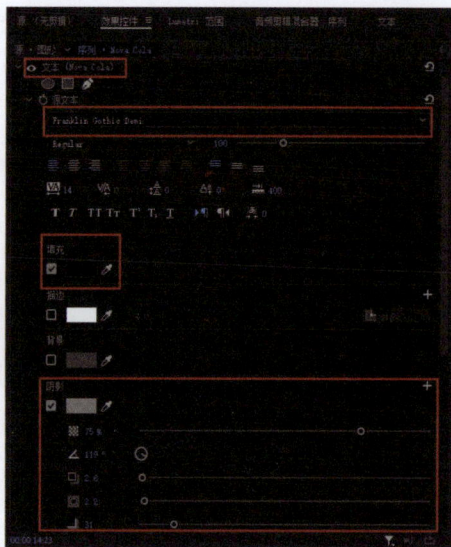

图 7-19（续）

提示：文字视频过渡效果请参照表 7-3 进行添加。

7.1.5 添加音乐和音效

制作广告视频时，背景音乐与音效的巧妙烘托不可或缺，在收集素材时需要根据产品特点进行筛选。本案例为汽水广告视频，所以我们可以收集与汽水相关的音效，比如汽水冒泡的声音，倒汽水的声音，同时还可以收集一些 Whoosh 音，营造"大片"氛围感。然后根据视频内容，在下方音频轨道中添加音效，具体如表 7-4 和表 7-5 所示。

表 7-4

序号	音乐素材	开始和结束	效果	目标持续时间	音量
1	One Last Dance.mp3	00:00:03:05-00:00:27:08	重新混合	00:00:23:23	0.0dB

表 7-5

序号	音效素材	开始和结束	入点和起点	效果	音量
1	震撼 2.wav	00:00:00:05-00:00:07:05	无裁剪		0.0dB
2	Open the cans of drinks.wav	00:00:01:27-00:00:03:22	00:00:01:05-00:00:03:00		−5.6dB
3	咻 .wav	00:00:04:10-00:00:05:10	00:00:00:02-00:00:01:03		0.0dB
4	Sound of soda being opened and poured.mp3	00:00:04:27-00:00:11:22	00:00:04:24-00:00:11:19		−5.8dB
5	平坦的 Kk.wav	00:00:06:16-00:00:06:29	00:00:00:00-00:00:00:13		0.0dB
6	震撼 2.wav （速度：149.75%）	00:00:07:08-00:00:08:03	00:00:00:00-00:00:00:25		−1.1dB
7	Pour the carbonated drink into the glass.wav	00:00:07:19-00:00:13:13	00:00:00:06-00:00:06:00		−15.0dB
8	Wine glass clinking tinkling bell.wav	00:00:18:07-00:00:20:03	00:00:00:06-00:00:01:26		0.0dB
9	Sound of soda being opened and poured.mp3	00:00:20:04-00:00:23:14	00:00:16:10-00:00:19:20	指数淡化 终点切入	−5.8dB

7.2　好吃不贵经济实惠，制作美食探店视频

上一小节中，我们已经完成了 TVC 广告视频的制作。如今，随着短视频的蓬勃发展，广告形式日益多样化，各个品牌商家在短视频社交平台投放广告正逐渐成为主流趋势。短视频广告具有形式更为多样、包容度更强且操作更加简便的特点。在本节案例中，我们将制作一个美食探店视频，借此向读者介绍短视频广告的制作方法。通过这种方式，读者可以轻松掌握制作技巧，有效促进客流量的提升以及品牌影响力的增强，效果可参考图 7-20。

图 7-20

7.2.1　筛选可用素材

本案例将参照美食纪录片的制作方法来制作一个美食探店视频，此次选取的美食店是"老北京铜火锅"。我们会借助多个镜头来展现"老北京铜火锅"店的环境特色以及食材特点，以此吸引观众的目光。比如，我们可以先选取一个一群人从火锅中夹取食材的近景镜头，随后衔接一个大家围坐一起吃火锅的中景镜头，如图 7-21 所示。这样的镜头组合，不但能够彰显食材的新鲜程度，同时也能展现出餐厅环境的魅力。而且，通过呈现顾客之间的互动体验，可以生动形象地向观众传达出火锅的美味。

图 7-21

我们还可以根据火锅店的环境和食材精选其余素材，并通过人物的表情展现火锅的美味与吸引力，激发观众的食欲，让他们心生向往。

7.2.2　搭建视频结构

构建视频的框架结构是确保剪辑工作顺利进行的关键步骤。预先整理好视频的框架，可以使得剪辑过程更加高效，节省时间和精力，本案例视频框架如表 7-6 所示。然后启动 Premiere Pro，创建"7.2 美食探店 .prproj"项目文件，根据表 7-6 中内容对素材进行粗剪。

表 7-6

序号	素材顺序	片段内容	入点和出点	转场	字幕	转场	开始和结束
1	素材 1.mp4 至素材 4.mp4（开头）	通过几个镜头介绍火锅店的环境和美食	00:00:00:00-00:00:20:13（开始和结束时间）	黑场过渡中心切入	标题：老北京铜火锅	胶片溶解起点切入	00:00:02:15-00:00:06:24
2	素材 5.mp4	繁华都市的高楼大厦，车水马龙，人群匆匆	00:00:00:10-00:00:03:19		在繁华都市的角落		00:00:20:13-00:00:23:21
3	素材 6.mp4	老胡同	00:00:00:00-00:00:02:13	交叉溶解中点切入	或是古老胡同的深处	渐显（关键帧）	00:00:23:24-00:00:26:10
4	素材 7.mp4	北京的烟花	00:00:00:00-	交叉溶解中点切入	藏着一种独属于北京		00:00:26:11-
5	素材 8.mp4	火锅店场景	00:00:00:00-00:00:04:22		今天来探店一家地地道道的老北京铜火锅店		00:00:30:12-00:00:33:20

续表

序号	素材顺序	片段内容	入点和出点	转场	字幕	转场	开始和结束
6	素材 9.mp4	一群年轻人从火锅中夹出涮好的肉	00:00:00:24-00:00:05:19	翻页中点切入	吃火锅当然要一起吃才有氛围感	渐显、渐隐（关键帧）	00:00:35:17-00:00:38:16
7	素材 10.mp4	一群年轻人一起愉快地吃着火锅	00:00:01:15-00:00:09:02	叠加转场			00:00:38:17-00:00:41:08
8	素材 11.mp4	展示桌子上的新鲜食材	00:00:10:03-00:00:18:16		全部都是新鲜的食材	渐显（关键帧）	00:00:46:09-00:00:50:00
				交叉溶解中点切入	不做腌制肉	渐隐（关键帧）	00:00:50:01-00:00:53:03
9	素材 12.mp4	大家一起涮肉特写镜头	无裁剪	胶片溶解中点切入	新鲜的锅底	渐显（关键帧）	00:00:54:19-00:00:57:23
					保留北京火锅最纯正的味道	渐隐（关键帧）	00:00:57:24-00:01:01:05
10	素材 13.mp4	大家一起吃烤肉吃得很开心	00:00:00:00-00:00:05:06		邀上三五好友	渐显（关键帧）	00:01:01:20-00:01:03:10
					一起享受这舌尖上的盛宴吧	渐隐（关键帧）	00:01:03:11-00:01:06:11
11	素材 14.mp4	年轻朋友们一起庆祝	00:00:00:00-00:01:05:11				
	素材 15.mp4	大家一起举杯庆祝	00:00:04:24-00:00:09:09	黑场过渡终点切入			

提示：在表7-6中给出"开头"在"时间轴"面板中的时长范围，方便正片的剪辑。在下面的小节中，将详细讲解开头剪辑操作内容。

7.2.3　重点内容前置

我们可以在短视频平台看到很多探店视频在开头会把一些重要的内容前置。本案例将在开始放置火锅店环境的片段和食材的片段，在开头交代本视频的重点和内容，具体如表 7-7 所示。

表 7-7

序号	素材顺序	片段内容	持续时长	字幕	持续时长	背景音乐	持续时长
1	素材 1.mp4	从门口缓缓走向摆满了火锅和食材的桌子	00:00:00:00-00:00:04:13	标题：老北京铜火锅	00:00:02:15-00:00:06:24	伴奏胡同 .wav	00:00:00:00-00:00:20:11
2	素材 2.mp4	将干面放入火锅中	00:00:04:14-00:00:09:10				
3	素材 3.mp4	火锅涮肉特写	00:00:09:11-00:00:14:18				
4	素材 4.mp4	从火锅中夹起烫好的食材特写	00:00:14:19-00:00:20:11				

根据表 7-7，将素材拖动至"时间轴"面板中，并进行排序和时长的调整。

选中"素材 1.mp4"，开头是一段从门口移动至火锅桌子边偏慢的移动镜头，为了配合背景音乐，并且让观众更有代入感，需要先将"素材 1.mp4"的速度调整至130%，然后对"素材 1.mp4"进行曲线变速处理，如图 7-22 所示。

7.2.4　制作综艺花字

在表 7-7 中可知，开头将在00:00:02:15-00:00:06:24制作一个标题，若采用单一字体，画面可能会显得单调，难以凸显本案例视频的核心要素——美食探店的店名。本小节将在标题的基础上进行花字设计，使标题更加生动，加深观众对店名的印象，如图 7-23 所示，下面将介绍具体操作方法。

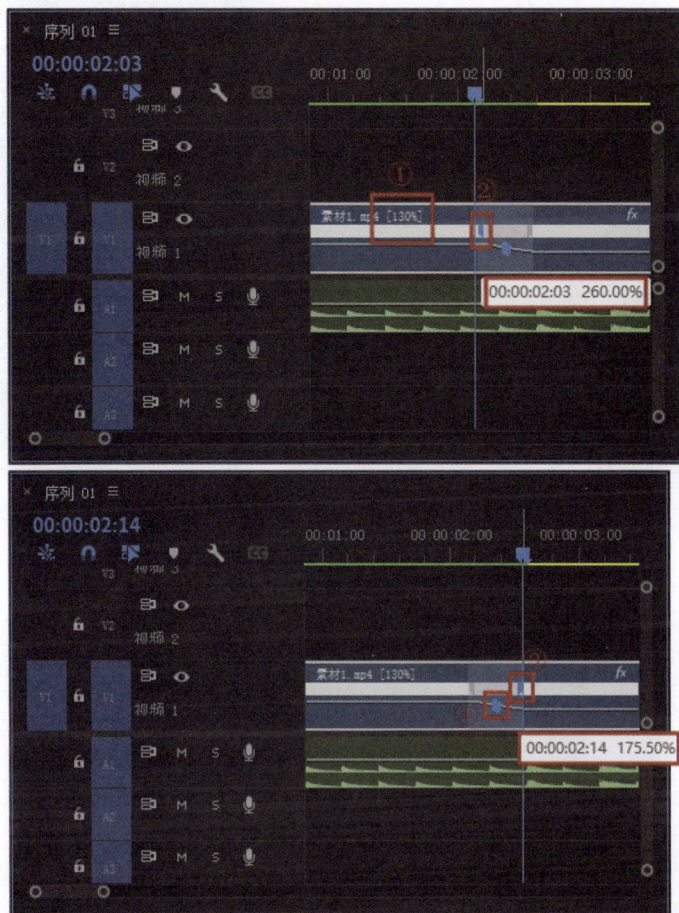

图 7-22

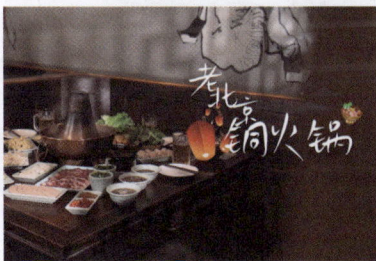

图 7-23

01 回到"7.2 美食探店 .prproj"项目文件，将时间线移动至 00:00:02:15 处，在上方轨道中添加文字图层。我们需要对文字进行排版，所以需要添加多个文本，或者多个文字图层，如图 7-24 所示。

提示：文字样式除了大小不一致，其余均一致。设置好字体样式后，可以参考项目文件"7.2美食探店.prproj"，并在"节目"面板中根据自己的需求进行版式设计和调整即可。

02 文字样式设计完成后，在文字图层下方添加贴纸，丰富画面内容，为标题进行设计，如图 7-25 所示。

图 7-24

图 7-25

03 完成标题设计后，选中所有的图形素材，创建"嵌套序列 01"，并在开头添加"胶片溶解"视频过渡效果，如图 7-26 所示。

04 完成上述操作后，在画面中适当调整"嵌套序列 01"的位置和大小，具体数值如图 7-27所示。

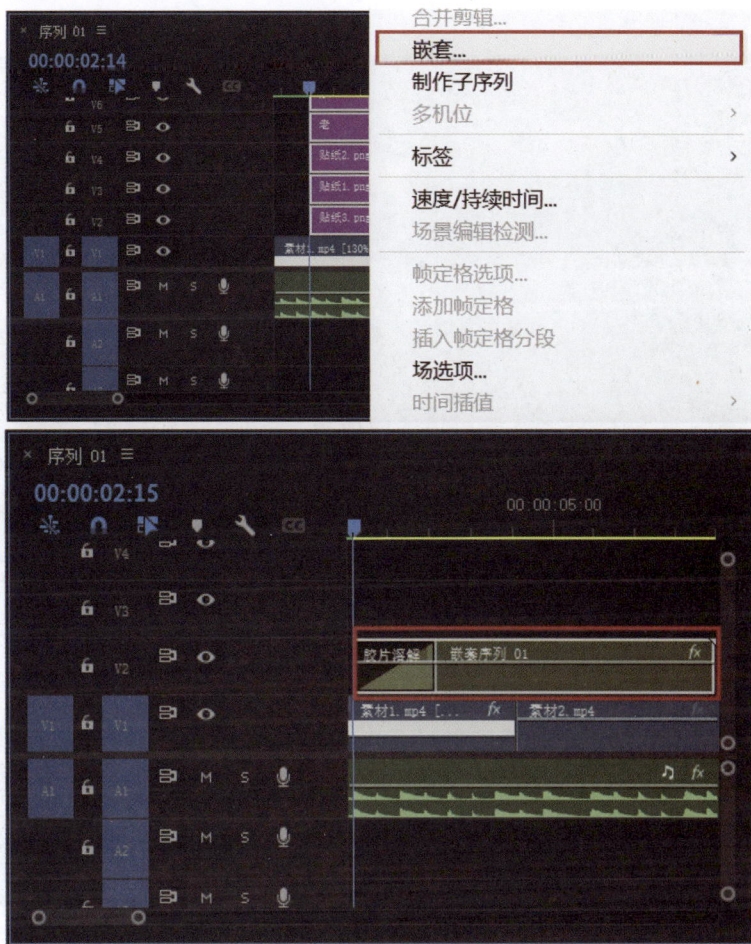

图 7-26

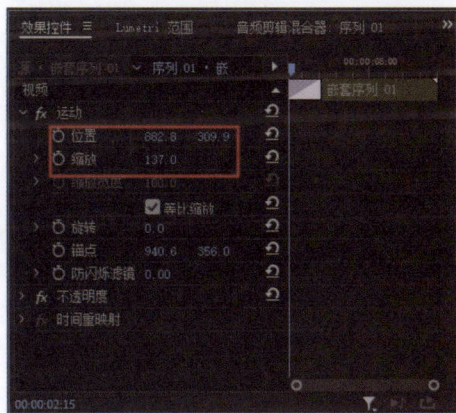

图 7-27

05　为了让文字有自然的消散效果，在"嵌套序列 01"的结尾，将通过矩形蒙版结合"蒙版路径"关键帧，设置文字消散的过渡效果。

06　将时间线移动至 00:00:06:11 的位置，在此处通过矩形蒙版绘制一个不等边的四边形，将"嵌套序列 01"的文字和图片内容框住，并添加一个"蒙版路径"和"蒙版羽化"关键帧，然后将时间线移动至 00:00:06:24 的位置，再添加一个"蒙版路径"和"蒙版羽化"关键帧，并在画面中调整蒙版路径，具体设置如图 7-28 所示。

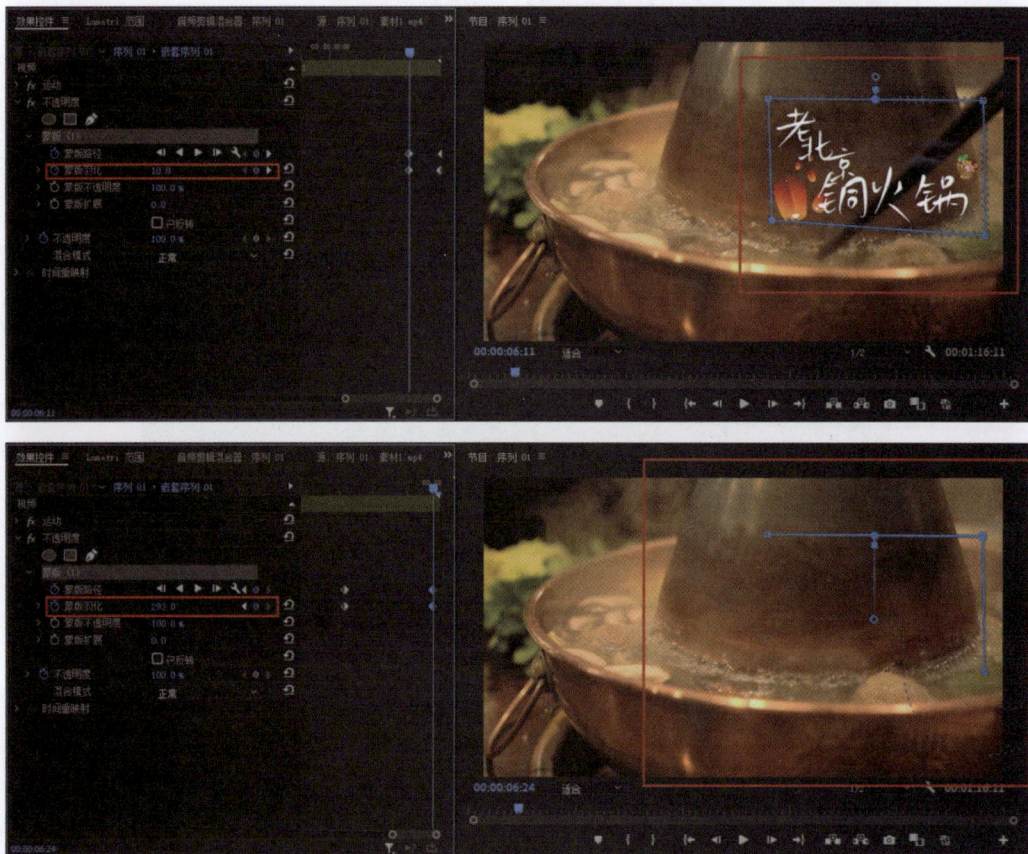

图 7-28

7.2.5　添加音乐和音效

完成上述操作后，还剩下视频剪辑最后的一块拼图：添加背景音乐和音效。我们已经在开头添加了一段凸显"老北京铜火锅"特色的背景音乐"伴奏胡同 .wav"，通过开头音乐的引入，带领观众走进本案例视频氛围。转到正片内容时，我们可以添加一个舒缓的背景音乐，向观众娓娓道来。

为了让视频内容展示更加丰富，我们在剪辑时可以根据视频内容进行音效的添加。例如，"素材7.mp4"是一个烟花片段，那么我们可以在该片段下方添加放烟花时的音效。再如，在吃火锅时，那沸腾的声响宛如一首伴奏曲，为这顿火锅增添了更多的美味，所以我们可以在煮火锅的片段放火锅沸腾的声音。

同时，鉴于视频中添加了字幕，如果仅以静态字幕的形式呈现，可能不足以吸引观众的全部注意力，导致他们忽视文字内容。因此，我们可以采取将文字内容朗读出来的方式，用我们的声音引导观众深入了解视频中的探店经历和细节，同时向观众介绍这家店的独特之处和美食特色。

本案例中的音频处理步骤如表 7-8 和表 7-9 所示，读者可依照此表自行练习剪辑。

表 7-8

序号	音乐素材	入点和出点	开始和结束	效果	音量
1	伴奏胡同 .mp3	00:00:11:24-00:00:32:10	00:00:00:00-00:00:20:11	指数淡化 终点切入	−8.3dB
2	Foodie's Paradise (2).mp3	00:00:00:00-00:00:55:23	00:00:20:12-00:01:16:10	恒定功率 起点、终点切入	0.0dB

表 7-9

序号	音效素材	开始和结束	入点和起点	效果	音量
1	shoo.wav	00:00:00:00-00:00:20:11	无裁剪		0.0dB
2	烟花 .mp3	00:00:20:12-00:01:16:10	00:00:00:00-00:00:02:19		0.7dB
3	火锅 3.mp3	00:00:46:05-00:00:53:03	00:00:00:00-00:00:06:23		−8.3dB
4	火锅 2.mp3	00:00:54:19-00:01:01:18	00:00:00:00-00:00:06:24	指数淡化 起点、终点切入	−2.7dB
5	碰杯 .mp3	00:01:12:11-00:01:13:04	00:00:00:00-00:00:00:18	指数淡化 终点切入	0.0dB
6	念白 .mp3	与字幕对齐	与字幕对齐		0.0dB
7	环境嘈杂 .mp3	00:00:23:22-00:00:27:01	00:00:00:00-00:00:03:04	指数淡化 终点切入	0.0dB
8		00:00:34:23-00:00:46:17	00:00:02:03-00:00:14:17	指数淡化 终点切入	

08

第8章

短片剪辑实操，教你
轻松抓住观众的眼球

本章导读

　　本章将阐述如何运用相关技能打造充满趣味且极具吸引力的短片。通过具体案例，对剪辑流程进行详细拆解，其中涵盖素材筛选环节，从众多素材中挑选出合适的内容；结构搭建部分，构建起清晰合理的综艺短片架构；高光片段提取方面，精准找出那些最精彩、最能吸引观众眼球的部分；还有片头片尾的创新设计，通过独特新颖的设计，激发观众的观看欲望，进而有效传递出视频背后蕴含的故事与情感。

8.1　有趣又有料，制作趣味口播视频

口播形式的短视频是当前短视频平台中应用最为广泛的视频类型。其便利性在于，仅需一人（也可多人）对着镜头讲话即可，这样极大地降低了人力成本与时间成本，非常契合当下"短平快"的市场需求。在本节中，将通过一个案例为读者讲解如何制作一条基础的口播视频，让读者掌握构建口播视频结构的关键要素，像保持节奏紧凑、突出关键点等，效果可参照图 8-1，接下来将介绍操作要点。

图 8-1

8.1.1　搭建视频结构

本案例依旧从搭建视频结构入手来制作口播视频。虽说口播类视频相较于镜头设计拍摄要简易许多，但这并不意味着它无需提前构思并撰写脚本，相反，一个良好的框架是成就一个优质口播视频的首要前提。

本案例所选取的口播类型是知识类口播，由于此类口播没有现成的素材内容，所以首先要确定视频内容，再依据视频内容来制作视频素材，本案例所确定的视频内容可参照表 8-1。

表 8-1

序号	画面	字幕
1	主播一脸严肃	你知道吗？在这个信息爆炸的时代，其实还有很多信息被牢牢封锁着
2	用力推墙，但墙纹丝不动	"信息壁垒"
3	墙碎了	今天，让我们一起打破这堵墙！
4	主播叙述	很多时候，我们因为信息不对等，错失了机会
		作为普通人的我们，接收的信息单一
5	解释什么是过滤气泡	很容易置身于过滤气泡中
6	将画面放大进行强调	包括但不仅限于学习、找工作、买房
7	主播叙述	作为普通人的我们该怎么做呢？
		（1）去官方的门户网站和当地公众号，一般有什么新消息都会在这里发布，可以随时追寻发展新动向
		（2）虽然当下我们活在算法时代中，但这也是给了我们普通人机会。我们可以在各类短视频平台、社交媒体中搜寻并学习我们需要的新技能，让信息壁垒成为伪命题

8.1.2　筛选可用素材

确定完视频主要内容后开始根据内容制作和筛选素材。口播视频一般是出镜人在镜头前说话的视频，但是如果全片都是一个人在镜头前讲话就会显得过于单调，我们可以根据文案内容，寻找一些贴合的图形素材丰富画面内容。

01　首先由于版权条件受限，本书将使用剪映专业版的数字人功能制作一个数字人主播，形成一个数字人口播视频，如图 8-2 所示。

02　数字人制作完成后，首先将对该视频进行粗剪，口播视频重要特点就是节奏紧凑，基本没有气口，所以可以通过剪映的"智能剪口播"功能 ▣ 对视频进行粗剪，将一些气口进行裁切，如图 8-3 所示，然后将视频导出至计算机中。

03　启动 Premiere Pro，创建"8.1 口播视频 .prproj"项目文件，并将导入的口播素材添加至"时间轴"面板中，再次根据画面中主播的动作和声音进行详细剪辑，将没有声音和多余动作的片段删除，如图 8-4 所示，具体操作请参考项目文件"8.1 口播视频筛选素材 .prproj"。

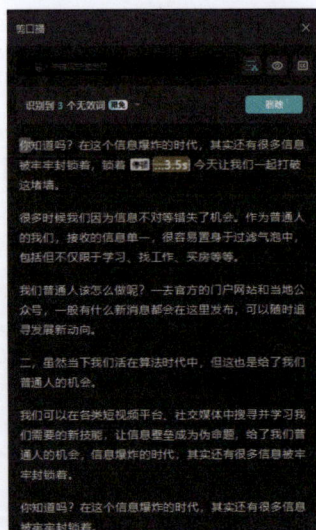

图 8-2　　　　　　　　　　　　　　　　图 8-3

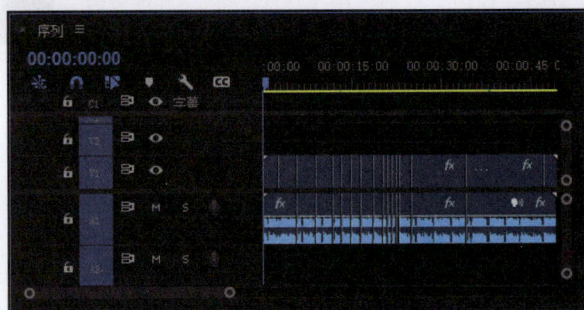

图 8-4

> 提示：在制作口播素材时，创建的数字人口播视频素材"口播素材.mp4"为2160×3840（9∶16）的4K
> 竖屏视频，在创建序列时可以设置帧大小为2160×3840（9∶16），帧速率为30.00帧/秒（短视频
> 常用帧速率）。

04　在左上方打开"文本"面板，选择"转录文本"选项，单击面板中右上方的3个点 ⋯ ，执行"创
　　建字幕"命令，如图8-5所示。

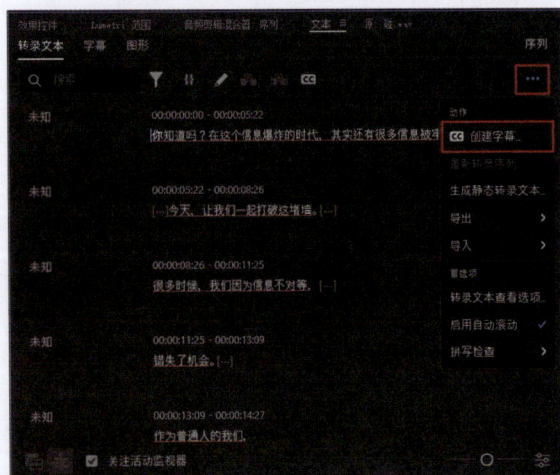

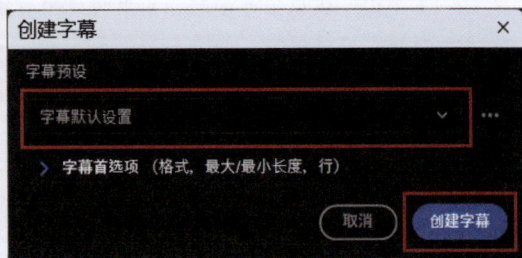

图 8-5

05　在"时间轴"面板中的字幕轨道可以看到已经转录好的字幕素材，最终效果如图 8-6 所示。

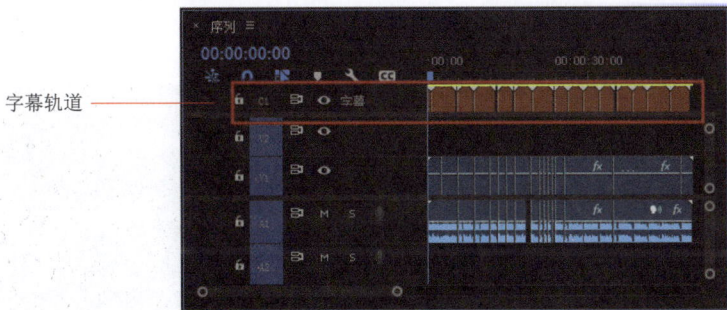

字幕轨道 ————

图 8-6

提示：（1）关于剪映专业版"数字人"和"智能剪口
　　　　　播"功能相关具体操作介绍，请参考剪映
　　　　　操作相关图书。
　　　　（2）字幕轨道中的文字样式需要在"属性"面
　　　　　板进行更改，无法在"效果控件"面板中
　　　　　进行设置，本案例字幕轨道中的字体样式
　　　　　从 00:00:13:06 位置的字幕"很多时候"开始
　　　　　至结尾字幕，字体均为"猫啃什锦黑"，
　　　　　如图 8-7 所示。

8.1.3　提取高光片段

所谓高光片段，是指视频中最引人注目的部分，也是视频的亮点。在进行视频剪辑时，我们倾向于寻找那些最能吸引观众注意力的片段，并对其进行重点标记。这些片段可以被置于视频的开头，目的是在最短的时间内吸引观众的视线，牢牢抓住他们的兴趣。

本案例由于在搭建视频结构时设计了一个疑问开场，所以不再需要将高光内容前置。然而，在正文中我们同样能够发现一些亮点，通过添加效果，我们能够使重点更加突出，并且清晰地向观众传达这个视频所要讲述的内容。下面，将挑选本案例中的几个精彩片段进行制作讲解。

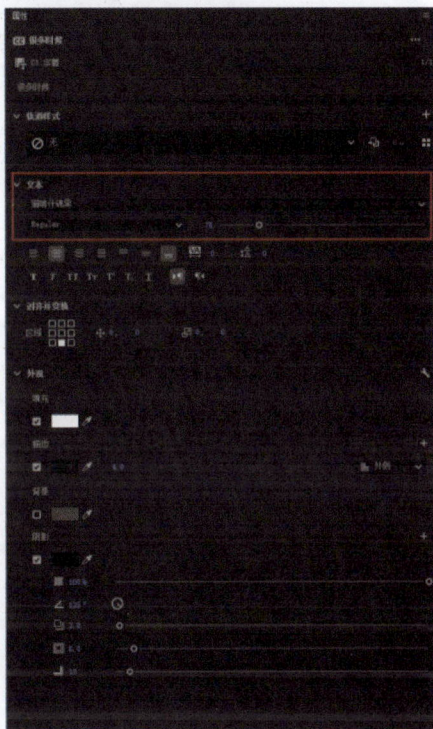

图 8-7

01　将时间线移动至 00:00:20:04 的位置，此处字幕为"接收的信息单一"。当主播说到"单一"时，可以将画面变为一个偏窄的竖直线。将时间线移动至 00:00:20:04 的位置，添加一个"裁剪左侧"和"裁剪右侧"关键帧，数值保持不变。再向前移动一帧，再添加"裁剪左侧"和"裁剪右侧"关键帧，数值更改为 32.0%，具体操作如图 8-8 所示。

02　将时间线移动至 00:00:20:25 处，在此处字幕为"很容易置身于过滤气泡中"，"过滤气泡"是一个知识点，我们可以单独把"过滤气泡"提取出来，用文字的形式进行知识讲解。将时间线移动至 00:00:21:23 处，这里主播马上要提及"过滤气泡"，我们可以在此处对字幕进行裁切，只保留"很容易置身"，"于"可以剔除，如图 8-9 所示。

03　然后我们在"过滤气泡"的位置添加一个圆形蒙版，绘制一个圆形，只体现主播的头部位置。将时间线移动至 00:00:21:22 的位置，在这里添加一个圆形蒙版"蒙版路径"关键帧，在"节目"

面板画面中将圆形蒙版绘制为一个椭圆形并超出画面外；然后将时间线移动至 00:00:21:23 的位置，再添加一个圆形蒙版"蒙版路径"关键帧，绘制一个圆形，只体现主播的头部，具体如图 8-10 所示。

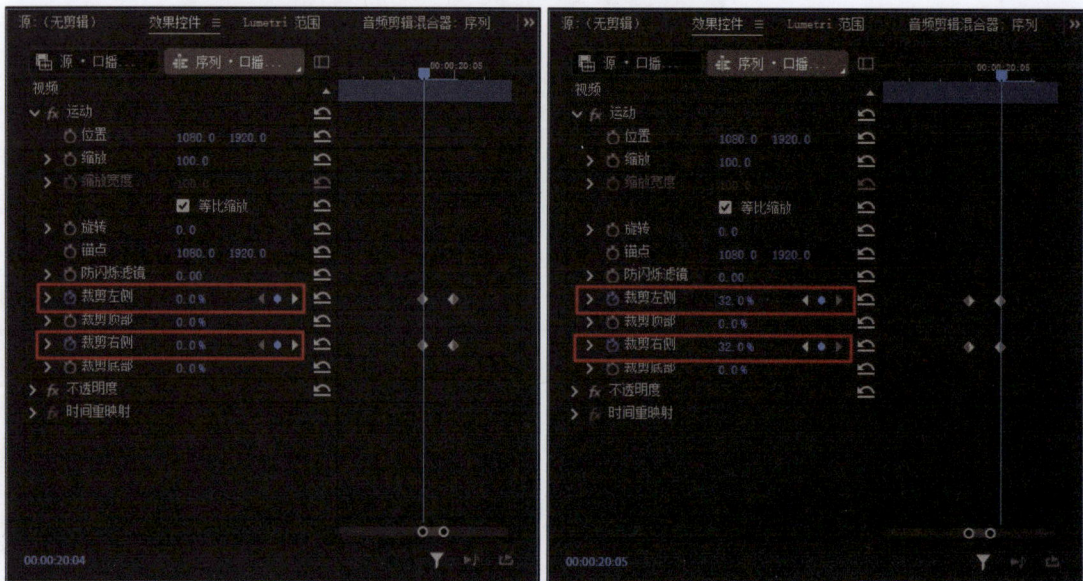

图 8-8

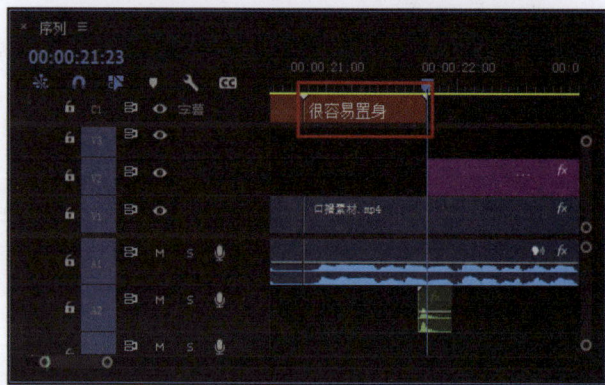

图 8-9

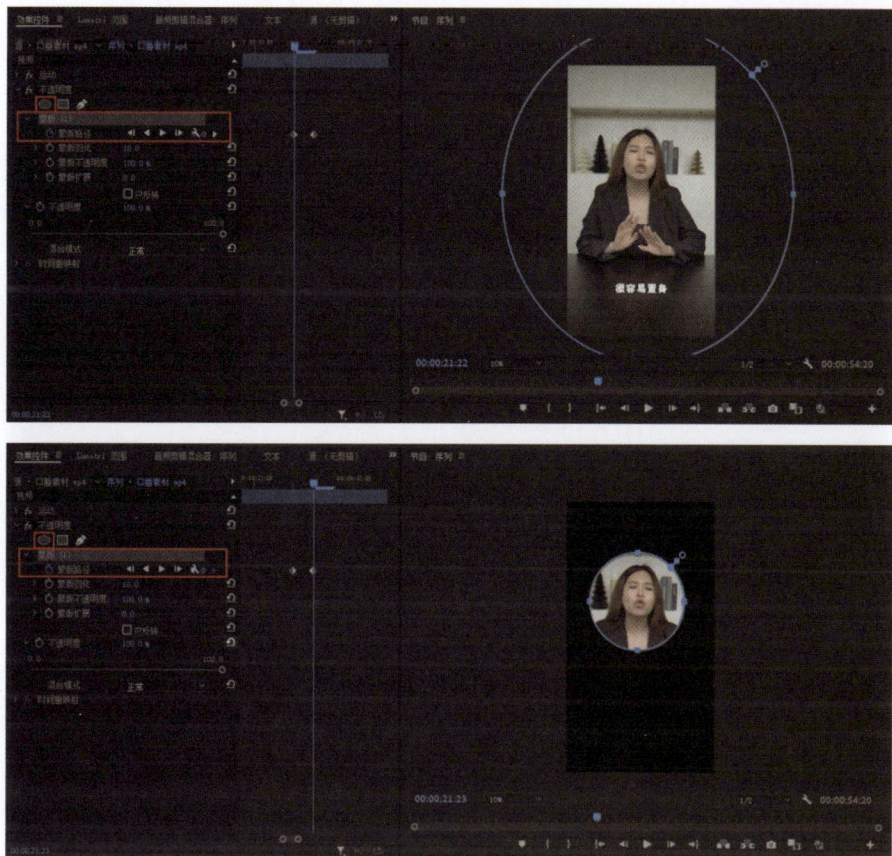

图 8-10

04　然后在 00:00:21:23 处创建一个文字图层，如图 8-11 所示。"过滤气泡"字体样式如图 8-12 所示。具体内容解释文字的字体样式如图 8-13 所示。

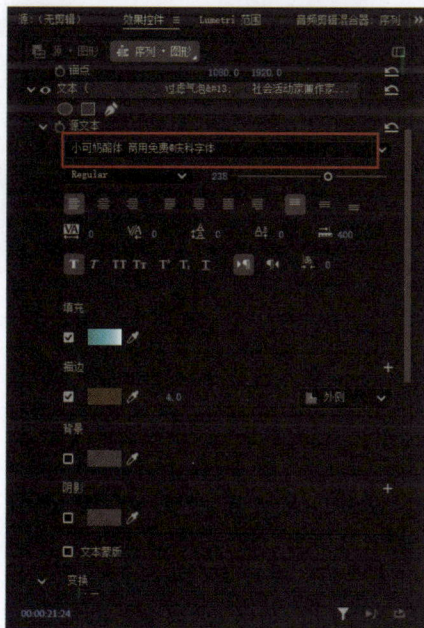

图 8-11

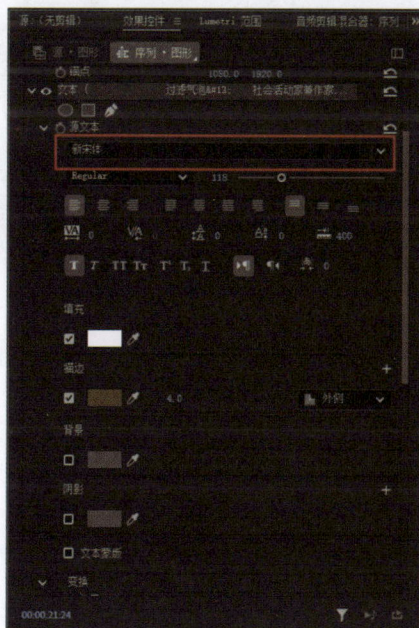

图 8-12

图 8-13

05 再将时间线移动至 00:00:23:21 的位置，此处内容为"包括但不仅限于学习、找工作、买房"，我们可以在字幕轨道中对这句进行裁剪，只留下"包括但不仅限于"。后面的"学习、找工作、买房"可以作为高光记忆点进行制作。

06 将时间线移动至 00:00:25:11 处，这里主播开始说"学习"二字，在此处可以先创建一个文字图层，为"学习"设置一个简单的花字作为强调，如图 8-14 所示，在 00:00:26:06 处添加"找工作"文字图层，在 00:00:26:26 处添加"买房"文字图层，"找工作"和"买房"字体样式设置与"学习"相同，排版如图 8-15 所示。

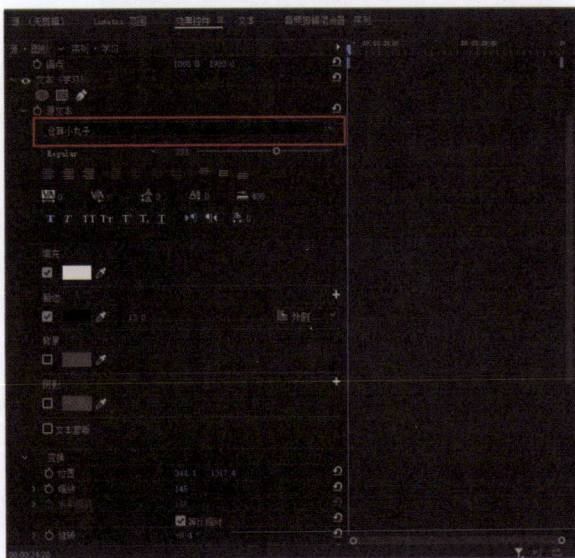

图 8-14

图 8-15

07 然后可以将视频画面根据三段文字图层出场时间一步步放大，将时间线移动至 00:00:25:11，添加位置"缩放"关键帧，数值保持不变，再将时间线向前移动一帧，再添加"缩放"关键帧，具体设置如图 8-16 所示。

08 后续"找工作"和"买房"画面设置方法基本同上，但值得注意的是，画面大小应基于前文设置进行调整。

09 将时间线移动至 00:00:26:05 处，在这里添加"缩放"关键帧，再向前移动一帧，再添加"缩放"关键帧，具体数值变化如图 8-17 所示。

10 将时间线移动至 00:00:26:26 处，添加一个"缩放"关键帧，向前移动一帧，再添加"缩放"关键帧，具体数值变化如图 8-18 所示。

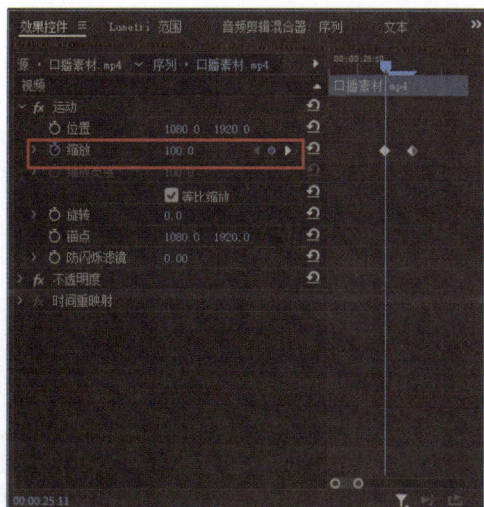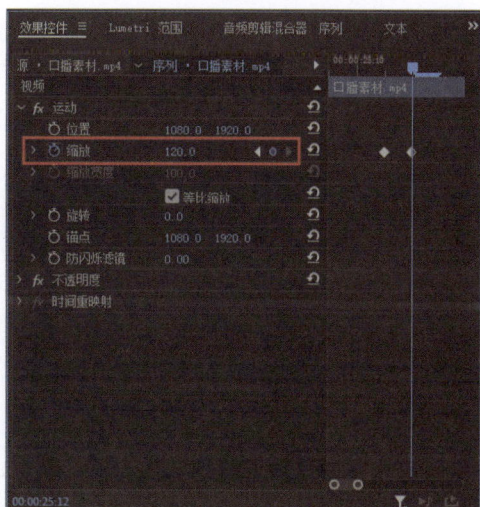

图 8-16

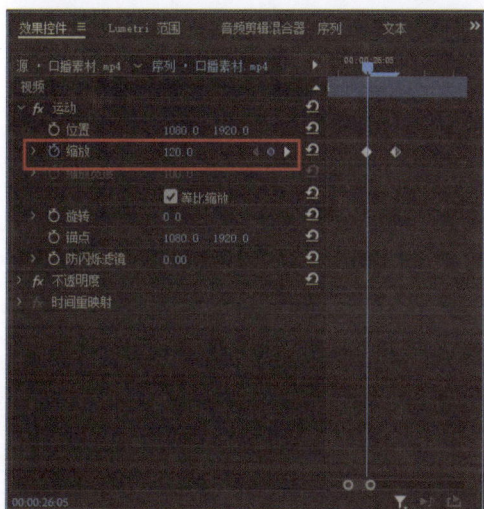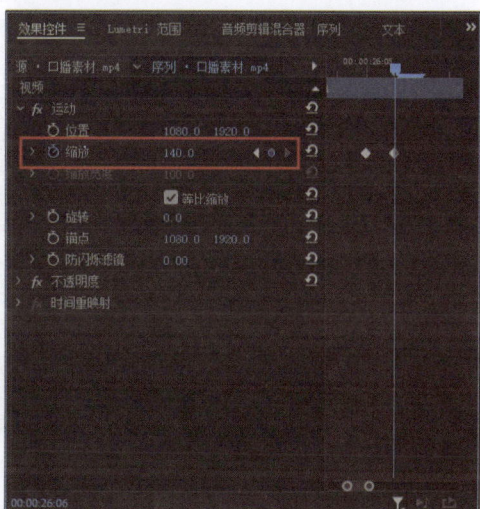

图 8-17

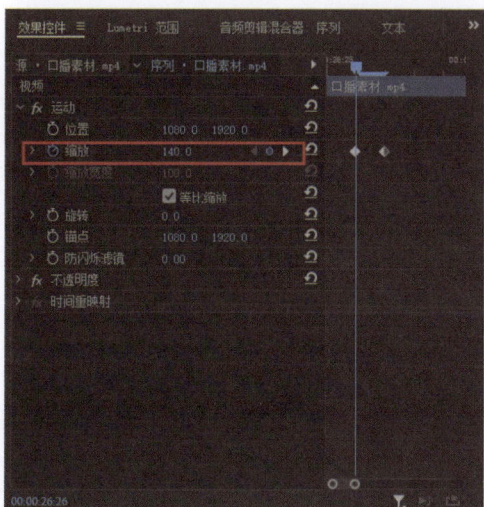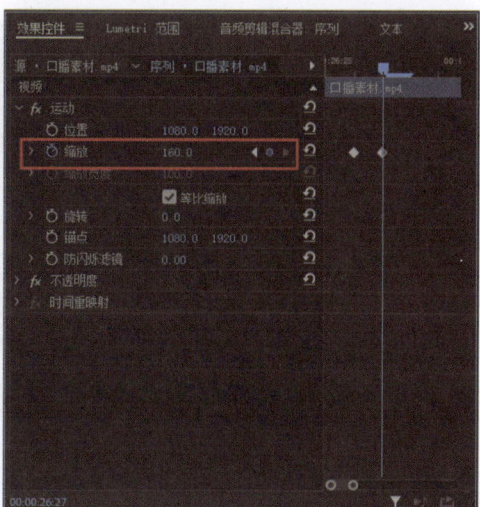

图 8-18

提示：口播视频的要点在于节奏的紧凑和画面的丰富，从而带给人刺激感，在本案例中还制作了一些有趣的效果，具体可以参考项目文件"8.1口播视频筛选效果.prproj"。

8.1.4　制作视频片头

在搭建视频结构时本案例已经确认好将疑问作为开头内容，但是在自己录制口播视频时，可以根据视频中有趣的点，例如将"8.1.3 提取高光片段"的高光片段放在开头。由于本案例通过 AI 数字人制作的特殊性，已经提前制作好片头所需素材内容，效果如图 8-19 所示，下面将介绍具体操作方法。

01　将时间线移动至"时间轴"面板开始的位置，本案例以疑问作为开头引入，所以可以巧妙地融入悬疑元素。

02　首先，确定开头范围为"你知道吗？"至"今天，让我们一起打破这堵墙！"，其中"你知道吗？在这个信息爆炸的时代，其实还有很多信息被牢牢封锁着"部分将删除字幕，以文字图层的形式进行剪辑，如图 8-20 所示。

图 8-19

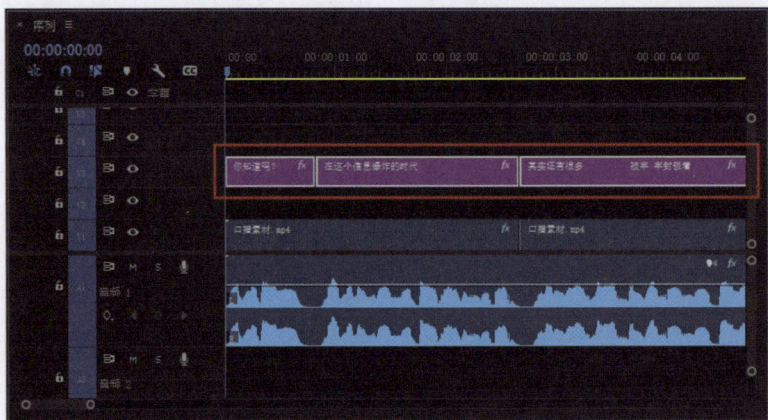

图 8-20

03　"你知道吗？在这个信息爆炸的时代，其实还有很多信息被牢牢封锁着"部分字体设置如图 8-21 所示，并且均放置在"节目"面板中画面的正下方。

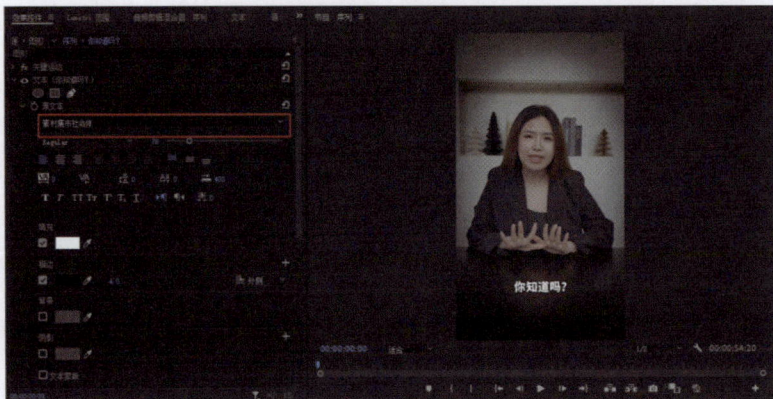

图 8-21

04　根据文案内容，我们在 00:00:00:00 至 00:00:02:20 的位置添加一个悬疑特效"特效 4.mov"，将其放置在画面合适的位置。然后将时间线移动至 00:00:01:26 的位置，根据文案内容添加一个爆炸特效"特效 5.mov"。

05　为了让画面有一个动态的变化，我们在开头设置一个放大效果。将时间线移动至 00:00:00:11 的位置，在此处添加一个"缩放"关键帧，数值不变，将时间线向前移动 2 帧，再添加一个"缩放"关键帧，数值更改为 151.0；既然将画面放大，那就还需将画面还原，将时间线移动至 00:00:01:18 的位置，添加"缩放"关键帧，数值保持 151.0 不变，再将时间线向前移动 2 帧，添加"缩放"关键帧，数值更改为 100.0，具体如图 8-22 所示。

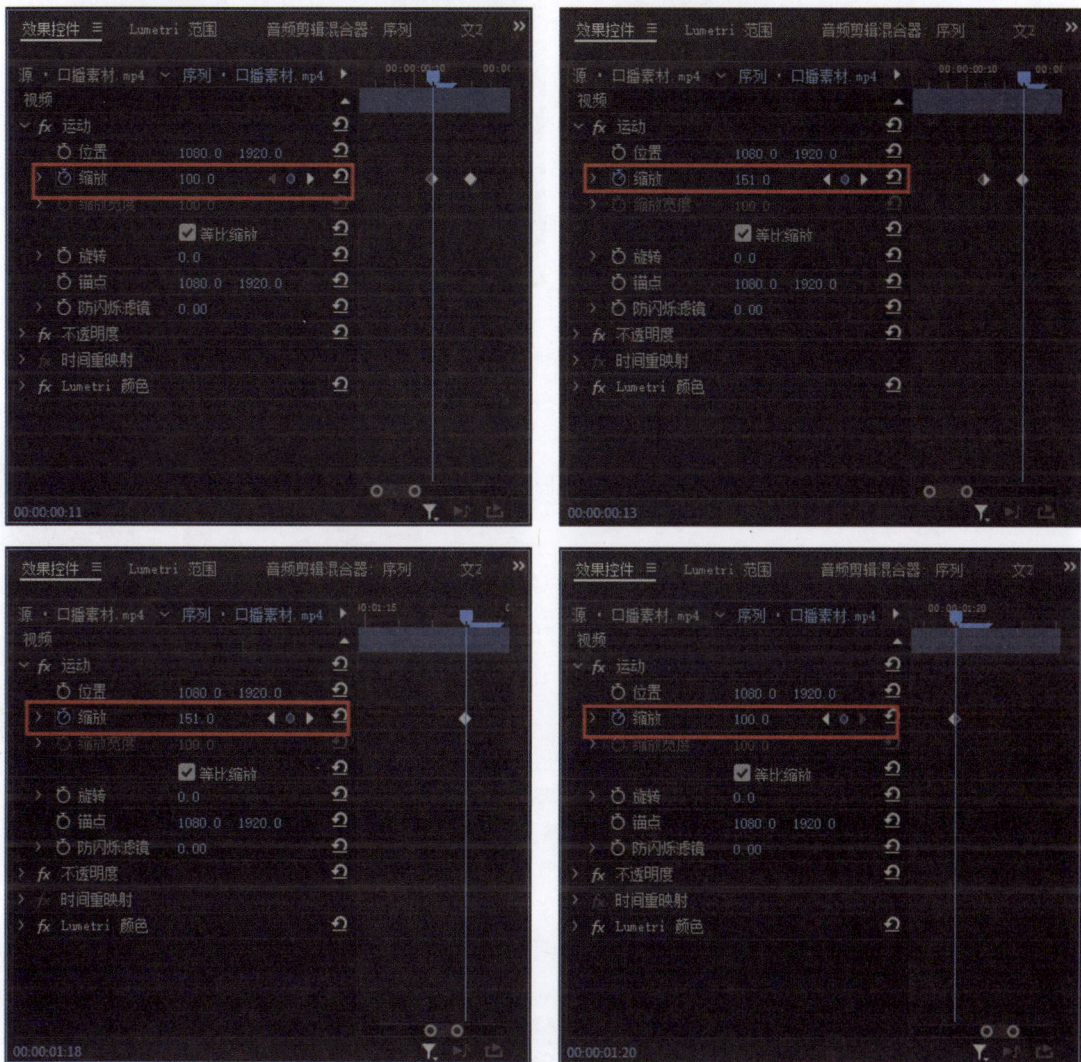

图 8-22

06　将时间线移动至 00:00:02:20 的位置，我们将对"其实还有很多信息被牢牢封锁着"这句文案进行制作。

07　首先，我们可以提炼出这句话的要点"信息"，可以单独为"信息"设置一个文本图层，并更改字体颜色，如图 8-23 所示。同时可以通过"矩形工具"和"圆形工具"制作一个"封锁"的图像，如图 8-24 所示。具体操作请参考项目文件"8.1 口播视频筛选效果 .prproj"。

08　完成上述操作后，在 00:00:02:20 至 00:00:05:19 的位置添加特效"特效 6.mov"。

09　然后在 00:00:05:22 的位置，执行"帧定格分段"，插入一张定格图片，开始和结束时长为 00:00:05:22 至 00:00:10:01，并添加"高斯模糊"效果，"模糊度"为 67.0。

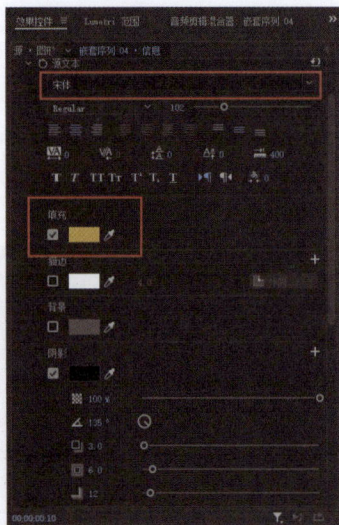

图 8-23

图 8-24

10 然后在上方视频轨道依次添加"特效 1.mp4"、文字图层"信息壁垒"和"特效 2.mp4"。其中"特效 2.mp4"为一段绿幕素材，根据前文所学内容，通过"颜色键"效果对其进行抠像。最终效果如图 8-25 所示，具体操作请参考项目文件"8.1 口播视频筛选效果 .prproj"。

图 8-25

8.1.5　添加音乐和音效

除了画面效果的制作，背景音效也是增强视频内容层次感和吸引力的关键一环。正所谓"视听并重"，一个优秀的视频，不仅要求画面具备强烈的视觉冲击力，其音效也应当能够瞬间抓住观众的注意力，与之产生共鸣。本章节将通过几个片段，为读者介绍口播视频中添加音乐与音效的构思与制作流程。

01 将时间线移动至开头。在上一节"制作视频片头"中我们制作了片头，也说明开头需要一个悬疑片氛围效果，单纯添加悬疑效果是不够的，还需要音效烘托氛围。在开头添加"悬疑 .mp3"，持续时长为 00:00:03:08。再将时间线移动至 00:00:01:16 处，在音频轨道中添加"爆炸 .wav"音效，具体如图 8-26 所示。

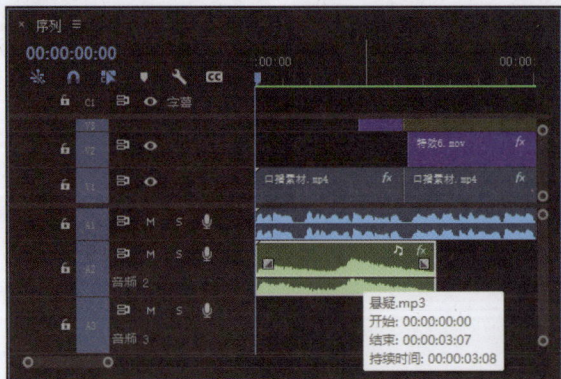

图 8-26

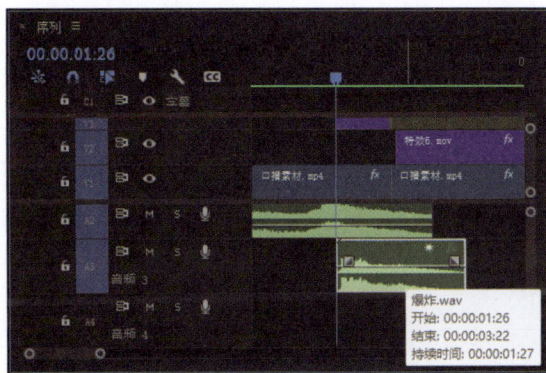

图 8-26（续）

02 将时间线移动至 00:00:02:22 的位置，由于画面内容提到"信息被牢牢封锁着"，在音频轨道中添加音效"尖叫 .mp3"，可以增强视频内容的紧张氛围，如图 8-27 所示。

03 在剪辑时，还可以添加很多 whoosh 音效丰富视频内容，可以进行内容的点缀，也可以作为转场效果。例如，在处理"我们普通人该怎么做呢"的片段和"去官方的门户网站"相关片段时，我们添加了一个"页面剥落"视频过渡效果，但只是画面的过渡显得比较单一，我们可以在两个视频相交的位置添加一个音效，丰富画面内容，完成转场效果，如图 8-28 所示。

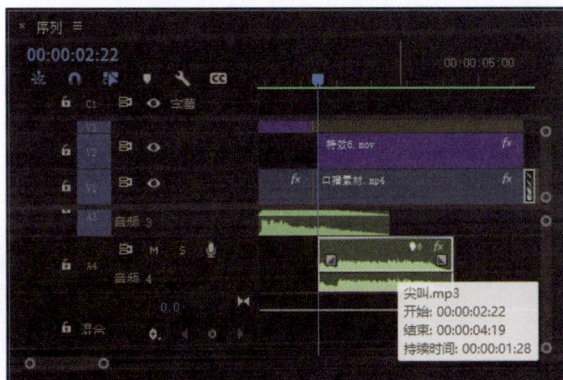

图 8-27

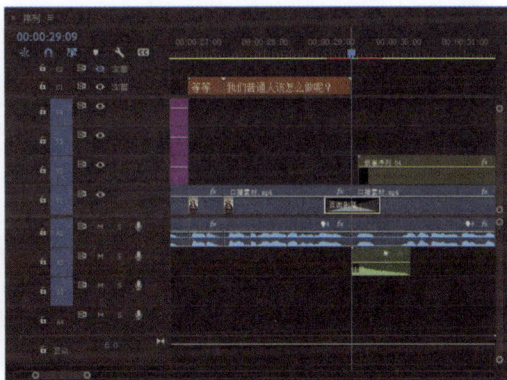

图 8-28

提示：具体操作请参考项目文件"8.1 口播视频筛选效果.prproj"。

8.2 将期待值拉满，制作综艺预告片

图 8-29

本章的核心内容是探讨如何制作具有综艺感的短片，而掌握综艺感短片的最佳学习途径，便是学习综艺节目的制作要点。本节将继续以基础视频制作技巧为核心进行展开。本案例将制作一个交友类综艺预告片，效果如图 8-29 所示，下面将拆分成小节介绍操作要点。

8.2.1 搭建视频结构

通过前面综合案例的实践，我们深刻认识到在视频剪辑之前，构建稳固的视频结构是至关重要的，这相当于为视频打造了一个坚实的"骨架"。随后，我们在这个"骨架"上填充内容，从而使得整个视频更加清晰、有条理。

本案例旨在制作一则综艺预告视频，其类型定位为素人旅游交友类综艺。确定综艺类型后，开始根据综艺正片内容确定"高光时刻"和综艺主题，以此撰写预告视频脚本。由于本案例条件有限，将直接确定脚本内容，具体如表8-2所示。

表 8-2

镜号	景别	画面	字幕	时长
1	全景	繁华都市的高楼大厦，车水马龙，行人匆匆	有时候，生活中的美好，就藏在那些被我们忽略的角落里	00:00:00:00-00:00:06:20
2	中景/全景	4个在城市中满脸疲惫的年轻人	我们每天重复着相同的轨迹，是否忘记了世界的多彩？	00:00:06:20-00:00:14:07
3	全景	阳光洒在美丽的海滩上，海浪轻轻拍打着沙滩	现在，一场全新的冒险即将开启	00:00:13:08-00:00:21:06
4	中景/特写/近景	细腻的沙子，好看的贝壳	跟随我们的脚步，去探索那些未知的远方	00:00:21:06-00:00:27:22
5	全景	天上的飞机，海边海鸥飞过	嘉宾们整装待发，他们将踏上怎样的奇妙旅程？	00:00:27:22-00:00:35:24
6	远景	嘉宾们海边游玩	他们会在海边邂逅怎样的故事？	00:00:35:24-00:00:43:04
7	中景	嘉宾们玩游戏时的场景	激情	00:00:43:04-00:00:46:17
8	全景	航拍摩托艇驶过	勇敢	00:00:46:17-00:00:48:18
9	远景	夕阳海边景象	标题：海边相遇	00:00:48:18-00:00:54:15

8.2.2 素材精细化处理

完成视频框架搭建后，创建项目文件"8.2综艺预告片效果.prproj"，开始在剪辑面板中对素材进行添加和剪辑。在具体操作时，一个镜号可以由多个画面组成，例如镜号1需要展示都市的繁华，街道上熙熙攘攘，我们可以通过多个城市繁华夜景镜头进行组接完成镜号1。素材组接具体如表8-3所示。

表 8-3

素材顺序	片段内容	时长	转场	字幕	转场	时长（起始）
素材 1.mp4	繁华都市的高楼大厦，车水马龙，人群匆匆	00:00:02:20	黑场过渡 起点切入	有时候，生活中的美好，就藏在那些被我们忽略的角落里	渐显、渐隐（关键帧）	00:00:01:20-00:00:06:19
素材 2.mp4		00:00:02:02				
素材 3.mp4		00:00:01:23				
素材 4.mp4	在城市中迷茫焦虑的年轻人（嵌套序列02）	00:00:07:12	向下移出（关键帧）	我们每天重复着相同的轨迹，是否忘记了世界的多彩？	渐显、渐隐（关键帧）	00:00:06:20-00:00:11:19
素材 5.mp4						
素材 6.mp4						
素材 7.mp4						
素材 9.mp4	阳光洒在美丽的海滩上，海浪轻轻拍打着沙滩	00:00:03:20	向上移入（关键帧）	现在，一场全新的冒险即将开启	渐显、渐隐（关键帧）	00:00:14:07-00:00:19:06
素材 8.mp4		00:00:04:03	VR 色度泄露 中点切入			
素材 10.mp4	细腻的沙子，好看的贝壳	00:00:02:00		跟随我们的脚步，去探索那些未知的远方	渐显、渐隐（关键帧）	00:00:21:06-00:00:26:05
素材 11.mp4		00:00:01:17				
素材 12.mp4		00:00:02:24	黑场过渡			
素材 13.mp4	天上的飞机，海边海鸥飞过	00:00:04:10		嘉宾们整装待发，他们将踏上怎样的奇妙旅程？	渐显、渐隐（关键帧）	00:00:27:22-00:00:33:24
素材 14.mp4		00:00:03:17	叠加溶解			
素材 15.mp4	嘉宾们海边游玩	00:00:03:10		他们会在海边邂逅怎样的故事？	渐显、渐隐（关键帧）	00:00:35:24-00:00:43:03
素材 17.mp4		00:00:03:20				
素材 16.mp4	嘉宾们玩游戏时的场景	00:00:03:13	叠加溶解	激情	渐显、渐隐（关键帧）	00:00:43:06-00:00:46:16

续表

素材顺序	片段内容	时长	转场	字幕	转场	时长（起始）
素材 18.mp4	航拍摩托艇驶过	00:00:02:01	叠加溶解	勇敢	渐显、渐隐（关键帧）	00:00:46:17-00:00:48:17
素材 19.mp4	夕阳海边景象	00:00:05:22		标题：海边相遇	渐显、渐隐（关键帧）	00:00:49:15-00:00:54:14

根据表格对素材进行剪辑，可以发现在其中有一些小设计，例如"素材 4.mp4"至"素材 7.mp4"设置成了一个"嵌套序列 02"，这里是参照"制作分屏城市展示视频"效果，将 4 个素材通过蒙版放置在一个画面中，效果如图 8-30 所示，下面将介绍具体操作方法。

图 8-30

01　回到项目文件"8.2 综艺预告片效果 .prproj"，将时间线移动至"素材 4.mp4"处，将"素材 7.mp4"放置在 V1 视频轨道，"素材 6.mp4"放置在 V2 视频轨道，"素材 4.mp4"放置在 V3 视频轨道，"素材 5.mp4"放置在 V4 视频轨道，"素材 4.mp4""素材 5.mp4"和"素材 6.mp4"需要比"素材 7.mp4"慢一秒。

02　与"制作分屏城市展示视频"效果不同的是，本案例分屏还需添加不同的动画效果，所以首先选中"素材 7.mp4"，确定画面为最左侧，所以需要绘制矩形蒙版，通过"蒙版路径"关键帧和"位置"关键帧的一起使用，将画面移至左侧，具体设置如图 8-31 所示，这样第一个分屏画面制作完成。

03　然后选中"素材 6.mp4"，由于"素材 6.mp4"也要设置成从右至左移动，但是整个素材移动过去是不好看的，所以可以先为"素材 6.mp4"添加矩形蒙版，在画面中绘制为梯形，如图 8-32 所示。

04　然后单击鼠标右键创建"嵌套序列 01"，即可直接移动一个蒙版素材，如图 8-33 所示。

05　分别为"素材 4.mp4"和"素材 5.mp4"制作由上至下和由下至上的出场效果，制作方法与"制作分屏城市展示视频"案例相同，如图 8-34 所示。

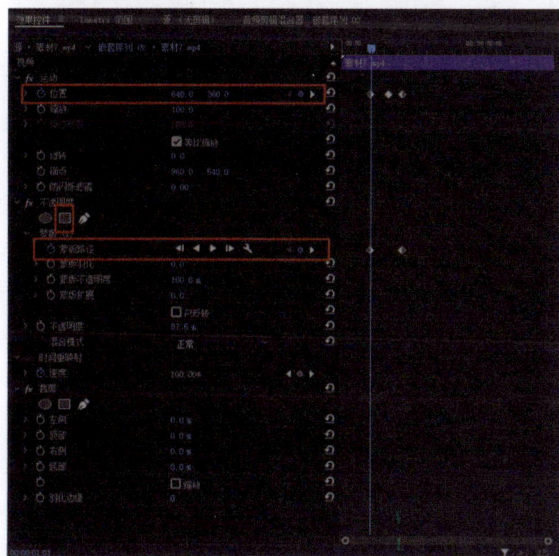

图 8-31

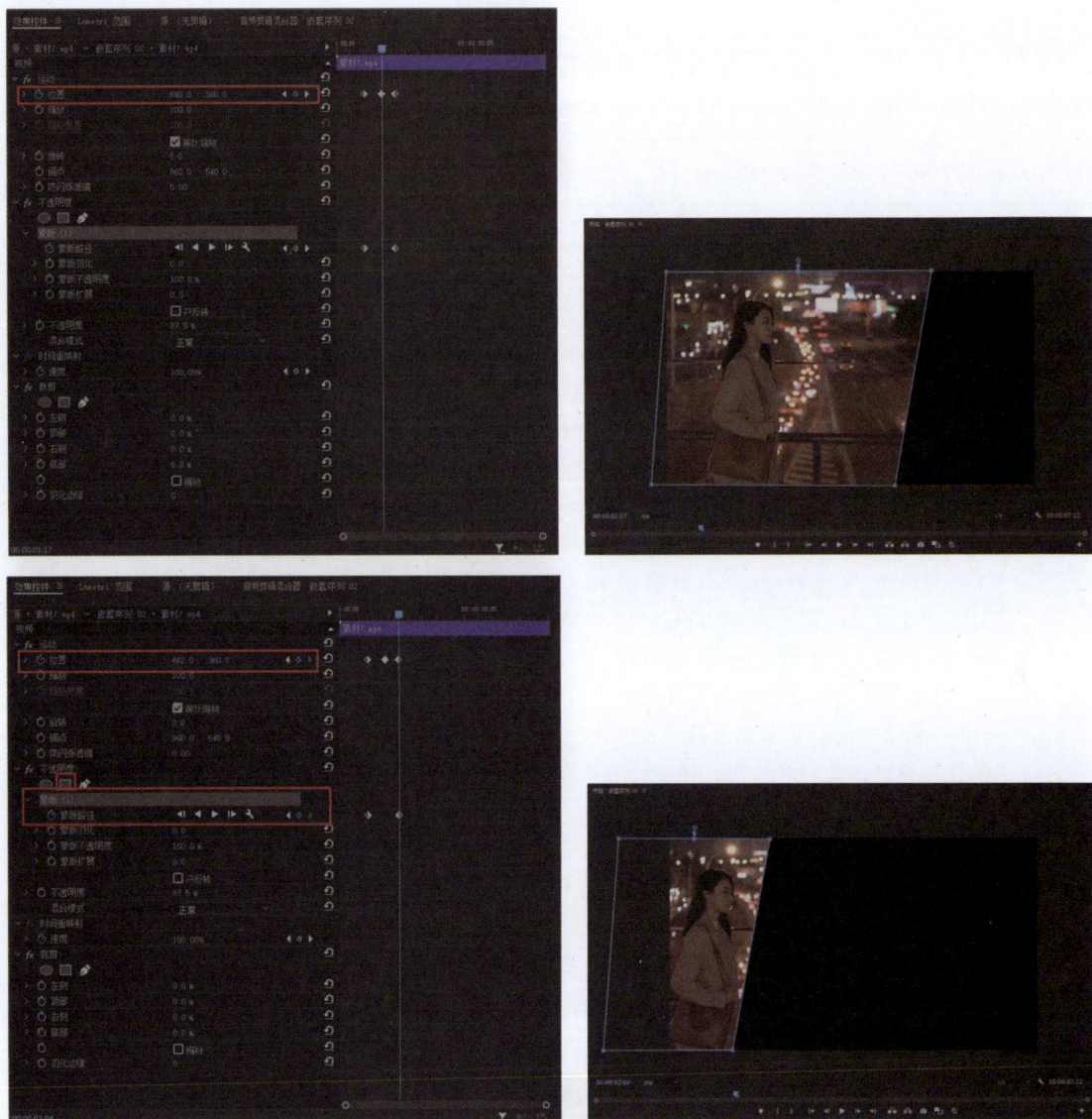

图 8-31（续）

图 8-32

06 四分屏效果制作完成，为了更好地与后续进行衔接，选中 4 个素材，创建"嵌套序列 02"，在上方轨道再复制一层"嵌套序列 02"，通过关键帧制作向下缓出的效果。如图 8-35 所示。

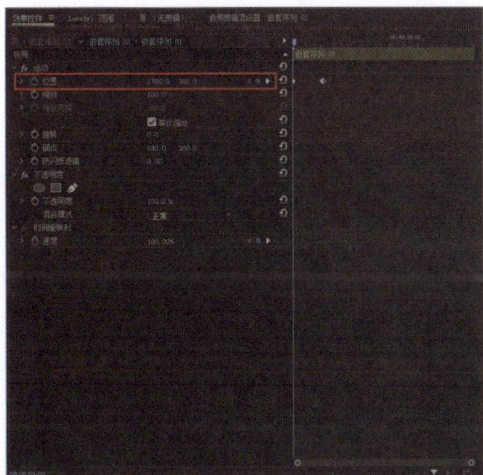
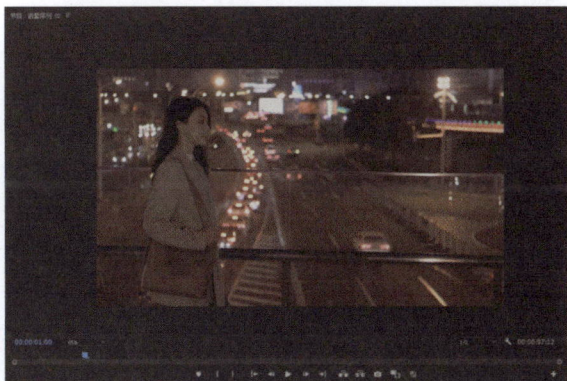

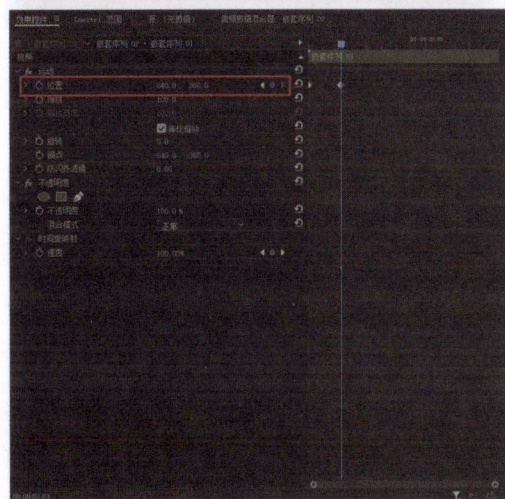

图 8-33

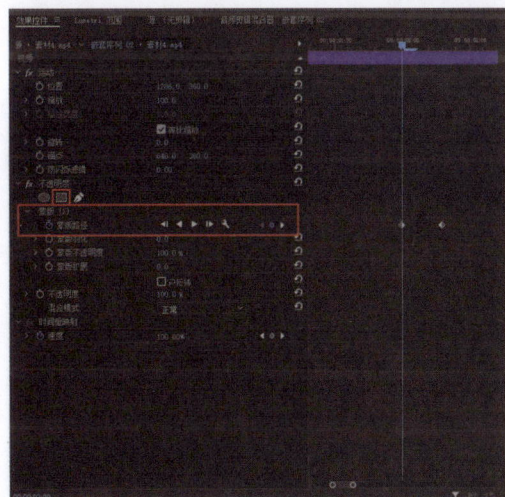

图 8-34

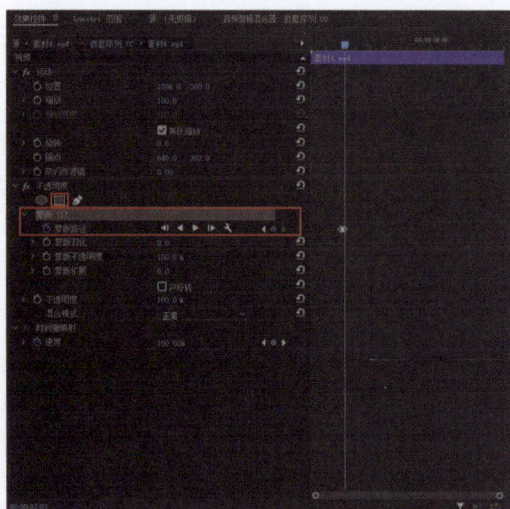

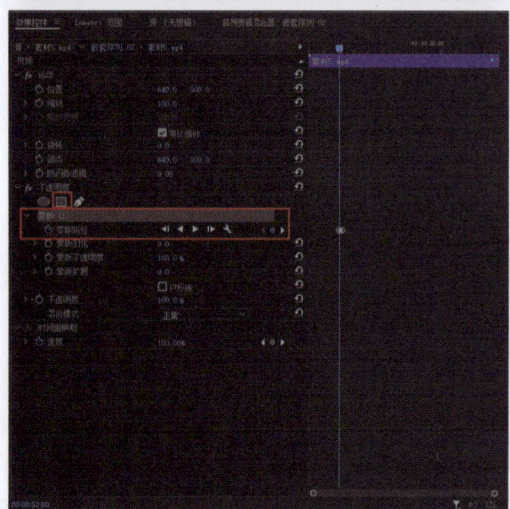

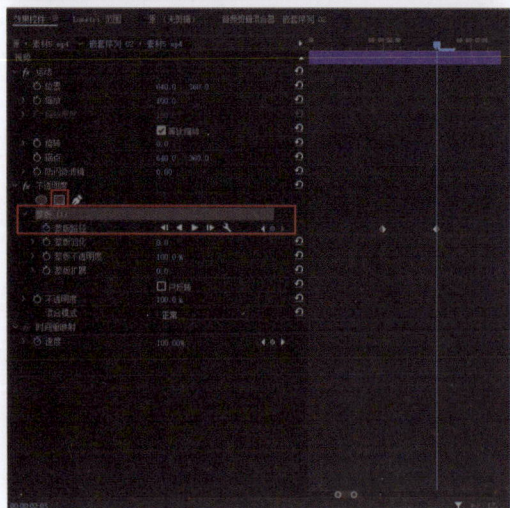

图 8-34（续）

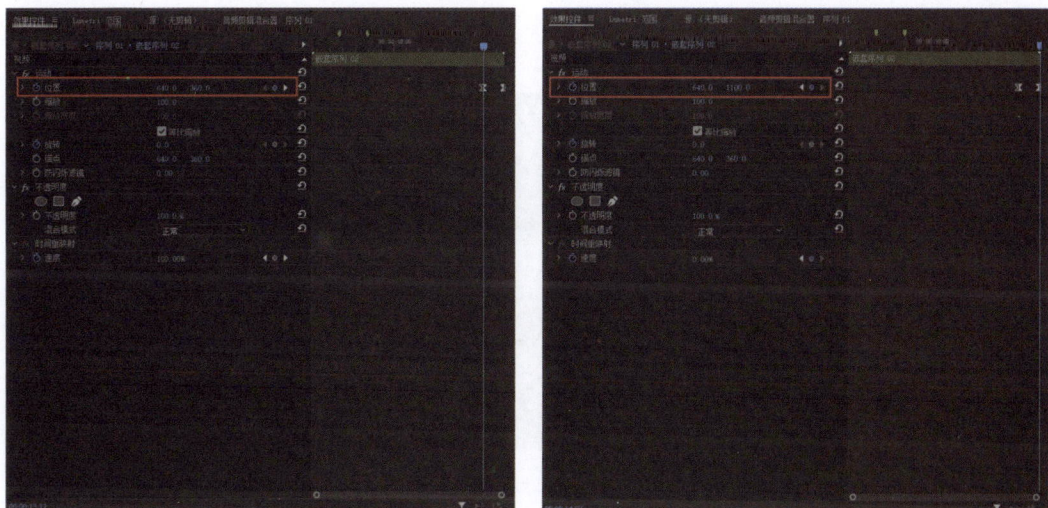

图 8-35

07　既然"嵌套序列 02"有了缓出效果，那么"素材 9.mp4"也需要制作向下缓入效果，如图 8-36 所示。

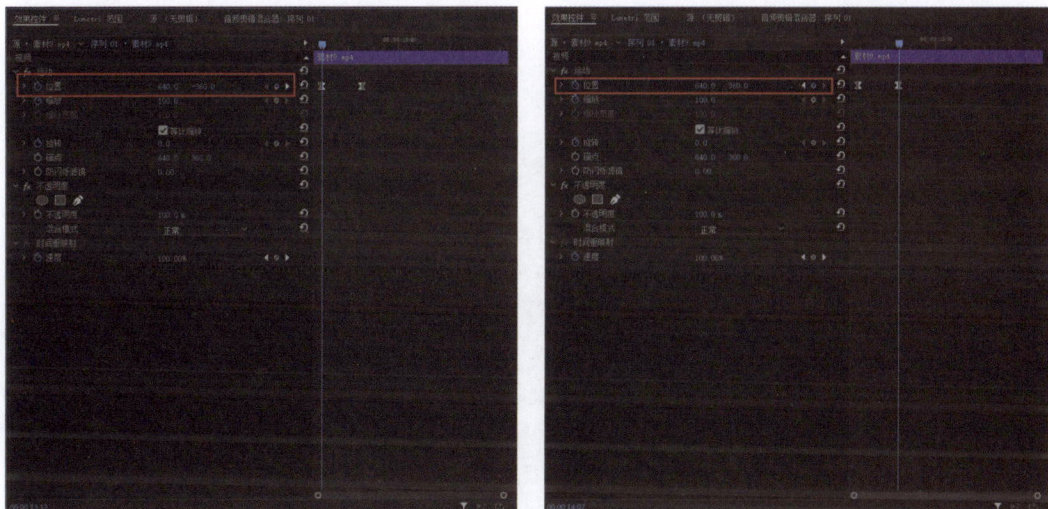

图 8-36

提示：在上方轨道复制的"嵌套序列02"需要比V1轨道中的"嵌套序列02"长，如图8-37所示。

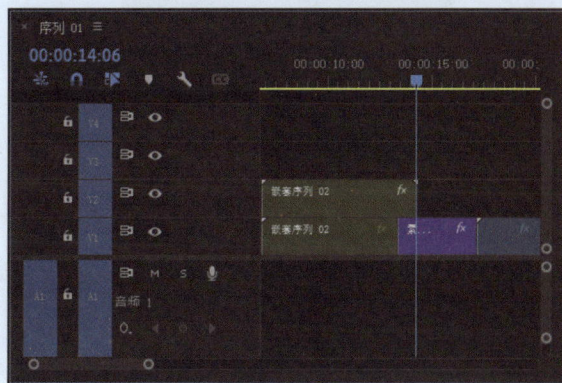

图 8-37

除了上述剪辑技巧，还可以为部分素材制作曲线变速效果，如"素材 15.mp4"和"素材 17.mp4"，为了烘托嘉宾出场氛围，可以在此处制作曲线变速，如图 8-38 所示。

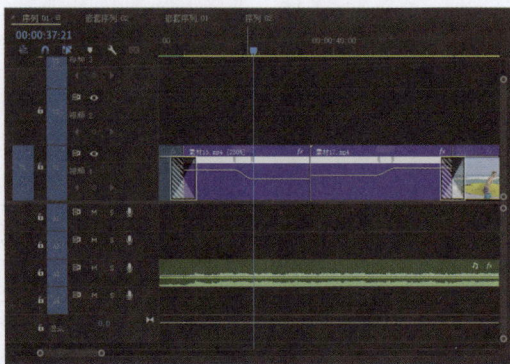

图 8-38

> 提示：本小节主要为介绍剪辑思路和技巧，具体细节操作，需要读者参考项目文件"8.2综艺预告片效果.prproj"进行对照学习。

8.2.3 添加字幕丰富画面

完成素材剪辑后，开始进行字幕添加，本案例字幕文本样式设置基本一致，如图 8-39 所示。

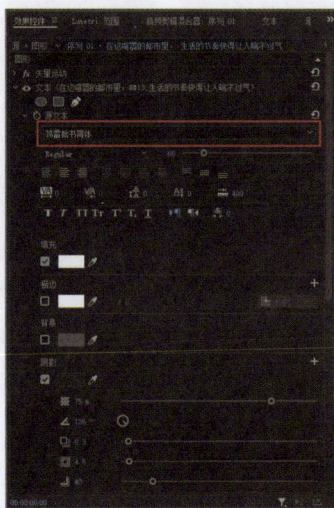

图 8-39

后续只需要根据画面将字幕放置在合适的位置，例如第一段文字为了画面和谐放置在画面的左侧偏上，第二段则放置在了右下，如图 8-40 所示。

图 8-40

8.2.4　制作综艺花字

综艺的标题设计十分重要，适配的标题设计会给观众留下深刻的印象，吸引观众的兴趣。本案例由于条件受限，将使用 Premiere Pro 制作简单的花字效果，下面将介绍具体操作方法。

01　创建一个文本图层，通过"点文字"创建文字方法，分别创建"海滩""相遇""每周五晚22:00""敬请期待"和"travelling"文字图形。

02　"海滩"和"相遇"文本设置一致，如图 8-41 所示。

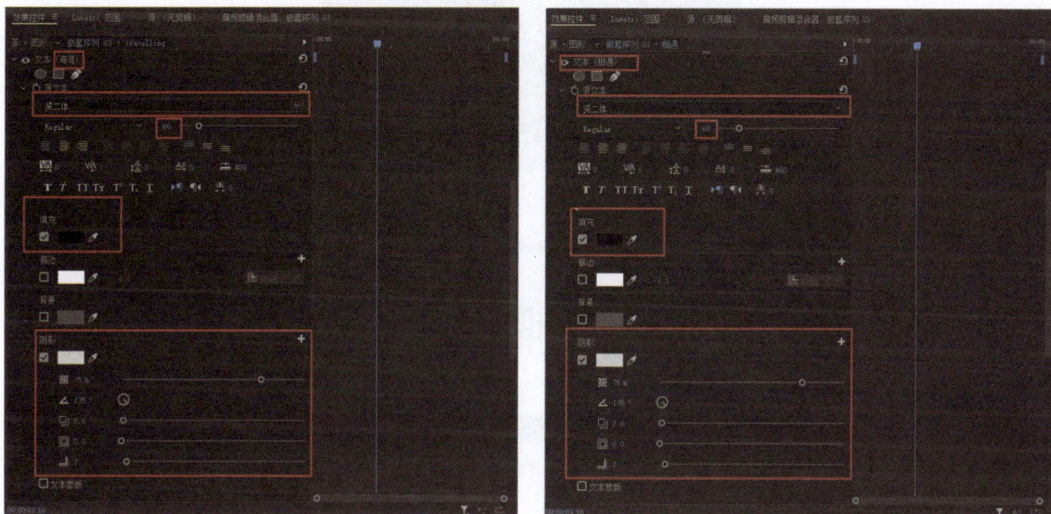

图 8-41

03　其余文本设置如图 8-42 所示。

04　文字设置完成后，在画面中添加一个图形动画"冲浪.png"，让画面更加丰富，然后在"节目"监视器中组接所有文字图形和图片，最终效果如图 8-43 所示。

05　然后为所有文字图形和图片添加"湍流置换"效果，将"湍流置换"效果放置在文本上方，具体设置如图 8-44 所示。

06　完成文字设置后，选中所有文字图形和图片创建"嵌套序列 03"，将"嵌套序列 03"放置在画面中合适的位置即可。

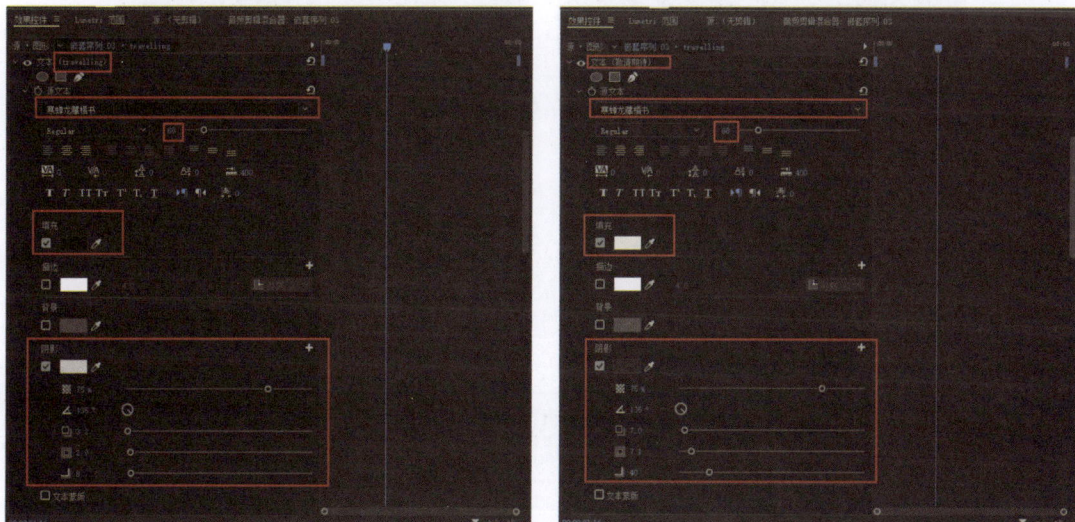

图 8-42

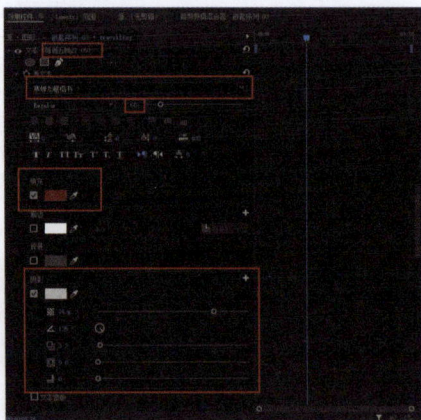

图 8-42（续）

图 8-43

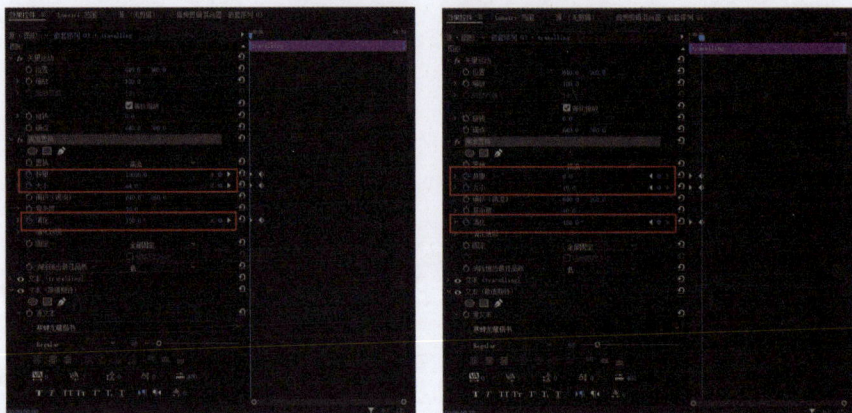

图 8-44

8.2.5 添加音频

完成素材剪辑和字幕效果设置后可以添加音频。条件有限，我们无法邀请到"百万配音员"，不过可以通过 AI 让预告中的文字有声起来。选择一个合适的配音 AI 网站或软件，朗读字幕，然后将这段音频导入至"时间轴"面板中，经过匹配剪辑，完成最终效果。

音频放置位置如表 8-4 所示。

表 8-4

序号	音频素材	开始和结束	入点和起点
1	素材 2.mp4	00:00:00:00-00:00:06:19	00:00:00:00-00:00:06:19
2	Moving Fast.mp3	00:00:01:00-00:00:50:10	00:00:00:00-00:00:49:10
3	朗读 .mp3	00:00:02:07-00:00:53:24	